“十二五”职业教育国家规划教材
经全国职业教育教材审定委员会审定

典型电子产品调试与维修

第二版

新世纪高职高专教材编审委员会 组编
主 编 金 明 栾良龙
副主编 王 璇 顾纪铭

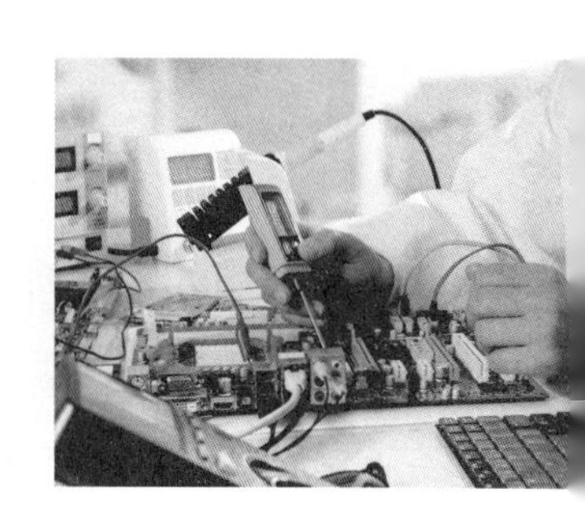

大连理工大学出版社

图书在版编目(CIP)数据

典型电子产品调试与维修 / 金明，栾良龙主编. --
2 版. -- 大连 ：大连理工大学出版社，2019.9(2023.1 重印)
新世纪高职高专电子信息类课程规划教材
ISBN 978-7-5685-2302-8

Ⅰ. ①典… Ⅱ. ①金… ②栾… Ⅲ. ①电子产品—调
试方法—高等职业教育—教材②电子产品—维修—高等职
业教育—教材 Ⅳ. ①TN06②TN07

中国版本图书馆 CIP 数据核字(2019)第 240066 号

大连理工大学出版社出版
地址:大连市软件园路 80 号　邮政编码:116023
发行:0411-84708842　邮购:0411-84708943　传真:0411-84701466
E-mail:dutp@dutp.cn　URL:https://www.dutp.cn
大连日升彩色印刷有限公司印刷　　大连理工大学出版社发行

幅面尺寸:185mm×260mm　印张:13.75　字数:315 千字
2015 年 7 月第 1 版　2019 年 9 月第 2 版
2023 年 1 月第 5 次印刷

责任编辑:马　双　责任校对:李　红
封面设计:张　莹

ISBN 978-7-5685-2302-8　定　价:45.80 元

本书如有印装质量问题，请与我社发行部联系更换。

前言

《典型电子产品调试与维修》(第二版)是“十二五”职业教育国家规划教材,也是新世纪高职高专教材编审委员会组编的电子信息类课程规划教材之一。

随着科学技术的不断进步,制造业也有了突飞猛进的发展。然而,即使是最先进的制造业所生产的产品,为了达到它的性能指标,也无一例外地需要进行调试,甚至维修。因此电子产品的调试与维修,是电子产品生产中一道必不可少的工序。

电子产品调试与维修的主要工作内容是以电子产品设定的技术指标为目标,以仪器仪表设备为工具,以调试与维修工艺文件为规则,采用适当的方法,对某些器件的属性进行调整与修正,使偏离的技术指标达到设计所允许的范围。因此,电子产品调试与维修是电子产品生产过程中极为重要的工作环节,也是从事电子产品生产所必须掌握的核心知识与岗位技能。

“典型电子产品调试与维修”是一门以典型电子产品为载体,按电子产品调试与维修的工作流程构建内容体系,以电子产品性能指标测试、故障判断、故障分析、故障维修、质量检验等能力为基本目标,将知识、技能和素质培养有机结合在一起的综合性实践课程。

本教材依据电子产品调试与维修岗位的工作内容,结合电子产品维修过程中不同岗位层次(初级工、中级工和高级工),选取了双声道功放、PC电源、液晶电视机三类不同产品的调试与故障维修所需的知识与技能,层层递进。以“项目”为主线、“知识”为前导、“任务”为单元,在每个项目内设置若干任务,在每个任务下设置学习目标、任务描述和学习引导。在实际操作部分融入了完成工作任务所需的相关知识、相关技能与相关素质,最后给出学生自我学习效果检验表。

本教材主要内容包括:导学、双声道功放调试与故障维修、PC电源调试与故障维修、液晶电视机调试与故障维修。

导学部分主要介绍了本课程为什么学、学什么和怎样学三个基本问题。双声道功放调试与故障维修项目介绍了单元电路的调试与维修。PC电源调试与故障维修项目介绍了整机电子产品的调试与维修。液晶电视机调试与故障维修项目介绍了板级电路调试与维修。每个项目包含基本知识准备、任务描述与任务实施等环节,让学生在准确理解学习型工作任务的同时,进行实操训练并获得相关专项技能。各项目给出了项目总结与能力测试题,便于学生进行自我评价。各项目还包含了能力拓展部分,拓宽学生的知识面,使其更全面地掌握该岗位工作的各项技术要素。

本教材编写过程中注重理论与实践相结合,充分考虑岗位适应性问题,强调学以致用、学而能用,努力体现教学与实践零距离。同时关注岗位专业知识的相对系统性,注重培养学生的职业道德素养与科学素养以及可持续发展能力,以求达到高等职业教育要求。

本教材由南京信息职业技术学院金明、黑龙江信息技术职业学院栾良龙任主编,南京信息职业技术学院王璇、南京钛能科技股份有限公司顾纪铭任副主编,南京信息职业技术学院高燕参与编写。具体的编写分工如下:高燕编写项目1,栾良龙编写项目2的任务2.1~2.3,金明编写导学、项目2的任务2.4、2.5,王璇编写项目3的任务3.1~3.3,顾纪铭编写项目3的任务3.4~3.6。在编写过程中,得到了南京熊猫、宏图高科、创维、南京钛能电器和南京科德电子等公司相关专家的大力支持,他们对教材提出了很多宝贵的意见和建议,在此表示衷心的感谢,对关心、帮助本教材编写、出版、发行的各位同志及参考文献的作者一一表示感谢。

在编写本教材的过程中,编者参考、引用和改编了国内外出版物中的相关资料以及网络资源,在此表示深深的谢意!相关著作权人看到本教材后,请与出版社联系,出版社将按照相关法律的规定支付稿酬。

限于编者水平,书中难免有错误和不妥之处,恳请广大读者批评指正。

编　者

2019年9月

所有意见和建议请发往:dutpgz@163.com

欢迎访问职教数字化服务平台:https://www.dutp.cn/sve/

联系电话:0411-84707492　84706671

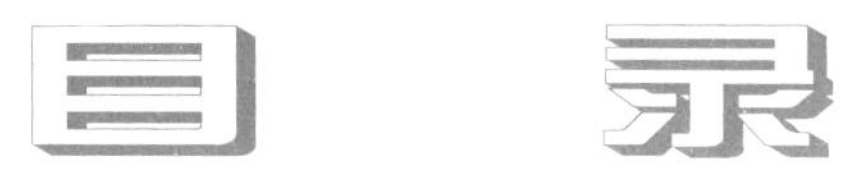

目录

本书微课视频列表

微课展示

万用表测电阻方法

SG2172B—毫伏表

功放电路测试

音频功率放大器测试

万用表测二极管方法

万用表测三极管方法

产品维修现场(1)

万用表测电容方法

失真度仪的使用

数字示波器的使用

HG2020—示波器

数字示波器

产品维修现场(2)

F40数字合成函数发生器

频谱分析仪的使用

频谱分析仪

逻辑分析仪

数字机顶盒测试

产品维修现场(3)

导 学

1. 课程内容设计

本课程选取了双声道功放、台式计算机(PC)电源、液晶电视机三种不同电子产品的常见故障作为教学项目的典型工作任务,电子信息工程技术(510101)和应用电子技术(510103)专业适合学习 3 周,电子产品制造技术(510104)等专业适合学习 2 周,具体教学安排建议见表 0-1。

表 0-1　具体教学安排建议

项目名称	工作任务	建议学时
项目 1　双声道功放调试与故障维修	任务 1.1　双声道功放的质量检测	4
	任务 1.2　双声道功放的故障维修	10
	任务 1.3　双声道功放的维修训练(声音无输出故障)	4
项目 2　PC 电源调试与故障维修	任务 2.1　PC 开关电源启动	4
	任务 2.2　PC 开关电源关键器件检测	4
	任务 2.3　PC 电源的基本性能调试	4
	任务 2.4　PC 电源的维修	12
	任务 2.5　PC 电源的维修训练(电源无输出电压故障)	8
项目 3　液晶电视机故障维修(选修)	任务 3.1　液晶电视机的组成与拆卸	2
	任务 3.2　维修液晶电视机不开机故障	6
	任务 3.3　维修液晶电视机菜单时有时无故障	6
	任务 3.4　维修液晶电视机白屏故障	6
	任务 3.5　维修液晶电视机背光源不亮故障	6
	任务 3.6　液晶电视机故障维修训练	2
合　计		78

项目 1 以调试、维修双声道功放为主线,学习电子产品调试、维修的基本技能。

项目 2 是根据台式计算机电源工作不良所表现的无输出电压、输出电压过高或过低等常见故障,完成台式计算机电源的无输出电压、输出电压过高或过低等典型故障的维修,达到国家家用电子产品维修中级工水平。

项目 3 是根据液晶电视机工作不良所表现的不开机、菜单时有时无、白屏、背光源不亮故障,通过学习特殊器件检测、电路整机工作原理和板级维修方法,全面掌握电子产品常见故障的维修方法,达到国家家用电子产品维修高级工水平。

2. 课程目标设计

能描述电子产品的工作原理、功能及装配关系、性能指标;能拆装电子产品并检测各种元器件。

能根据电子产品的使用性能，制定检测项目；熟练实施电子产品的质量检验。

会利用电子产品的工作原理，分析电子产品产生故障的原因；能正确使用工具和仪表查找故障，并熟练维修故障。

在学习或作业过程中严格执行 5S 现场管理及操作规范，能与其他学员团结协作，共同处理工作或学习过程中遇到的一般问题。

了解电磁干扰、液晶电视等新技术的应用。

3. 课程教学资源要求

师资要求：建议由具有中级或以上职称，或技师职业资格，或三年以上企业维修经验的双师型教师任课。

实训资源：见表 0-2。

表 0-2　实训资源

实习场所名称	实习场所要求	设备序号	设备名称	设备功能/技术指标	数量（台或套）
电子产品维修实训室	面积：180 m^2 配电：220 V/40 A 安全：符合 GB 16895.21—2011 要求	1	常用维修工具与万用表	指针万用表和数字万用表	各 25
		2	功放实训装置（功放板）	可进行功放常见故障的设置与排除训练	25
		3	低频信号发生器	输出正弦波、三角波、方波	5
		4	数字存储示波器	100 MHz 双踪示波器	5
		5	稳压电源	输出电压：双 30 V	5
		6	毫伏表	测功率	5
		7	失真度测量仪	测失真度	5
		8	立体声信号发生器	输入范围：100～3000 mV	5
		9	液晶数字彩电实训装置（选配）	可进行液晶电视机常见故障的设置与排除训练	25
		10	数字电视信号发生器（选配）	可发送数字彩色电视信号	1
		11	多媒体教学系统		1

4. 项目设置与项目能力培养目标分解

项目设置与项目能力培养目标的分解具体见表 0-3。

表 0-3　项目设置与项目能力培养目标的分解

项目序号	工作任务	能力（知识、技能、职业素养）目标	课时分配
1	任务 1.1　双声道功放的质量检测	能理解双声道功放的工作原理、质量要求	4

续表

项目序号	工作任务	能力(知识、技能、职业素养)目标	课时分配
1	任务 1.2　双声道功放的故障维修	1. 能掌握单元电路故障维修的一般步骤和方法;能掌握维修的注意事项 2. 能根据相关技术指标正确判断故障现象;能根据故障现象进行故障分析、查找;能维修故障;能填写故障维修单	10
	任务 1.3　双声道功放的维修训练(声音无输出故障)	1. 能掌握故障维修的技巧 2. 能根据技术指标判断故障现象;能进行分析、查找、维修基本故障;能掌握注意事项和操作规程	4
2	任务 2.1　PC 开关电源启动	能理解开关电源的工作原理	4
	任务 2.2　PC 开关电源关键器件检测	能测试器件;能了解相关器件的性能与应用	4
	任务 2.3　PC 电源的基本性能调试	能测量稳压电路的典型工作点的静态、动态电压,波形;能检验相关的性能指标	4
	任务 2.4　PC 电源的维修	能根据相关技术指标正确判断故障现象;能进行分析、查找、维修故障;能填写故障维修单	12
	任务 2.5　PC 电源的维修训练(电源无输出电压故障)	能画出故障维修流程图;能设计维修过程;能理解故障检修程序、步骤、方法和规则;能掌握注意事项和操作规程	8
3	任务 3.1　液晶电视机的组成与拆卸	能理解液晶电视机的 DC-DC 电源工作原理和主要性能指标	2
	任务 3.2　维修液晶电视机不开机故障	1. 能正确理解电源模块的工作原理及主要性能指标 2. 能正确测量模块电路的典型工作点电压、波形;能检测特殊器件 3. 能掌握板级故障维修的一般步骤、方法和注意事项 4. 能判断故障现象;能根据故障现象进行分析、查找、维修故障和性能检验	6
	任务 3.3　维修液晶电视机菜单时有时无故障	1. 能正确理解 CPU 处理模块的工作原理及主要性能指标 2. 能设置菜单;能检测特殊器件 3. 能掌握板级故障维修的特殊维修方法 4. 能判断故障现象;能根据故障现象进行分析、查找、维修故障和性能检验	6

续表

项目序号	工作任务	能力(知识、技能、职业素养)目标	课时分配
3	任务 3.4　维修液晶电视机白屏故障	1. 能正确理解显示模块的工作原理及性能指标 2. 能正确测量数字模块的波形;能检测特殊器件 3. 能掌握板级故障维修技巧和注意事项 4. 能根据相关技术指标正确判断故障现象;能根据故障现象进行分析、查找、维修和性能检验	6
	任务 3.5　维修液晶电视机背光源不亮故障	1. 能正确理解背光源的工作原理及性能指标 2. 能检测液晶屏的质量 3. 能掌握屏故障维修的技巧和注意事项 4. 能根据故障现象进行故障分析、查找、维修;能填写故障维修单	6
	任务 3.6　液晶电视机故障维修训练	能对整机故障进行综合分析并设计故障维修流程、步骤、方法和规则;能掌握注意事项和操作规程	2
合计			78

5. 课程考核方案设计

具体课程考核方案设计见表 0-4。

表 0-4　课程考核方案设计

项目序号	任务名称	考核任务	考核方案	考核权重	
				2 周	3 周
1	任务 1.1　双声道功放的质量检测	电子产品的质量检测与相关知识	过程考核	10%	10%
	任务 1.2　双声道功放的故障维修	维修的基本知识与基本故障维修	过程考核	20%	10%
	任务 1.3　双声道功放的维修训练(声音无输出故障)	基本故障的分析与实际维修能力	结果考核	10%	5%
2	任务 2.1　PC 开关电源启动	开关电源的组成原理	过程考核	5%	5%
	任务 2.2　PC 开关电源关键器件检测	器件的性能与检测	过程考核	5%	5%
	任务 2.3　PC 电源的基本性能调试	复杂电子设备的调试	过程考核	10%	5%
	任务 2.4　PC 电源的维修	维修的特殊知识与较为复杂故障的维修	过程考核	20%	10%
	任务 2.5　PC 电源的维修训练(电源无输出电压故障)	复杂故障的分析与实际维修能力	过程考核	20%	10%
3	任务 3.1　液晶电视机的组成与拆卸	复杂电子产品的拆卸、模块框图分析	过程考核		5%
	任务 3.2　维修液晶电视机不开机故障	模块分析与板级维修(1)	过程考核		10%

续表

项目序号	任务名称	考核任务	考核方案	考核权重	
				2 周	3 周
3	任务 3.3　维修液晶电视机菜单时有时无故障	模块分析与板级维修(2)	过程考核		5%
	任务 3.4　维修液晶电视机白屏故障	模块分析与板级维修(3)	过程考核		5%
	任务 3.5　维修液晶电视机背光源不亮故障	模块分析与板级维修(4)	过程考核		10%
	任务 3.6　液晶电视机故障维修训练	复杂故障的分析与实际板级维修能力	结果考核		5%

注:过程考核重点是考核工作态度、维修过程及维修结果。

6. 教学建议

本课程是应用电子专业必修的技术课程,是基于电子产品维修岗位工作任务分析而设置的专项能力训练课程,各项目之间为递进关系。本教材的项目按工作过程系统化原则进行组织编写。将项目工作流程“咨询—决策—计划—实施—检验—评估”与电子产品维修行业的流程“维修接待—收集信息—分析故障—查找故障—维修故障—维修质量检验—业务考核”相结合,确定了本教材的编写思路,即“维修接待(或布置任务)—信息收集与处理—分析故障—查找故障—维修故障—维修质量检验与评估”。

本教材建议以工作过程系统化项目教学和任务驱动组织教学为基础,以解决维修案例为主线,将电子产品的工作原理、故障诊断与检修方法等渗透到各项目或任务中,以完成任务为目标展开学习,边学习边完成任务。通过项目训练,培养学生“从故障入手—分析故障—查找故障—维修故障—维修质量检验”等企业工作或学习的过程能力,实现“做中学、学中做”的一体化教学核心思想。要求全面实施任务驱动式的项目教学法。同时,建议创建家用电子产品维修工作站,模拟企业工作环境,或工学结合,走进企业真实场景,从具体电子产品典型故障案例入手,按“维修接待(或布置任务)—信息收集与处理—分析故障—查找故障—维修故障—维修质量检验与评估”六个环节实施项目教学。在教学过程中,要求体现以教师引导、学生训练为主的现代职业教育理念(职业活动行动导向教学法),培养学生的专业能力,还应全过程渗透职业核心能力训练。同时还需潜移默化地教会学生问题的解决方法,培养学生实际操作的能力。

项目1　双声道功放调试与故障维修

学习目标

✧ 能检验功放的好坏；
✧ 能判断功放故障现象；
✧ 能理解功放的工作原理、信号流程、典型故障特征；
✧ 能使用仪器、仪表测量功放的电压、波形和其他参数；
✧ 能运用所学原理分析功放故障原因；
✧ 能理解功放常见故障的维修步骤；
✧ 能修理功放故障；
✧ 能严格遵守电器产品的维修操作规程；
✧ 能对类似的功放进行维修。

工作任务

✧ 叙述功放的基本工作原理、维修步骤和典型故障特征；
✧ 维修功放的基本故障。

功率放大器简称功放，俗称“扩音机”，是音响系统中最基本的设备，如图1-1所示是一种典型的功放外形实物图。其主要作用是把来自信号源（专业音响系统中则是来自调音台）的微弱电信号进行放大以驱动扬声器发出声音。

图1-1　典型的功放外形实物图

功放经历了从电子管、晶体管到集成电路的发展历程，电路组成也从单端发展到推挽，电路形成则从变压器输出逐步变为OTL、OCL、BTL形式。其基本类型是模拟音频功率放大器，它的最大缺点是效率太低。而现在大量使用的数字功放（D类）具有工作效率高、体积小、重量轻等特点。

然而，任何电子产品在使用时都会或多或少地发生故障，请看下例：

引入案例

一台熊猫牌功放，出现声音小且失真故障，经询问得知由于用户使用不当将A声道输出短接而烧毁A声道。

对于这种功放的故障应如何修理呢？不用着急，完成下面三个任务，你就学会了！

任务 1.1 双声道功放的质量检测

学习目标

✧ 理解功放的质量指标，特别是静态噪声和动态范围指标；

✧ 理解功放的质量指标检测方法。

工作任务

✧ 能测量功放的质量指标；

✧ 能检验功放的质量。

读一读

1.1.1 功放的组成与技术要求

1. 功放的特点

(1)由于功放电路的主要任务是向负载提供一定的功率，所以输出电压和电流的幅度应足够大。

(2)由于输出信号幅度大，通常使功放管工作在“极限应用”状态，即三极管工作在接近饱和区或截止区的状态，所以输出信号存在一定程度的失真。

(3)功放电路在输出功率的同时，三极管消耗的能量也较大，因此三极管的管耗不能忽视。

(4)功放电路工作在大信号运放状态下，因此只能采用图解法近似估算。

2. 功放的技术要求

由于功放的上述特点，所以在实际应用中对其有一定的技术要求。

(1)效率尽可能高

功放通常工作在大信号运放状态下，所以输出功率和功耗都较大，效率问题突显。我们期望在允许的失真范围内尽量减小损耗。

(2)具有足够大的输出功率

为获得最大的功率输出，要求功放管工作在接近“极限应用”的状态。选用时应考虑管子的三个极限参数 I_{CM}、P_{CM} 和 $V_{(BR)CEO}$。

(3)非线性失真尽可能小

处于大信号运放状态下的管子不可避免地存在非线性失真，但应考虑在获得尽可能大的功率输出的前提下，将失真控制在允许的范围内。

(4)散热条件要好

功放管工作在“极限应用”状态，因而会造成相当大的结温和管壳温升。散热问题应被充分重视，并采取措施使功放管能够有效地散热。

3. 功放的分类

功放的使用范围非常广，不同种类的功放，它的功率、阻抗、失真、动态范围也不同。

因此，不同种类的功放其内部的信号处理、线路设计和生产工艺也各不相同。按功放中功放管的导电方式不同，可以将功放分为甲类（又称 A 类）功放、乙类（又称 B 类）功放、甲乙类（又称 AB 类）功放和丁类（又称 D 类）功放。

甲类功放是指在信号的整个周期（正弦波的正负两个半周）内，任何功率输出元器件都不会出现电流截止（即停止输出）的一类功放。它的优点是输出信号不存在交越失真。缺点是输出信号的动态范围小、效率低，理想情况下其效率为 50%。由于晶体管的饱和压降及穿透电流造成的损耗，甲类功放的最高效率仅为 45%左右。单端放大器都是甲类工作方式，推挽放大器可以是甲类，也可以是乙类或甲乙类。

乙类功放是指正弦信号的正负两个半周分别由推挽输出级的两“臂”轮流放大输出的一类放大器，每一“臂”的导电时间为信号的半个周期。其晶体管只在输入信号的正半周期工作在放大区，在输入信号的负半周期是截止的。它的优点是效率在理想情况下可达 78.5% ，比甲类功放效率提高了很多。其缺点是非线性失真比甲类功放大，而且会产生交越失真，增大噪声。

甲乙类功放介于甲类功效和乙类功效之间，推挽放大的每一个“臂”导通时间大于信号的半个周期而小于一个周期。此类放大器目前最为流行，它兼顾了效率和失真两方面的性能优势，在设计该功放时要设置功率晶体管的静态偏置电路，使其工作在甲乙类状态。这类功放有效地解决了乙类功放的交越失真问题，效率比甲类功放高，比乙类功放要低一些。

丁类功放也称数字功放（开关型功放），它利用了晶体管的高速开关特性和低饱和压降的特点，效率很高，理论上可以达到 100%，但实际上只能达到 90%（用同样功耗的管子可得到比甲乙类功放高四倍的功率输出）。此外，电路不需要严格的对称，也不需要复杂的直流偏置和负反馈，功率大（可达 1000 W）、体积小、稳定性好。许多这类功放不适宜用作宽频带的放大器，但在有源超低音音箱中有较多的应用。

你知道吗？ 功放的发展

1906 年美国人德福雷斯特发明了真空三极管，开创了人类电声技术的先河。1927 年贝尔实验室发明了负反馈技术后，音响技术的发展进入了一个崭新的时代，比较有代表性的如“威廉逊”放大器。60 年代晶体管的出现，使广大音响爱好者进入了一个更为广阔的音响天地。到了 70 年代初，集成电路（如厚膜音响集成电路、运算放大集成电路）以其质优价廉、体积小、功能多等特点，被广泛用于音响电路，同期，日本生产出第一只场效应功率管。由于场效应功率管同时具有电子管纯厚、甜美的音色以及动态范围宽等特点，很快便在音响界流行起来。1983 年，M. B. Sandler 等学者提出了 D 类放大的 PCM（脉冲编码调制）数字功放的基本结构。美国 Tripass 公司设计了改进的 D 类数字功放，取名为 T 类功放，1999 年意大利 POWERSOFT 公司推出了数字功放的第四代音频功率放大器，数字功放从此进入了工程应用。现在科学家仍在对数字功放进行着不断的探索，相信在不久的将来，数字功放将取代模拟功放，走进千家万户。

4.功放的基本组成

常用功放电路的组成如图 1-2 所示。从图中可以看出,这种功放是一个多级放大器电路,主要由前面的电压放大级、中间的推动级和最后的功放输出级组成。音频功放的负载是扬声器电路,功放的输入信号来自音量电位器动片的信号。

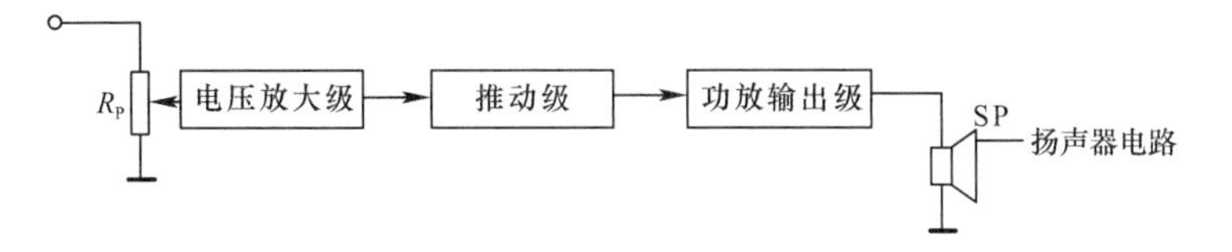

图 1-2 常用功放电路的组成

电压放大级:根据音频输出功率的要求不同,一般由一级或多级电路组成。电压放大级主要用来对输入信号进行电压放大,以便使加到推动级的信号电压达到一定的幅度。这是由于信号源的电压幅度还不是足够大,所以需要电压放大级电路进一步放大。

推动级:推动级放大器是用来推动功放输出级的放大器,对信号电压和电流进行同步放大,它工作在大信号放大状态,该级放大器中的放大管静态电流比较大。

功放输出级:功放输出级放大器是整个功放的最后一级,用来对信号进行电流放大。电压放大级和推动级对信号电压已进行了足够的放大,功放输出级电路再进行电流放大,以达到对信号功率进行放大的目的,这是因为输出信号功率等于输出信号电流与电压之积。

在双声道功放中,一般还加有平衡调节、音调调节、开机延时静噪、功放输出中点电位偏移保护等电路,以提高功放的性能。

做一做

1.1.2 双声道功放的调试

[工作任务]

1.测量双声道功放电路中的关键器件

双声道功放电路原理图如图 1-3 所示,印制板图如图 1-4 所示。双声道功放供电电路图如图 1-5 所示,印制板图如图 1-6 所示。

在如图 1-4、图 1-6 所示的双声道功放电路印制板图和双声道功放供电电路印制板图中找出图 1-3、图 1-5 中的关键元器件,并用万用表电阻挡测量其好坏,将测得的结果填入表 1-1 中。

注意:在线测量电阻时有分布元器件的影响,阻值与原值有一定的区别。

注意:电阻、二极管和三极管是电路中的主要元器件。

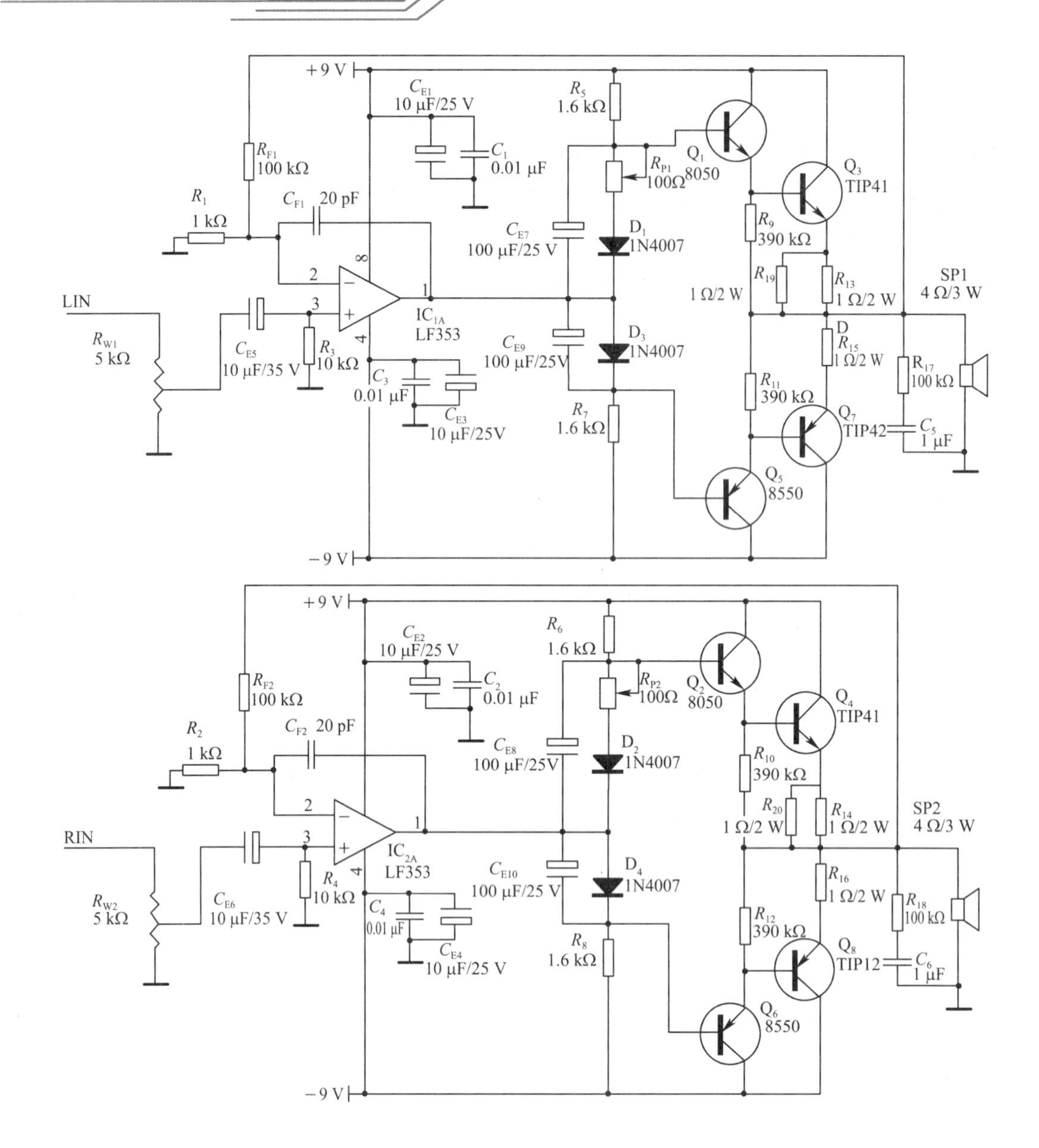

图 1-3 双声道功放电路原理图

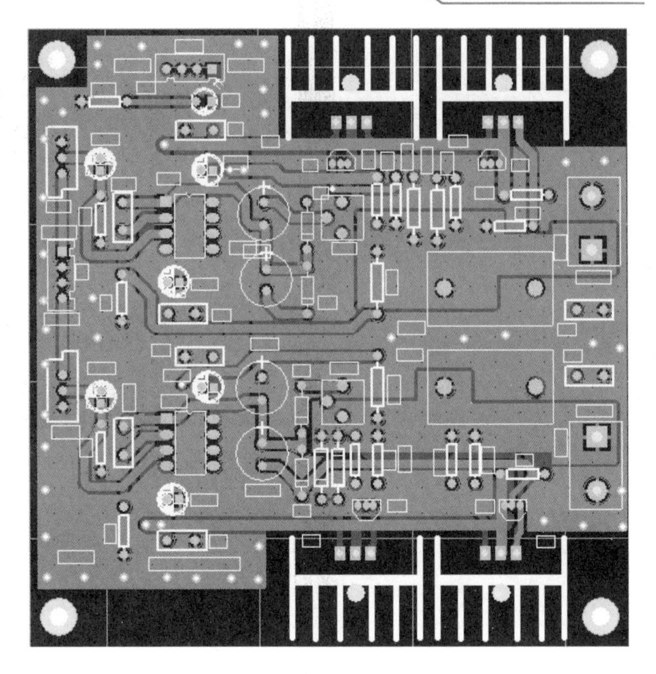

图 1-4 双声道功放电路印制板图

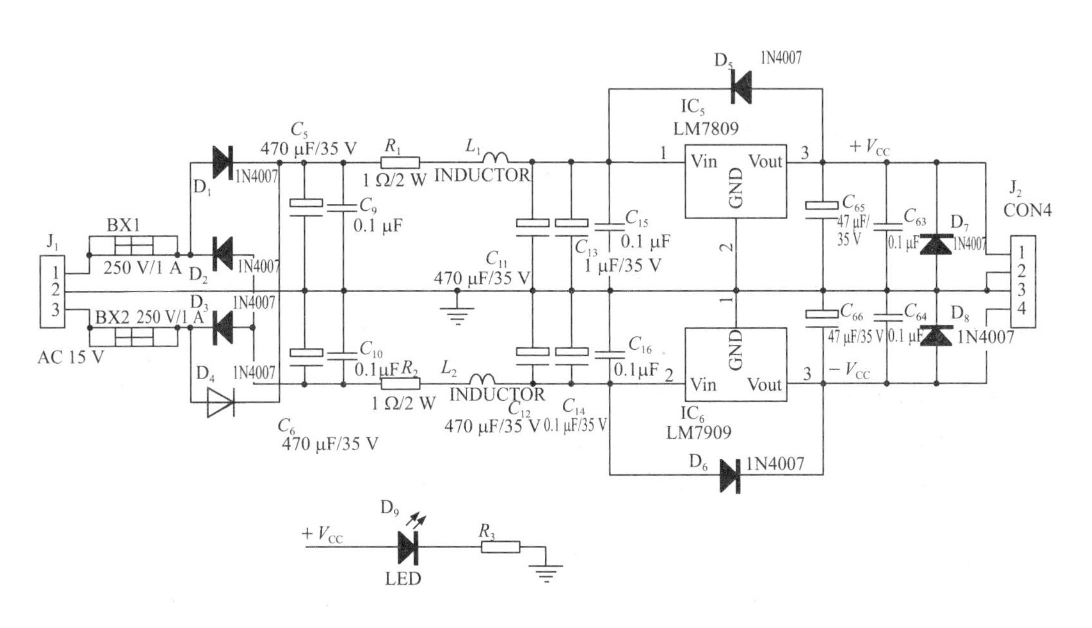

图 1-5 双声道功放供电电路图

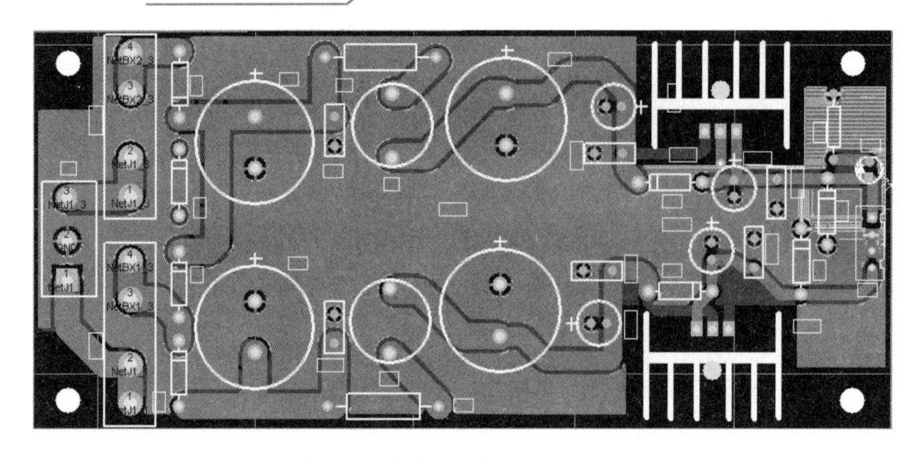

图 1-6　双声道功放供电电路印制板图

表 1-1　　用万用表电阻挡测量双声道功放电路和供电电路主要元器件阻值

元器件名称	元器件标号	阻值	元器件名称	元器件标号	阻值

万用表测电阻方法

2.双声道功放电路的调试

(1)OTL 低频功放的调试技术指标

SG2172B-毫伏表

①输出效率:最大不失真输出功率与直流电源供给功放的平均功率之比,即:

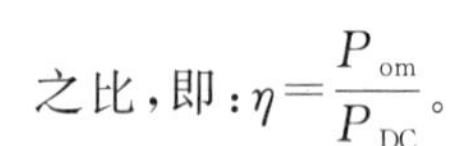

$\eta=\frac{P_{\mathrm{om}}}{P_{\mathrm{DC}}}$。

②最大不失真输出功率:用函数信号发生器输入 1 kHz 的正弦波,用 15 Ω/10 W 的功率电阻代替扬声器。加大输入信号的幅度,用示波器观察输出波形最大不失真时的输出电压,或用失真度测量仪测量输出波形失真度小于 8%时的最大输出电压,即所需的输出电压,此时负载上获得的功率就是最大不失真输出功率。

③输入灵敏度:功放额定功率时所需输入信号的有效值。

④频率响应:功放的电压增益相对于中频(1 kHz)的电压增益下降 3 dB 时所对应的高音频率与低音频率之差。

⑤噪声电压:输入端短路时的输出电压。

双声道功放的主要技术指标见表 1-2。双声道功放测试用仪器、仪表选择见表 1-3。

表 1-2　　双声道功放的主要技术指标

序号	技术参数	要求
1	静态工作电流	≤25 mA
2	最大不失真输出功率	>2 W(最大不失真输出电压>5 V)

续表

序号	技术参数	要求
3	电压增益	26～45 dB
4	通频带	0.05～5 kHz
5	噪声电压	<0.2 V

表 1-3 双声道功放测试用仪器、仪表选择

序号	测量仪器	数量	备注
1	BT9013 数字万用表	1	1. 根据各单位仪器、仪表情况选用 2. 根据不同测试要求进行选择
2	XD2 型低频正弦波信号发生器	1	
3	DA-16 交流毫伏表	1	
4	ZQ4126 失真度测量仪	1	
5	SK1731SB3A 型直流稳压电源	1	

(2)双声道功放电路静态测试

功放电路测试

以左声道为例说明，把输入端短接。

①接上假负载电阻(8 Ω/2 W)代替扬声器。

②接通电源(+9 V)，用万用表 10 V 挡测量推挽互补管 Q_3、Q_7 的中点 D 对地电压 V_D，调节 R_{P1}，使该点电压为 1/2 电源电压(即 0 V)。为了方便调试中点电压，可将 Q_3、Q_7 的基极用导线短接，调完后再去掉短接线。

(3)在 Q_3 的集电极电路串入万用表(直流 50 mA 挡)调整电阻 R_{P1}，使该功放静态电流 I_C 为 5～20 mA。静态电流太大，功放管会发热损坏，静态电流太小，输出功率会不足且有交越失真。R_{P1} 越大，I_C 越大。

(4)用万用表测量双声道。将功放各晶体管的静态工作电压和运放 LF353 各引脚静态工作电压分别记录在表 1-4、表 1-5 中。正常后，拆去负载电阻，接上扬声器。

(5)拆除输入端短接线。手握螺丝刀金属部分去碰触 LF353 的第 3 脚，扬声器中应能听到“嘟嘟”声。

(6)在电源中串入万用表 50 mA 挡，测量整个功放的静态电流 $I_{总}$ =________。正常时，$I_{总}$ 在 5～25 mA。

表 1-4 双声道功放各晶体管的静态工作电压

电源电压 V_{CC} = ____V，中点电压 V_D = ____V，静态电流 I_C = ____mA，总机电流 $I_{总}$ = ____mA				
	Q_1	Q_5	Q_3	Q_7
V_c				
V_b				
V_e				

表 1-5 运放 LF353 各引脚静态工作电压

引脚	1	2	3	4	5	6	7	8
测量值								
正常值								

(7)测量双声道功放不失真最大输出功率

①用 8 Ω/2 W 电阻代替扬声器。

②调节低频信号发生器,输出 1 kHz/100 mV 正弦音频信号。

③使低频信号发生器的输出电压缓慢增大,直至放大器输出信号在示波器上的波形刚要产生切峰失真而又未产生时为止。用失真度测量仪测出输出电压的失真度;用毫伏表测出输入电压和输出电压的大小,并记录下来。输入电压 V_i=________ mV,信号频率 f=________ Hz,输出电压 V_o=________ V,失真度=________%。效率=最大输出功率/电源输出功率=________%。

由下式计算放大器的电压放大倍数 A_V 和最大输出功率 P_o 为

$$A_V=V_o/V_i \text{ 和 } P_o=V_o^2/R_L$$

式中,R_L 为负载电阻阻值,A_V=________,P_o=________ W。

用示波器分别测量 LF353 的输入、输出波形,填入表 1-6 中,并比较。

表 1-6　LF353 的输入、输出波形

LF353 输入波形	LF353 输出波形

注:最大不失真输出功率应在 1.5 W 以上;输入信号在 200 mV 时,输出电压在 1.5~4 V。

结论:比较 LF353 的输入、输出波形,可以看出 LF353 电路是一个________电路,其作用是________________。

(8)测试功放灵敏度

测试线路和仪器连接如图 1-7 所示。

音频功率放大器测试

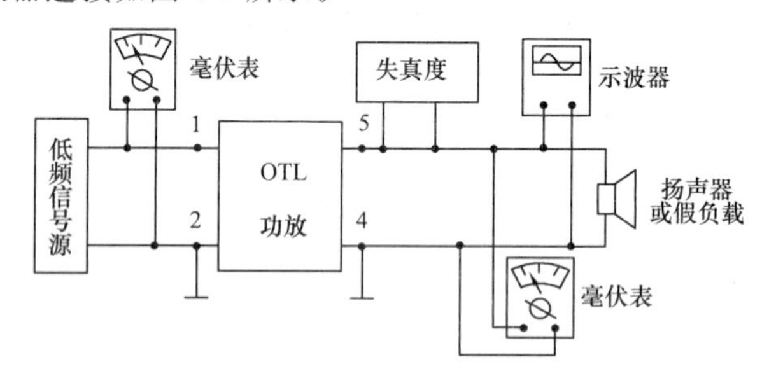

图 1-7　双声道功放测试连接图

使低频信号发生器输出 1 kHz 信号,调节其输出电压,让放大器的输出电压为 2 Vrms(有效值)。再用毫伏表测出输入信号的大小即输入灵敏度。

输入电压 V_i=________ V,信号频率 f=________ Hz,电压放大倍数 A_V=________。

(9)测试双声道功放电路的频率响应

①测出输入信号在 f=1 kHz,V_i=150 mV 时的低频放大器输出电压并记录在表 1-7 中。

②保持输入电压不变(V_i=150 mV),改变输入信号频率,分别测出它们的输出电压

值并记录在表 1-7 中。

③计算出 A_V。在坐标纸上画出频率响应曲线。

表 1-7　双声道功放在输入信号 V_i=150 mV 时的输出电压和电压放大倍数

f/Hz	20	40	60	80	100	130	160	200	400	600	800
V_o/V											
A_V											
f/Hz	1000	1300	1600	2000	4000	6000	8000	10000	13000	16000	20000
V_o/V											
A_V											

④拆下假负载，换上扬声器，试听音乐的音质。

结论：

(1)调试前先对电路做直观检查。

(2)静态调试：静态调试时输入端接地，用万用表测输出端对地直流电压，双电源的OTL 功放的输出端也为 V_o=0。

运放驱动管功放电路的静态直流电流应该很小，I_o 为几毫安。如果电流过大，应先检查电路是否出错。

(3)动态检查：在输入端接入规定的信号，用示波器观测各级输出电压的大小及波形。如果实测值与要求值相差过大，则应检查电路连接是否正确，检查元器件参数是否满足要求。

(4)各级电流都要流经电源内阻，内阻压降对某一级可能形成正反馈，应接 RC 去耦滤波电路。R 一般取几十欧姆，C 一般用几百微法大电容与 0.1 μF 小电容相并联。

功放级输出信号较大，对前级容易产生影响，引起自激；集成电路内部多级点引起的正反馈易产生高频自激现象；电感性扬声器也容易引起自激，通常可以采用接入 RC 电路的方法来消除。

看一看

[知识拓展]

你知道吗？ 音响功率的几种不同标识法

(1)额定输出功率(RMS：正弦波均方根值)标识法：美国联邦贸易委员会于 1974 年规定功率的定标标准为在 20～20000 Hz 范围内谐波失真>1%时测得的有效功率。

(2)音乐输出功率(MPO，Music Power Output)，指功放电路工作于音乐信号时的不失真输出功率，也就是输出失真度不超过规定值的条件下，功放对音乐信号的瞬间最大输出功率。音乐输出功率为额定输出功率的 2 倍。

(3)峰值音乐输出功率(PMPO，Deak Music Power Output)，它是最大音乐输出功率，是功放电路的另一个动态指标，若不考虑失真度，功放电路可输出的最大音乐功率就是峰值音乐输出功率。很多音响器材标识的就是峰值音乐输出功率。

(4)通常峰值音乐输出功率大于音乐输出功率，音乐输出功率大于最大输出功率，最大输出功率大于额定输出功率，峰值音乐输出功率是额定输出功率的 5～6 倍。

3. 功放的选择

(1)功放的功率

正确地选择功放功率,才能欣赏到好的音乐。如果选用功放的输出功率太小,对于音箱来说是安全的,不会烧坏喇叭,但要达到一定的响度(声压级),需要开大音量,结果使得功放的信号过大,不但功放严重过载、声音失真,而且会产生大量高次谐波,容易导致音箱的高音单元元器件过载而烧毁。

如果选用功放的输出功率过大,易造成信号过载、削波失真、声音难听,同时高音单元元器件极易烧坏。

怎样选择合适的功放呢?可根据下式

$$L_p = L_s + \lg W + 10\lg\left(\frac{Q}{4\pi r^2} + \frac{4}{R}\right) + 10\lg N$$

式中:L_p 是厅堂内距扬声器 r 处的扬声器声压级(反映声音的响度);L_s 是扬声器的灵敏度;W 是扬声器所需的驱动功率,即功放的输出功率;r 是某点与扬声器的距离;R 是房间常数(声音的指向性因数,查表或在音箱指标中给出);N 是扬声器的数量;Q 是功放的品质因数。

上式可定量地说明,在一个厅堂内,距扬声器 r 处应达到多少声压级的情况下,所需要的功放输出功率。

由上式化简,并移项,反求 W 值,得到下式

$$W = 10(L_p - L_s + 20\lg r - 10\lg N)/10$$

从化简式可见:所需求的电功率(即功放的输出功率)W 与厅堂距离 r 处的声压级有关,与扬声器的灵敏度有关,还与扬声器的数量有关,r 在一般厅堂的情况下,取厅堂长度的三分之二以上得到的 W 值可以配比为 1∶1,如达到 1.5∶1 或 2∶1,即可适当地增大 W 值。

其经验公式是,厅堂的容积按每立方米配置 2~5 W 的功放输出功率,并按照每个音箱平均负担。比如有一个 100 m^2 的会议室,高度是 3 m,其容积为 300 m^3。按 2~5 W/m^3 配置,所需功率为 600~1500 W,若配置两个主音箱,则可选用 300 W 左右的音箱两只,功放一台,其输出功率可在 300~600 W 选取。如采用四只音箱,那么音箱的功率可减小,选取 150 W 左右。此时功放可选用两台 150~300 W 功率的。厅堂中的超低音箱不算,返听则按 50%选取。超过上述数值的,已无必要,属于浪费。在工程设计或实际使用中,一般功放功率与音箱功率的配比在 1∶1 到 2∶1,这主要是考虑晶体管功放的输出特性较硬。但如果配比超过 2∶1,则大功率的功放造价迅速升高,经济性下降,就造成了不必要的浪费。

(2)功放的失真度

在选用功放时,往往比较关注其失真度。功放指标中给出的失真度是非线性失真度,简单地说,其表征的只是输出信号波形与输入信号波形的不一致程度,数值一般为 0.001%~1%。大多数人只能听出 5%以上的非线性失真,听音师大约能听出 1%以上的非线性失真,所以低于以上数值即可。

其实,一个音箱的非线性失真度往往大于 1%,有的在 5%左右。好的音箱可以做到

1%以下。因此，在选用功放时，没有必要为非线性失真度究竟是选0.1%还是选0.01%而纠结，应更多地考虑功放的一些动态失真度指标。比如瞬态互调失真度、信号电压转换速率、阻尼系数等。这些指标反映的是功放放大音频信号(动态时)的失真度情况，跟人们的听感更一致，因而更应该被关注。

功放的另一个失真是线性失真(频率失真)，也称频率响应。一台功放的理想状态应该是对音频范围内(20～20000 Hz)的信号都有一致性的放大作用。但事实上并非如此，电路中电容、电感等非线性器件的影响，导致频率范围达不到20～20000 Hz，即使频率范围真的在20～20000 Hz，也不可能一直具有一致性的放大作用。因此，对于功放而言，一般能达到40～16000 Hz且具有一致性的放大作用即可，而这一要求，对功放来说是容易做到的。

(3)功放指标中的阻尼系数

阻尼系数是在功放推动扬声器发声的过程中通电导体在磁场中受到力的作用的表现。音圈受到力的作用，带动纸盆运动，而纸盆是有质量的。特别是低音扬声器，纸盆口径大，其质量也大，因此运动惯性也大。音频信号是不规则的信号，当重放变化较快的信号时，由于纸盆惯性的存在，纸盆无法响应信号的快速变化。尤其是低频信号，使得重放声音浑浊不清。音圈在磁场中运动，又会产生一个反电动势，这个反电动势会在由功放的输出级、喇叭线及音圈组成的回路中形成电流，这个电流的方向是与信号电流的方向相反的。这就好比给信号电流产生的音圈运动增加了阻尼，给音圈运动带来了刹车。减小了纸盆运动的惯性，提高了喇叭的响应特性。衡量这种特性的便是阻尼系数。其值由下式计算可得

$$D=R_L/(R_0+R_1)$$

式中 D——阻尼系数；

R_L——喇叭阻抗；

R_0——功放内阻；

R_1——喇叭线的电阻。

一般来说，功放的阻尼系数越大越好，它会使喇叭还原的声音变得清晰，但过大的阻尼系数会使得声音发干、发硬。因此 D 值一般选在100～500范围内。

在实际功放的使用中，要得到较大的阻尼系数，可选择输出内阻小的功放，喇叭线要选择无氧铜且较粗的。同时在多个音箱使用时，要避免阻抗过小的情况发生(不能小于4 Ω)。

(4)H类功放的选用

按功放输出级的工作状态，功放可分为：A类、B类、AB类、D类、H类等。

一般来说，功放输出功率的大小是与功放末级的供电电压成正比的。供电电压越高，输出功率越大。功放前级一般是小信号放大，采用低电压供电。而末级在大功率输出时，采用高电压供电，这就是H类功放的特点。这种功放设有两组供电电源，一组高，一组低。实际应用中会在末级电路中增加一个检测电路，当大信号、大功率输出时高压直流电通过检测电路自动加到功放管上，获得大功率的输出。在小信号、小功率输出时，自动转回低压供电。这样既提高了功放的性能，又提高了电源的效率。

一般在高保真音响系统中，所有有大功率输出要求的场合，比如高档音乐厅、大剧院、高星级影院，都应该选用 H 类功放。

(5)功放音量电位器的调节

在功放系统中有两个指标：一个是静态噪声，另一个是动态范围，它们可以衡量功放系统质量的优劣。静态噪声就是当一个系统处于工作(通电)状态时，即使音量控制器处于无衰减、周边设备处于工作状态、不馈送信号时，在扬声器前测得的一个噪声声压级。它体现的是整个系统的噪声水平。动态范围是指系统在不失真的情况下，输出信号跟随输入信号变化，最大输出与最小输出的范围。

一套质量优良的功放系统，要有最小的静态噪声及最大的动态范围。当关小音量时，系统的静态噪声明显减小，当开大音量时，系统的静态噪声也会变大。可见，静态噪声是随音量大小而变化的。因此在功放系统中，要求在降低噪声输出的同时，不要明显降低系统的动态范围。通常将音量电位器置于 75%的输出状态时有最好的重现声音的效果。

任务 1.2　双声道功放的故障维修

✧ 能对功放基本故障进行分析与维修；

✧ 能对与功放相类似的电子产品的基本故障进行维修。

✧ 维修功放机的基本故障，并能叙述维修步骤和典型故障特征；

✧ 写出维修报告。

读一读

1.2.1　功放的故障检查方法

1. 常用的检查方法

(1)直观检查法

所谓直观检查法，是利用人的感觉器官：眼(看)、耳(听)、鼻(闻)、手(拨、摸)对功放(机内元器件或机外零件)进行外表检查的一种方法。这种检查方法十分简便，对检修功放的一般性故障很有效，特别是检修无声音之类的损坏型故障。有时经直观检查，很快就能发现故障元器件。

直观检查法可在加电或不加电(断电)两种情况下进行。首先应不加电观察，看看机外电源插头有无松脱，旋钮有无损坏等，如发现有异常现象，应即时修复；如果没有发现异常现象，就需打开机盖，检查机械固定件是否松动，各种插头有无脱落，接线有无碰断或脱焊。再仔细观察机内各个元器件有无相碰、断线，电阻有无烧焦、变色，电解电容器有无漏液、胀裂或变形,印制电路板的敷铜板条和焊接点是否良好,磁芯有无脱落、断裂或是否有其他异常的元器件等。也可用手轻轻拨一拨被怀疑的元器件,试试有无脱焊松动,插件接触是否良好,可调整件是否松动,经上述检查,对怀疑的元器件用万用表进行测量就可以找出故障元器件。

如果断电直观检查没有发现故障,就应进行加电直观检查。其具体做法是给功放通电,用眼、耳、鼻、手综合检查;并迅速地观察功率器件有无冒烟、冒火等现象,注意听扬声器中有无杂声、哼声、咔啦声、噼啪声、交流嗡声;最后闻一下机内有无烧焦味和火花臭味。还可转动各调节旋钮,看看有无接触不良的现象;轻轻敲击箱、底板或相关的部位,看看有无虚焊点或接触不良的现象。

必要时可先让功放工作片刻,然后再关机进行直观检查。这时可用手去摸集成块、晶体管、变压器等容易发热的元器件,看有无过热现象。根据这些元器件过热的程度以及其他元器件温升的情况,便可直接做出判断。

直观检查法是简单易行的方法,只要逐步积累经验,运用起来就会更加自如,在用万用表检修时,应多用这种方法。

(2)电阻检查法

电阻检查法是检修电子产品最基本的方法之一。它是通过用万用表测量集成电路、晶体管各引脚和各单元电路的对地电阻值,来判断故障的一种方法。它对检修开路或短路性故障以及确定故障元器件最有效。

电阻检查法在电子产品检修中的应用范围很广,电子产品的大部分元器件(如集成电路、晶体管、电阻、电容、电感以及变压器)均可用测量电阻的方法进行定性检查,而且任何故障的检修,最后也要依靠测量电阻来确定故障元器件。实际使用电阻检查法时,可分为两种方法,即“在线”电阻测量法和“脱焊”电阻测量法。

所谓“在线”电阻测量法,就是直接在印制电路板上测量元器件电阻值。因为被测元器件接在整个电路中,所以用万用表所测得的数据,会受到其他并联支路的影响,这在分析测试结果时应予以考虑。

“脱焊”电阻测量法是将被测元器件的一端或整个元器件从印制电路板上脱焊下来,再进行电阻测量的一种方法。虽然方法比较麻烦,但是测量的结果却非常准确、可靠。为减少测量误差,测量时万用表应选择合适的挡级。集成电路取下后,通过测量相应引脚以及各引脚与接地脚之间的正反电阻,也可以大致判断集成电路的好坏。

总之,使用“在线”电阻测量法时,应根据具体电路选择适当的连接方式来获得正确的结果;同时要善于分析测量结果,才能做出正确的判断;必要时可改用“脱焊”电阻测量法。两种测量法配合使用,相辅相成,能充分发挥电阻检查法的优势。

(3)电压检查法

电压检查法是通过测量电路或元器件的工作电压并与其正常值进行比较来判断故障的一种方法。经常测试的电压有各级电源电压、晶体管的各极工作电压以及集成电路各引脚电压。这种方法在电子产品检修中用得最多,因为这些电压是判断电路或晶体管、集成电路工作状态是否正常的重要依据。将测试所得电压数据与正常工作电压进行比较，就可以判断出故障电路或元器件。一般来说，电压变化较大的地方，就是故障所在的部位。

电压检查法按被测电压的种类，可分为直流电压检查法和交流电压检查法两种。无论是直流或交流电压的测量，都可分别在电路处于静态或动态两种状态下进行，并以关键点测试与电压普测相结合的方法来检查故障。

静态电压测量是在机器不接收信号的情况下进行的，这时测得的电压是各电路的静态工作电压。这种检查法对所有电路都适用。当机器接收信号时所测得的电压是动态电压，测量方式叫动态电压测量，它可用来检测各种接收放大电路。将测得的数值与资料中给出的数值（或经验数值）进行比较，就能判断出故障原因。

（4）电流检查法

电流检查法是通过测量晶体管、集成电路的工作电流，各局部电路的总电流和电源的负载电流来检修电子产品的一种方法。由于测量电流必须把电表串入电路，所以此方法使用起来很不方便，因此在一般情况下，直接测量电流的检修方法用得较少，而常用电压检查法（间接电流检查法）代替，但是遇到烧保险丝等短路性故障时，往往难以用电压检查法检查，则应采用电流检查法检查。

通过测量电流可以检查晶体管、集成电路的工作状态，判断电源电路、功放电路的工作是否正常，如果某部分电流（相对于正常值）的变化较大，则表明这部分电路存在故障；若电流变得异常的大，则必然存在短路性故障。

（5）替代检查法

替代检查法是用规格相同（或相近）、性能良好的元器件，代替故障机上某个（些）对其有怀疑而又不便测量的元器件来检查故障的一种方法。如果将某一元器件替代后，故障消除了，就证明原来的元器件确实有问题；如果代换无效，则说明判断有误，对此元器件的怀疑即可排除，除非同时还有其他元器件损坏。

在电子产品的检修中，如能恰当地使用替代检查法，不仅能迅速判断原有的元器件是否完好，而且能提高检修速度。具体替换哪些元器件，应根据故障情况以及检修者现有的备件和替换的难易程度而定。对于线圈局部短路、电容器容量不足、小电容器内部断路及晶体管、集成电路性能不好等故障均宜采用替代检查法。应该常备的替代元器件有：晶体管、集成电路、电容器、各种电感元器件等。有时整个部件、插件式的元器件和组件更适宜用替代检查法检修。

应该注意，在替换元器件的过程中，连接要正确可靠，不要损坏周围其他元器件，既要正确地判断故障，又要避免造成人为的故障。

（6）触击检查法

触击检查法是手握改锥的绝缘部分，以其金属部分轻轻触击晶体管的基极或集成电路的输入端，通过屏幕上的显示和扬声器中声音的反应来判断故障的一种方法。这种触击检查法实质上相当于给电路输入一个振动杂波干扰信号，此法常用来检查声音通道。使用触击检查法检查时，一般应从后到前逐级进行。扬声器中的反应程度是随机型而异的，在检修中要注意积累经验；当具有一定经验以后，使用起来就相当方便。

在检修中，有人喜欢手握镊子或改锥的金属部分去触击电路输入端，当电路正常时，扬声器中的反应也较为明显，这是因为此时的输入信号相当于人体感应信号与振动杂波信号之和。我们把它称为混合触击法（有时称为人体感应法）。但切忌误触高压。

触击检查法还可用万用表来进行检测，具体方法是使万用表置于电阻（$R\times10$）挡，将其正表笔接地并用负表笔去触击电路的输入端，此时输入的杂波干扰信号更强一些，在扬声器中的反应也更为明显。

综上所述，触击检查法有三种不同的操作法，即触击法、混合触击法和万用表触击法。其输入信号的强度是递增的，扬声器中的反应也是递增的。所以检查故障时，应根据电路反应的灵敏程度，选择适当种类的触击检查法。对于反应迟钝的电路，应采用万用表触击法。

2.特殊检查法

（1）信号跟踪检查法

信号跟踪检查法是利用测量仪表，按照信号流程的顺序（从前级到后级）逐级测量来检查故障的一种方法。常用的测量仪表有示波器、毫伏表、耳机、万用表等。但比较理想的测量仪表是同步示波器，它既能测量幅度，又能看到波形，用它来检查故障，直观精确、迅速有效。只要将所测得的波形的形状、幅度、宽度、周期与电路图上该点的波形比较，就能发现故障。

信号跟踪检查法的检查顺序正好与触击检查法相反，是从前级到后级依次测量，如果前面的信号正常，而测到后面某一级信号不正常了，则故障就在这一级（或在前后两个测试点之间的电路）。

在没有示波器的业余检修中，虽然无法测量波形，但可使用万用表加接电容或加接检波器对脉冲波形和低频信号做间接测量。

（2）短路检查法

短路检查法是利用短路线夹（或接有电阻、电容的线夹）将电路的某一部分短路，从图像、声音和电压的变化来判断故障的一种方法。此方法常用来判断振荡电路是否起振，通道自激和伴音电路噪声、哼声的来源以及图像无色的故障。

使用短路检查法时，应根据具体情况，将集成电路、晶体管的输入端，或将输入与输出两端，或将某一个电极、电路元器件短路（直流或交流短路）。至于具体使用何种线夹，应根据被短路点的直流电压差而定，但要防止直流电压被短路。例如，判断晶体管振荡电路是否起振，可以将振荡回路或反馈网络短路，然后对比短路前后晶体管各极电压，若两者电压有变化，就说明振荡器已起振了。再如，检查伴音电路噪声、哼声的来源时，可由后级往前级逐一短路各级的输入端，若短路后扬声器中的噪声消失，则表明故障出在前级；反之，声音没有变化，则表明故障出在后级。这样就能迅速地找到故障部位。

应用短路检查法检查故障时，应根据故障现象来确定合适的短路点，然后根据短路点直流电压的大小以及该点直流电压对电路工作状态的影响来确定使用何种线夹。

（3）开路检查法

开路检查法是将某一部分电路断开，用万用表测量电阻、电压或电流来判断故障的一种方法。对于一些会引起电流过大的短路性故障，用此法检查比较适合。

某一个局部电路一旦出现短路性故障，流过它的电流就会大大增加。若采用其他方法检查，时间一长可能会导致其他故障。而使用开路检查法，将这一部分电路断开，观察总电流的变化，就可以判断故障的范围。根据开路后的总电流应等于未开路时的总电流减去被断开电路的电流的原理，若断开被怀疑的某一部分电路后，总电流立即降为正常值，则表明故障就出在这一部分电路中；否则再逐一断开其他电路，最后总能找到故障所在。

对电源来说，此法可看作是断开负载的一种检查方法。当遇到负载电流增大、烧毁保险丝的故障时，用这种方法检查是比较方便的。只要将各路负载逐一开路就可以找到短路性故障发生在哪一部分了。用开路检查法还能有效地区分故障是出在电源部分还是出在负载部分。如果将负载开路后，电源电压恢复正常，则表明故障出在负载电路；反之电压仍不正常，则表明故障就出在电源本身。

进行开路检查时动作要十分迅速。因为过大的电流很可能会引起新的损坏型故障。因此，当断开的电路不是故障所在的电路时，总电流仍然会很大，此时应立即关机，重新对其他电路做开路检查。一旦找到故障电路后，可以通过测量该电路电源线对地电阻的方法，进一步寻找故障元器件。

(4)对比检查法

对比检查法是通过用故障机与同类型正常机进行比较来判断故障的一种方法。这种方法对于检修无图纸、资料的机器最为有效。具体做法是将故障机上被怀疑的部分所测得的波形、电压、电阻和电流等数据与正常机上对应部分所测得的相应的波形等数据进行比较，差别较大的部位就是故障所在的部位。

在观察故障现象时，对于一些难以判断的故障现象，也可使用对比检查法。通过故障机模拟查找故障。特别是应当保存一些损坏情况比较特殊的元器件，用它们来做模拟试验，这对提高检修技术会大有帮助。

(5)模拟检查法

模拟检查法是在无故障机上进行的，是将无故障机上相应的(即故障机上被怀疑的)元器件拆去、短路或改变其数值，观察有无相同故障现象出现。也可以将故障机上被怀疑的元器件替换到无故障机上，观察是否有相同的故障现象。如果有相同或相似的故障现象出现，则表明此元器件已损坏或变质；如果无故障现象，则说明此元器件性能良好。

模拟检查法与替代检查法正好相反，它是模拟元器件损坏的情况，即以故障机上被怀疑的元器件去替换无故障机上好的元器件，让故障在无故障机上重新出现并以此来做判断。因此，模拟要保证真实，并要防止引起其他人为的故障，这样才能得出正确的结论。

模拟检查法也可以在故障机上进行。其做法是对被怀疑的元器件作“以假乱真”的处理，即将被怀疑变为开路的元器件或PN结予以脱焊，如果脱焊后故障现象没有变化，就证明该元器件已开路；否则，该元器件无故障。对被怀疑为短路的元器件或PN结用短路线夹进行短路，若短路后故障现象无变化，就证实该元器件已短路了；否则，该元器件没有短路。对于集成电路，也可灵活地将某部分或某个引脚开路、短路，再看故障现象是否重新出现并以此来判断故障的原因。

模拟检查法不但能用来检查、判断故障元器件，而且还可用来制造故障，汇编故障实例，取得检修经验。对于一些经常损坏的元器件，经模拟试验可以得到这类元器件容易产生的故障现象，为后续维修提供案例。

1.2.2 修理功放应该注意的事项

1. 修理之前，要了解功放的使用和故障出现的情况。

2. 修理之前，要了解功放的电路结构和零件的布置情况，最好对照电路图检查一遍。

3. 开始接通电源时，手不要离开电源开关，如果发现异常情况，如冒烟、串入的电流表指数太大、三极管发热等，必须立即关掉电源。

4. 凡进行锡焊操作之前，必须断开功放电源。不允许在通电的情况下进行线路焊接。

5. 原有的电路尽可能不要改动。需要改动功放某部分电路时，必须把原有电路的结构记录下来。更改完毕，应在原电路图上做相应的记载，以备日后查阅。

6. 每次修理结束，都要做好记录，记录故障现象、原因、排除方法等，以积累经验。

万用表测二极管方法

1.2.3 半导体器件的检查方法

半导体二极管的检查方法见表1-8。

表1-8 半导体二极管的检查方法

名称	检查方法
小功率二极管	①判别正、负电极 观察外壳上的符号标记。通常在二极管的外壳上标有二极管的符号，带有三角形箭头的一端为正极，另一端为负极。 观察外壳上的色点。在点接触型二极管的外壳上，通常标有极性色点（白色或红色），一般标有色点的一端即为正极；还有的二极管上标有色环，带色环的一端为负极。 测量阻值。以阻值较小的一次测量为准，黑表笔所接的一端为正极，红表笔所接的一端则为负极。 ②检测最高工作频率 晶体二极管工作频率可从有关特性表中查阅到，实用中常常用眼睛观察二极管内部的触丝来加以区分，如点接触型二极管属于高频管，面接触型二极管多为低频管。外形不同时，也可以用万用表 $R\times1$ k挡进行测试，一般正向电阻小于1 kΩ的多为高频管。
变容二极管	将万用表置于 $R\times10$ k挡，无论红、黑表笔怎样对调测量，变容二极管的两引脚间的电阻值均应为无穷大。如果在测量中，发现万用表指针向右有轻微摆动或阻值为零，则说明被测变容二极管有漏电故障或已经被击穿损坏。对于变容二极管容量消失或内部的开路性故障，用万用表是无法检测判别的。必要时，可用替代检查法进行检查判断。
单色发光二极管	在万用表外部串接一节1.5 V干电池，将万用表置于 $R\times10$ 或 $R\times100$ 挡。这种接法就相当于给万用表串接上了一个1.5 V的电压，使检测电压增加至3 V（发光二极管的开启电压为2 V）。检测时，用万用表的两个表笔轮换接触发光二极管的两个引脚，若管子性能良好，必定有一次能正常发光，此时，黑表笔所接的为正极，红表笔所接的为负极。
红外发光二极管	判别红外发光二极管的正、负电极 ①目测 红外发光二极管有两个引脚，通常长引脚为正极，短引脚为负极。因红外发光二极管呈透明状，所以管壳内的电极清晰可见，内部电极较宽较大的一个为负极，而较窄较小的一个为正极。 ②用万用表判断 将万用表置于 $R\times1$ k挡，测量红外发光二极管的正、反向电阻，通常，正向电阻应在30 kΩ左右，反向电阻应在500 kΩ以上，这样的管子才可正常使用。要求反向电阻越大越好。

续表

名称	检查方法
红外接收二极管	①识别引脚极性 从外观上识别。常见的红外接收二极管外观颜色呈黑色。识别引脚时，面对受光窗口，从左至右，分别为正极和负极。另外，在红外接收二极管的管体顶端有一个小斜切平面，通常带有此斜切平面一端的引脚为负极，另一端为正极。 将万用表置于 $R\times1$ k 挡，用判别普通二极管正、负电极的方法进行检查，即交换红、黑表笔两次测量管子两引脚间的电阻值，正常时，所得阻值应为一大一小。以阻值较小的一次为准，红表笔所接的引脚为负极，黑表笔所接的引脚为正极。 ②检测性能好坏 用万用表电阻挡测量红外接收二极管正、反向电阻，根据正、反向电阻值的大小，即可初步判定红外接收二极管的好坏。
激光二极管	将万用表置于 $R\times1$ k 挡，按照检测普通二极管正、反向电阻的方法，即可将激光二极管的引脚排列顺序确定。但检测时要注意，由于激光二极管的正向压降比普通二极管要大，所以检测正向电阻时，万用表指针仅略微向右偏转而已，而反向电阻则为无穷大。

半导体三极管的检查方法见表 1-9。

表 1-9　半导体三极管的检查方法

名称	检查方法
中小功率三极管  万用表测三极管方法	①已知型号和引脚排列的三极管，可按下述方法来判断其性能好坏 测量极间电阻。将万用表置于 $R\times100$ 或 $R\times1$ k 挡，按照红、黑表笔的六种不同接法进行测试。其中，发射结和集电结的正向电阻值比较低，其他四种接法测得的电阻值都很高，约为几百千欧至无穷大。但不管是低阻还是高阻，硅材料三极管的极间电阻要比锗材料三极管的极间电阻大得多。 测量放大能力(β)。目前有些型号的万用表具有测量三极管 hFE 的刻度线及测试插座，可以很方便地测量三极管的放大倍数。先将万用表量程开关拨到 ADJ 位置，把红、黑表笔短接，调整调零旋钮，使万用表指针指示为零，然后将量程开关拨到 hFE 位置，并使两短接的表笔分开，把被测三极管插入测试插座，即可从 hFE 刻度线上读出三极管的放大倍数。 ②检测判别电极 判定基极。用万用表 $R\times100$ 或 $R\times1$ k 挡测量三极管三个电极中每两个电极之间的正、反向电阻值。当用第一根表笔接某一电极，而第二根表笔先后接触另外两个电极均测得低阻值时，则第一根表笔所接的那个电极即为基极 b。这时，要注意万用表表笔的极性，如果红表笔接的是基极 b，黑表笔分别接触其他两极时，测得的阻值都较小，则可判定被测三极管为 PNP 型管；如果黑表笔接的是基极 b，红表笔分别接触其他两极时，测得的阻值都较小，则被测三极管为 NPN 型管。 判定集电极 c 和发射极 e。(以 PNP 型管为例)将万用表置于 $R\times100$ 或 $R\times1$ k 挡，红表笔接基极 b，用黑表笔分别接触另外两个引脚时，所测得的两个电阻值会是一个大一些，一个小一些。在阻值较小的一次测量中，黑表笔所接引脚为集电极；在阻值较大的一次测量中，黑表笔所接引脚为发射极。 在路电压检测判断法，在实际应用中，中、小功率三极管多直接焊接在印制电路板上，由于元器件的安装密度大，拆卸比较麻烦，所以在检测时常常通过用万用表直流电压挡，去测量被测三极管各引脚的电压值，来推断其工作是否正常，进而判断其好坏。

续表

名称	检查方法
大功率三极管	利用万用表检测中、小功率三极管的极性、管型及性能的各种方法，对检测大功率三极管来说基本上适用。但是，由于大功率三极管的工作电流比较大，因而其PN结的面积也较大，PN结较大，其反向饱和电流也必然增大，所以，若像测量中、小功率三极管极间电阻那样，使用万用表的$R\times1$ k挡测量，必然测得的电阻值很小，好像极间短路一样，所以通常使用$R\times10$或$R\times1$挡检测大功率三极管。
普通达林顿管	用万用表对普通达林顿管的检测包括识别电极、区分PNP和NPN类型、估测放大能力等项内容。因为达林顿管的E-B极之间包含多个发射结，所以应该使用万用表能提供较高电压的$R\times10$ k挡进行测量。
大功率达林顿管	检测大功率达林顿管的方法与检测普通达林顿管的方法基本相同。但由于大功率达林顿管内部设置了V_3、R_1、R_2等保护和泄放漏电流元器件，所以在检测时应将这些元器件对测量数据的影响加以区分，以免造成误判。具体可按下述几个步骤进行： ①用万用表$R\times10$ k挡测量B、C之间PN结的电阻值，应明显测出具有单向导电性能。正、反向电阻值应有较大差异。 ②在大功率达林顿管B-E之间有两个PN结，并且接有电阻R_1和R_2。用万用表电阻挡检测时，当正向测量时，测得的阻值是B-E结正向电阻与R_1、R_2阻值并联的结果；当反向测量时，发射结截止，测得的阻值则是(R_1+R_2)电阻之和，为几百欧姆，且阻值固定，不随电阻挡位的变换而改变。但需要注意的是，有些大功率达林顿管在R_1、R_2上还并联有二极管，此时所测得的阻值则不是(R_1+R_2)之和，而是(R_1+R_2)与两只二极管正向电阻之和的并联电阻值。
带阻尼行输出三极管	将万用表置于$R\times1$挡，通过单独测量带阻尼行输出三极管各电极之间的电阻值，即可判断其是否正常。具体测试方法如下： ①将红表笔接E，黑表笔接B，此时相当于测量大功率管B-E结的等效二极管与保护电阻R并联后的阻值，由于等效二极管的正向电阻较小，而保护电阻R的阻值一般也仅为20～50 Ω，所以，二者并联后的阻值也较小；反之，将表笔对调，即红表笔接B，黑表笔接E，则测得的是大功率管B-E结等效二极管的反向电阻值与保护电阻R的并联阻值，由于等效二极管反向电阻值较大，所以，此时测得的阻值即是保护电阻R的值，此值仍然较小。 ②将红表笔接C，黑表笔接B，此时相当于测量管内大功率管B-C结等效二极管的正向电阻，一般测得的阻值也较小；将红、黑表笔对调，即将红表笔接B，黑表笔接C，则相当于测量管内大功率管B-C结等效二极管的反向电阻，测得的阻值通常为无穷大。 ③将红表笔接E，黑表笔接C，相当于测量管内阻尼二极管的反向电阻，测得的阻值一般都较大，约300 Ω至无穷大；将红、黑表笔对调，即红表笔接C，黑表笔接E，则相当于测量管内阻尼二极管的正向电阻，测得的阻值一般都较小，几欧姆至几十欧姆。

场效应管的检查方法见表 1-10。

表 1-10 场效应管的检查方法

名称	检查方法
场效应管	用指针式万用表对场效应管进行判别。 ①用测电阻法判别结型场效应管的电极 根据场效应管的PN结正、反向电阻值不一样的现象，可以判别出结型场效应管的三个电极。具体方法为：将万用表拨到 $R\times1$ k 挡上，任选两个电极，分别测出其正、反向电阻值。当某两个电极的正、反向电阻值相等，且为几千欧姆时，则该两个电极分别是漏极 D 和源极 S。因为对结型场效应管而言，漏极和源极可互换，剩下的电极肯定是栅极 G。也可以将万用表的黑表笔(红表笔也行)任意接触一个电极，另一只表笔依次去接触其余的两个电极，测量其电阻值。当出现两次测得的电阻值近似相等时，则黑表笔所接触的电极为栅极，其余两电极分别为漏极和源极。若两次测出的电阻值均很大，说明 PN 结反向，即都是反向电阻，可以判定是 N 沟道场效应管，且黑表笔接的是栅极；若两次测出的电阻值均很小，说明是正向 PN 结，即是正向电阻，判定为 P 沟道场效应管，黑表笔接的也是栅极。若不出现上述情况，可以调换黑、红表笔按上述方法进行测试，直到判别出栅极为止。 ②用测电阻法判别场效应管的好坏 测电阻法是用万用表测量场效应管的源极与漏极、栅极与源极、栅极与漏极、栅极 G1 与栅极 G2 之间的电阻值同场效应管手册标明的电阻值是否相符来判别管的好坏的一种方法。具体为：首先将万用表置于 $R\times10$ 或 $R\times100$ 挡，测量源极 S 与漏极 D 之间的电阻，通常在几十欧姆到几千欧姆的范围(在手册中可知，各种不同型号的场效应管，其电阻值是各不相同的)，如果测得的阻值大于正常值，可能是由于内部接触不良；如果测得的阻值是无穷大，可能是内部断极。然后把万用表置于 $R\times10$ k 挡，再测栅极 G1 与 G2 之间、栅极与源极、栅极与漏极之间的电阻值，若测得其各项电阻值均为无穷大，则说明管是正常的；若测得上述各阻值太小或为通路，则说明场效应管是坏的。要注意，若两个栅极在管内断极，可用替代检查法进行检测。 ③用感应信号输入法估测场效应管的放大能力 具体方法为：用万用表的 $R\times100$ 挡，红表笔接源极 S，黑表笔接漏极 D，给场效应管加上 1.5 V 的电源电压，此时表针指示出的是漏源极间的电阻值。然后用手捏住结型场效应管的栅极 G，将人体的感应电压信号加到栅极上。这样，由于场效应管的放大作用，漏源电压 V_{DS} 和漏极电流 I_b 都要发生变化，也就是说漏源极间电阻发生了变化，由此可以观察到表针有较大幅度的摆动。如果手捏栅极表针摆动较小，则说明管的放大能力较差；表针摆动较大，则说明管的放大能力较强；若表针不动，则说明管是坏的。

续表

名称	检查方法
场效应管	根据上述方法，用万用表的 $R\times100$ 挡，测结型场效应管 3DJ2F。先将管的栅极开路，测得漏源电阻 R_{DS} 为 600 Ω，用手捏住栅极后，表针向左摆动，指示的电阻 R_{DS} 为 12 kΩ，表针摆动的幅度较大，说明该管是好的，并有较大的放大能力。 运用这种方法时要说明几点：第一，在测试场效应管用手捏住栅极时，万用表指针可能向右摆动（电阻值减小），也可能向左摆动（电阻值增加）。这是由于人体感应的交流电压较高，而不同的场效应管用电阻挡测量时的工作点可能不同（或者工作在饱和区或者工作在不饱和区）所致，试验表明，多数管的 R_{DS} 增大，即表针向左摆动；少数管的 R_{DS} 减小，即表针向右摆动。但无论表针摆动方向如何，只要表针摆动幅度较大，就说明管有较大的放大能力。第二，此方法对 MOS 场效应管也适用。但要注意，MOS 场效应管的输入电阻高，栅极 G 允许的感应电压不应过高，所以不要直接用手去捏栅极，必须用手握螺丝刀的绝缘柄，用金属杆去碰触栅极，以防止人体感应电荷直接加到栅极，引起栅极击穿。第三，每次测量完毕时，应当把 G-S 极间短路一下。这是因为 G-S 结电容上会充有少量电荷，建立起 V_{GS} 电压，造成再次进行测量时表针可能不动的情况，只有将 G-S 极间电荷短路放掉才行。 ④用测电阻法判别无标志的场效应管 首先用测量电阻的方法找出两个有电阻值的引脚，也就是源极 S 和漏极 D，余下的两个引脚为第一栅极 G1 和第二栅极 G2。先把用两表笔测得的源极 S 与漏极 D 之间的电阻值记下来，对调表笔再测量一次，再把测得的电阻值记下来，两次测得的阻值较大的一次，黑表笔所接的电极为漏极 D；红表笔所接的电极为源极 S。用这种方法判别出来的 S、D 极，还可以用估测其管的放大能力的方法进行验证，即放大能力大的黑表笔所接的是漏极 D，红表笔所接的是源极 S，两种方法检测结果均应一样。当确定了漏极 D、源极 S 的位置后，按 D、S 的对应位置装入电路，一般 G1、G2 也会依次对准位置，这就确定了两个栅极 G1、G2 的位置，从而就确定了 D、S、G1、G2 引脚的顺序。 ⑤用测反向电阻值的变化判断跨导的大小 对 VMOS N 沟道增强型场效应管测量跨导性能时，可用红表笔接源极 S、黑表笔接漏极 D，这就相当于在源、漏极之间加了一个反向电压。此时栅极是开路的，管的反向电阻值是很不稳定的。将万用表的欧姆挡选在 $R\times10$ kΩ 的高阻挡，此时表内电压较高。当用手接触栅极 G 时，会发现管的反向电阻值有明显的变化，其变化越大，说明管的跨导值越高；如果被测管的跨导很小，用此法测时，反向阻值变化不大。
VMOS 管	①判定栅极 G 将万用表拨至 $R\times1$ k 挡分别测量三个引脚之间的电阻。若发现某脚与其他两脚的电阻均呈无穷大，并且交换表笔后仍为无穷大，则证明此脚为 G 极，因为它和另外两个引脚是绝缘的。 ②判定源极 S、漏极 D 在源极和漏极之间有一个 PN 结，因此根据 PN 结正、反向电阻存在差异，可识别源极与漏极。用交换表笔法测两次电阻，其中电阻值较低（一般为几千欧姆至十几千欧姆）的一次为正向电阻，此时黑表笔接触的是源极，红表笔接触的是漏极。 ③测量漏源通态电阻 $R_{DS(on)}$ 将 G-S 极短路，选择万用表的 $R\times1$ 挡，黑表笔接源极，红表笔接漏极，阻值应为几欧姆至十几欧姆。 由于测试条件不同，测出的 $R_{DS(on)}$ 值比手册中给出的典型值要高一些。例如用 500 型万用表 $R\times1$ 挡实测一只 IRFPC50 型 VMOS 管，$R_{DS(on)}=3.2$ Ω，大于 0.58 Ω（典型值）。 ④检查跨导 将万用表置于 $R\times1$ k（或 $R\times100$）挡，红表笔接源极，黑表笔接漏极，手持螺丝刀去碰触栅极，表针应有明显偏转，偏转越大，表明管子的跨导越高。

注:(1)场效应管的使用注意事项

①为了安全使用场效应管,在线路的设计中,各项指标不能超过管的耗散功率、最大漏源电压、最大栅源电压和最大电流等参数的极限值。

②各类型场效应管在使用时,都要严格按要求的偏置接入电路中,要遵守场效应管偏置的极性。如结型场效应管栅源漏之间是 PN 结;N 沟道管栅极不能加正偏压;P 沟道管栅极不能加负偏压等。

③MOS 场效应管由于输入阻抗极高,所以在运输、储存中必须将引出脚短路,要用金属屏蔽包装,以防止外来感应电势将栅极击穿。尤其要注意,不能将 MOS 场效应管放入塑料盒内,保存时最好放在金属盒内,同时也要注意场效应管的防潮。

④为了防止场效应管栅极感应击穿,要求一切测试仪器、工作台、电烙铁、线路本身都必须有良好的接地。引脚在焊接时,先焊源极;在连入电路之前,管的全部引线端应保持互相短接状态,焊接完成后才能把短接材料去掉;从元器件架上取下管时,应以适当的方式确保人体接地,如采用接地环等;当然,如果能采用先进的气热型电烙铁,则焊接场效应管时是比较方便的,并且能确保安全;在未关断电源时,绝对不可以把管插入电路或从电路中拔出。以上安全措施在使用场效应管时必须注意。

⑤在安装场效应管时,注意安装的位置要尽量避免靠近发热元器件;为了防止管件振动,有必要将管壳体紧固起来;引脚引线在弯曲时,应当在大于根部尺寸 5 mm 处进行,以防止弯断引脚或引起漏气等。

对于功率型场效应管,要有良好的散热条件。因为功率型场效应管是在高负荷条件下运用的,必须设计足够的散热器,确保壳体温度不超过额定值,使器件能够长期稳定可靠地工作。

总之,确保场效应管的安全使用,要注意的事项是多种多样的,采取的安全措施也各不相同,广大的专业技术人员,特别是广大的电子爱好者,要根据自己的实际情况出发,采取切实可行的办法,安全有效地用好场效应管。

(2)VMOS 场效应管的使用注意事项

VMOS 场效应管(VMOSFET)简称 VMOS 管或功率场效应管,其全称为 V 形槽 MOS 场效应管。它是继 MOSFET 之后新发展起来的高效功率开关器件。它不仅继承了 MOS 场效应管输入阻抗高(≥108 MΩ)、驱动电流小(0.1 μA 左右)等特点,还具有耐压高(最高 1200 V)、工作电流大(1.5~100 A)、输出功率高(1~250 W)、跨导线性好、开关速度快等优良特性。正是由于它将电子管与功率晶体管的优点集于一身,因此在电压放大器(电压放大倍数可达数千倍)、功率放大器、开关电源和逆变器中正获得广泛的应用。

VMOS 场效应管具有极高的输入阻抗及较大的线性放大区等优点,尤其是其具有负的电流温度系数,即在栅源电压不变的情况下,导通电流会随管温升高而减小,故不存在"二次击穿"现象所引起的管子被损坏的情况。因此,VMOS 场效应管的并联得到了广泛的应用。

众所周知,传统的 MOS 场效应管的栅极、源极和漏极大致处于同一水平面的芯片上,其工作电流基本上沿水平方向流动。VMOS 场效应管则不同,其两大结构特点为:第一，金属栅极采用V形槽结构；第二，具有垂直导电性。由于漏极是从芯片的背面引出的，所以I_D不是沿芯片水平流动的，而是自重掺杂N^+区（源极S）出发，经过P沟道流入轻掺杂N^-漂移区，最后垂直向下到达漏极D。因为流通的横截面积增大了，所以能通过较大的电流。由于在栅极与芯片之间有二氧化硅绝缘层，因此它仍属于绝缘栅型MOS场效应管。

国内生产VMOS场效应管的主要厂家有877厂、天津半导体器件四厂、杭州电子管厂等，典型产品有VN401、VN672、VMPT2等。使用时要注意：

①VMOS场效应管亦分为N沟道管与P沟道管，但绝大多数产品属于N沟道管。对于P沟道管，测量时应交换表笔的位置。

②有少数VMOS场效应管在G-S之间并联有保护二极管，检测时要区别对待。

③目前市场上还有一种VMOS场效应管功率模块，专供交流电机调速器、逆变器使用。例如，美国IR公司生产的IRFT001型模块，内部有N沟道管、P沟道管各三只，构成三相桥式结构。

④使用VMOS场效应管时必须加装合适的散热器。以VNF306为例，该管子加装140 mm×140 mm×4 mm的散热器后，最大功率才能达到30 W。

⑤多管并联后，由于极间电容和分布电容相应增加，使放大器的高频特性变坏，通过反馈容易引起放大器的高频寄生振荡。因此，并联复合管一般不超过四个，而且应在每个管子的基极或栅极上串接防寄生振荡电阻。

 **你知道吗？ 量子元器件**

制造量子元器件，首先要开发量子箱。量子箱是直径约10 mm的微小构造，当把电子关在这样的箱子里时，就会因量子效应使电子有异乎寻常的表现，利用这一现象便可制成量子元器件。量子元器件主要是通过控制电子波动的相位来进行工作的，因此它能够实现更高的响应速度和更低的电力消耗。另外，量子元器件还可以使元器件的体积大大缩小，使电路大为简化，因此，量子元器件的兴起将导致一场电子技术革命。人们期待着利用量子元器件在21世纪制造出16 GB（字节）的DRAM，这样的存储器芯片足以存放10亿个汉字的信息。

1.2.4 功放的原理

功率放大器（简称功放）的作用是给音响放大器的负载R_L（扬声器）提供一定的输出功率。当负载一定时，希望输出的功率尽可能大，输出信号的非线性失真尽可能小，效率尽可能高。

功放的常见形式有OTL功放电路、OCL功放电路、BTL平衡桥式功放电路，还有立体声功放电路。

单声道功放电路如图1-8所示。其中，运放为驱动级，晶体管Q_1、Q_3、Q_5、Q_7组成复合式晶体管互补对称电路。

1. 功放驱动电路

功放驱动运放LF353主要完成电压放大任务，采用自举式同相交流电压放大器。

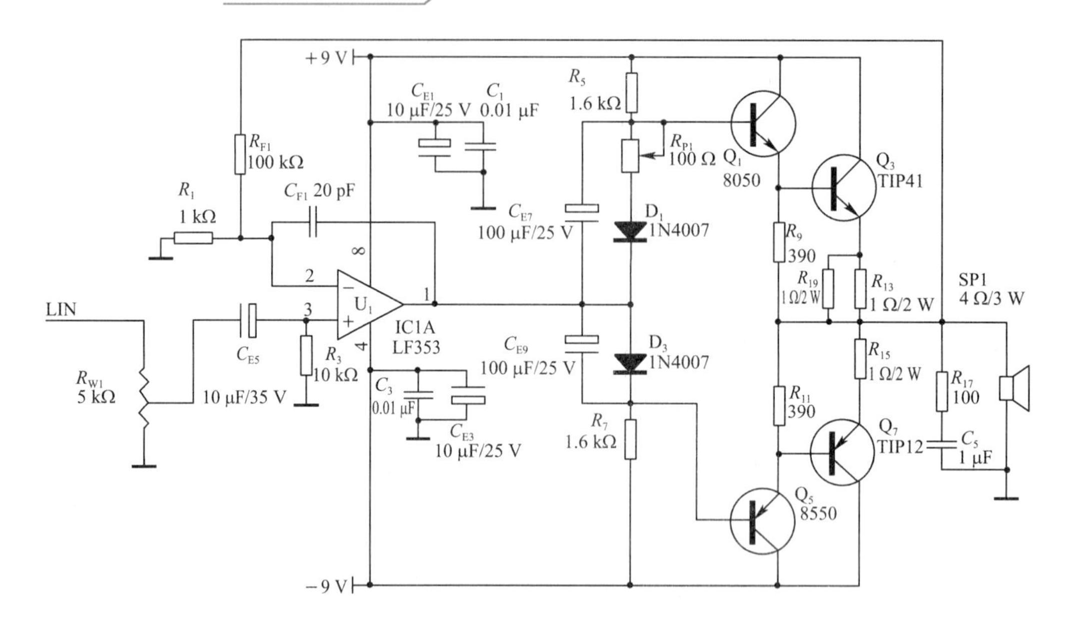

图 1-8　单声道功放电路

C_{E5} 是输入耦合电容,C_{F1} 是自举电容,有隔直的作用。由于采用单电源,运放 U_1 的参考电压由 R_1、R_{F1} 组成分压电路,取自功放输出级。R_{F1} 组成反馈电路,与 R_1 共同确定运算电路的比例系数,功放的电压增益为

$$A_u = 1 + R_{F1}/R_1$$

2. OTL 电路的工作原理

OTL 电路的原理图如图 1-9 所示。V_1、V_2 分别为性能对称的 NPN 和 PNP 管,在无信号输入时,它们的发射极电压为电源电压 E_C 的一半。电容 C 上的电压 $U_C = 1/2E_C$。电容 C 容量很大,相当于一个 $E_C/2$ 的电源。两管的基极相连,其直流电压也接近 $E_C/2$。

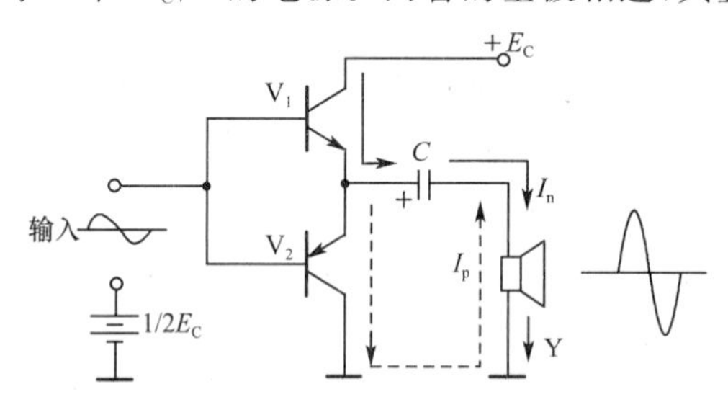

图 1-9　OTL 电路的原理图

两管都工作于乙类状态,当输入信号为正半周时,PNP 管截止,NPN 管导通,电源 E_C 通过 V_1 管、扬声器 Y 向电容 C 充电,充电电流为 I_n,在喇叭上产生正半周电压;当输入信号为负半周时,V_1 管截止,V_2 管导通,电容 C 通过 V_2 管向扬声器 Y 放电,放电电流为 I_p,在喇叭上产生负半周电压。NPN 管和 PNP 管都是共集电极放大电路,这种电路没有电压放大作用,但有电流放大作用,同样也有功率放大作用。共集电极电路的另一个特点是输入阻抗高、输出阻抗低,所以输出端可以直接接喇叭。

功率放大电路的输出电流均很大,而一般功率管的放大系数均不大,为此我们要进行

电流放大，一般是通过复合管来解决这个问题。图 1-8 所示的 OTL 电路输出采用了复三极管，其工作原理完全一样。复三极管 Q_1、Q_3 为同类型的 NPN 管，复合管则仍为 NPN 管，Q_5、Q_7 为同类型的 PNP 管，复合管则仍为 PNP 管。（需要说明的是，如果 Q_5 或 Q_7 的管型与 Q_1 或 Q_3 不同，则其所组成的复合管的导电极性由第一只三极管的类型决定。）其选择原则为

$$P_{CM} \geqslant 0.2P_{OM}, BU_{ceo} \geqslant 2V_{CC}, I_{CM} \geqslant I_{OM}$$

R_4、R_7、R_{W1} 及二极管 D_1、D_3 组成两对复合管的基极偏置电路，静态电流：

$$I_O = (2V_{CC} - 2V_D)/(R_4 + R_7 + R_{W1})$$

V_D 为二极管的正向压降，为减小静态功耗并克服交越失真，静态时，Q_1、Q_5 应工作在微导通状态。

电路的这种状态为甲乙(AB)类状态，选用二极管的材料类型注意要与三极管的材料类型一致（例如同为硅材料），R_{P1} 是微调电位器电阻，不要太大。满足下列关系：

$$V_{Q1B} - V_{Q2B} = V_{D1} + V_{D2} + V_{RP1}$$

R_9、R_{11} 用于减少复合管的穿透电流，提高电路稳定性，一般取一百至几百欧姆。R_{13}、R_{15} 是为了改善功放的性能，在复合功率管的输出引脚支路上加的对称串联反馈电阻，负反馈电阻值一般取 1～2 Ω。

R_{17}、C_5 为消振电路，有利于消除电感性扬声器易引起的高频自激，改善功放的高频特性。

3. 功放静态工作点的设置

在分析时，可把三极管的门限电压看作为零，但实际中，门限电压不能为零，且电压和电流的关系不是线性的。在输入电压较低时，输出电压存在着死区，此段输出电压与输入电压不存在线性关系，产生失真。这种失真出现在通过零值处，因此它被称为交越失真。

为了克服交越失真，避开死区电压区，我们可使每一晶体管都处于微导通状态，一旦加入输入信号，使其马上进入线性工作区。功放电路参数完全对称，静态时功放的对称中点（输出端）的电压 V_o，在单电源供电时应为 V_{CC} 的 1/2；在双电源供电时，输出端对地电压 $V_o=0$，这就是交流零点。Q_1、Q_2 的基极电压，应分别大致为交流零点加减二极管的正向压降 V_D。功放电路的静态电流由 Q_3、Q_5 流过的电流 I_o 决定，I_o 过小会有交越失真，I_o 过大则会使功放的效率下降，一般可取 I_o=2～3 000 mA。

1.2.5 功放故障现象与维修

1. 功放整机不工作

整机不工作的故障表现为通电后放大器音量开关失效，无任何声音，像未通电时一样。检修时首先应检查电源电路。可用万用表测量电源插头两端的直流电阻值（电源开关应接通），正常时应有数百欧姆的电阻值。若测得的阻值偏小许多，且电源变压器严重发热，则说明电源变压器的初级回路有局部短路处；若测得的阻值为无穷大，则应检查保险丝是否熔断、变压器初级绕组是否开路、电源线与插头之间有无断线。有的机器增加了

温度保护装置，在电源变压器的初级回路中接入了温度保险丝(通常安装在电源变压器内部，将变压器外部的绝缘纸去掉即可见到)，它损坏后也会使电源变压器初级回路开路。

若电源插头两端阻值正常，可通电测量电源电路各输出电压是否正常。特别要检查正、负电源是否正常。若正、负电压不对称，可将正、负电源的负载电路断开，以判断是电源电路本身不正常还是功放电路有故障所致；若正、负电源正常，则要测量功放电路中点输出电压是否偏移、过流检测电压是否正常；若中点输出电压偏移或过流检测电压异常，则说明功率放大电路有故障，应检查功放电路中各放大管有无损坏；若功放电路中点输出电压和过流检测电压均正常，但无声音输出，则应检查扬声器是否正常；若上述部分均正常，再用触击检查法检查故障是在功放后级还是在前级放大电路。用万用表的 $R\times1$ 挡，将红表笔接地，黑表笔快速点触后级放大电路的输入端，若扬声器中有较强的“喀喀”声，则说明故障在前级放大电路；若扬声器无反应，则说明故障在后级放大电路。

做一做

[维修案例]

故障现象：双声道功放左声道无声。

故障原因分析：有一点电流声，但功放无声，说明电源供电基本正常，信号通路有故障，应重点检查信号通路中的放大电路。

检修程序：

①检查电源、喇叭引线有没有断线。

②检查开关是否接触良好，喇叭有没有故障。

③将音量控制电位器旋到最大，用镊子控制音量电位器中的非接地片，听到很轻的“咯咯”声，再用镊子接触 Q_1、Q_3 基极，喇叭中有很强的“咯咯”声，最后用镊子碰 LF353 的 3 脚输入极，“咯咯”声很小，说明故障在前置放大级。

④怀疑 LF353 损坏，更换后故障排除。

注：在信号通道的检查中，可用镊子等金属工具去间断碰触通道信号所经过的元器件，在喇叭中可听到“咯咯”声或在屏幕上可看到亮线干扰，越靠前现象越明显，这就是所谓的干扰法。

想一想

(1)测量电源开关，导通时电阻为________Ω；断开时电阻为________Ω。检查开关时，听声音能判断好坏吗？——能，如果听到的声音为清脆的一声“咔”，则说明开关有弹性，接触良好；如果开关难以旋动或旋动时声音较轻，无力，则说明开关没有弹性，接触不良。

(2)音量电位器旋动手感如何？手感不好，说明有氧化现象，一般需要更换。

(3)喇叭的电阻是________Ω，标称功率是________mW。

结论：功放无声一般可用镊子碰音量电位器的中间引脚，若喇叭不发声，则说明是功放部分故障，若有“咯咯”声，即有“有噪声，但无声”的故障，一般是音源输入电路故障。通常完全无声故障是供电电路、功放输出电路故障。

结论：对于双声道功放电路的无声故障，要重点检查功率输出管，有时还需检查供电电源。

读一读

2. 功放音轻（输出声音小）

所谓音轻故障，是指音频信号在放大传输的过程中，某个放大级放大量变化或在某个环节被衰减，使放大器的增益下降或输出功率变小。

检修时，首先应检查信号源和音箱是否正常，可用替换的办法来检查。然后检查各类转换开关和控制电位器，看音量能否变大。若以上各部分均正常，应判断出故障是在前级电路还是在后级电路。对于某一个声道音轻，可将其前级电路输出的信号交换输入另一声道的后级电路，若音箱的声音大小不变，则故障在后级电路；反之，故障在前级电路。

后级放大电路造成的音轻，主要有输出功率不足和增益不够两种原因。可用适当加大输入信号（例如将收录机输出给扬声器的信号直接加至后级功放电路的输入端，改变收录机的音量，观察功放输出的变化）的方法来判断是哪种原因引起的。若加大输入信号后，输出的声音足够大，则说明功放输出功率满足要求，只是增益减小，应着重检查有无输入耦合电容容量减小、隔离电阻阻值增大、负反馈电容容量变小或开路、负反馈电阻阻值增大或开路等现象；若加大输入信号后，输出的声音出现失真，音量并无显著增大，则说明后级放大器的输出功率不足，应先检查放大器的正、负供电电压是否偏低（若只是一个声道音轻，可不必检查电源供电情况），功率管或集成电路的性能是否变差，发射极电阻阻值是否变大等。

前级电路中转换开关、电位器所造成的音轻，采用直观检查较易发现，可对其进行清洗或更换。如怀疑某信号耦合电容失效，可用同值电容并联试之；若放大管或运放集成电路性能不良，也可用替代检查法检查。另外，负反馈元器件有问题，也会造成电路增益下降。

做一做

［维修案例］

故障现象：双声道功放左声道音轻。

故障原因分析：功放音轻，说明电源供电基本正常，信号通路有故障，重点检查信号通路中的耦合元器件。

检修程序：

用螺丝刀分别碰触 LF353 的 1 脚、3 脚，发现碰触 LF353 的 1 脚时喇叭中发出的“咯咯”声明显大于碰触 LF353 的 3 脚时所发出的“咯咯”声，说明 LF353 工作不正常。怀疑 LF353 已损坏，更换 LF353，故障排除。

结论：对于声音小的故障，如果没有明显的噪声，则说明故障一般在功放输出部分，重点应检查喇叭、耳机插孔、功放管的损坏，输入/输出变压器内局部断线等。

读一读

3.功放输出噪声大

放大器的噪声有交流声、感应噪声、爆裂声和白噪声等。

检修时,应先判断噪声来自于前级电路还是来自于后级电路。可把前、后级的信号连接插头取下,若噪声明显变小,说明故障在前级电路;反之,故障在后级电路。

交流声是指听感低沉、单调而稳定的 100 Hz 交流“哼”声,主要是电源部分滤波不良所致,应着重检查电源整流、滤波和稳压元器件有无损坏;此外,前、后级放大电路电源端的退耦电容虚焊或失效,也会产生一种类似交流声的低频振荡噪声。

感应噪声是成分较复杂且刺耳的交流声,主要是前级电路中的转换开关、电位器接地不良或信号连线屏蔽不良所致。

爆裂声是指间断的“噼啪”“咔咔”声,在前级电路中,应检查信号输入插头与插座、转换开关、电位器等是否接触不良,耦合电容有无虚焊、漏电等。后级放大电路应检查继电器触点是否氧化、输入耦合电容有无漏电或接触不良。此外,后级电路中的差分输入管或恒流管软击穿,也会产生类似电火花的“咔咔”噪声。

白噪声是指无规则的连续“沙沙”声,通常是因前、后级放大电路中的输入级晶体管、场效应管或运放集成电路的性能不良而产生的本机噪声,检修时,可用同规格的元器件代换试之。

做一做

[维修案例]

故障现象:双声道功放电路有“咔咔”噪声。

故障原因分析:如图 1-8 所示,功放电路有“咔咔”噪声,说明功放输出级电流过大,多数情况是由输出管有软击穿导致的。

检修程序:

应先测试功放的正、负电源电压是否相等,再检查功放电源电路。若电源电压正常,再测量功放输出端静态直流电压是否为 0 V;若为 0 V,则测量功放管的静态电流是否偏大;若功放输出端静态直流电压有一定偏差但不大,多为推动级或前置级有元器件参数发生变化。用万用表测量功放输出管,发现输出管没有明显损坏的故障,考虑此类故障输出管损坏的可能性较大,断开 R_9,测量其工作电流,发现电流约为 50 mA,说明 Q_1 工作不正常,更换 Q_1,故障排除。

得出结论,功放输出管是比较容易损坏的器件,这是因为:

(1)功放与音箱阻抗不匹配。例如用额定负载为 8 Ω 的功放推动 4 Ω 的音箱,功放管极易过载损坏。

(2)新换的功放管主要极限参数比原功放管低。应保证新管 $V_{(BR)CEO}$、P_{CM}、I_{CM} 三项主要极限参数至少等于原管额定值。

(3)功放管散热不良。更换功放管时应注意功放管与散热器要接触牢固紧密。有些功放管与散热器之间需要添加绝缘垫，应选聚酯薄膜或云母片做绝缘垫，而不能用纸或绝缘胶布。功放管与散热器的接触面应涂覆导热硅脂。

(4)电路故障。

读一读

4.功放输出声音失真

失真故障是某放大级工作点偏移或功放推挽输出级工作不对称所致。检修时，可根据放大器输出功率与失真的变化情况来判断具体的故障部位。

晶体管放大器失真若随着音量的增大而明显增大，应检查推动级晶体管的工作点是否偏移(通常发生在无保护电路的功放中)或反馈电路中的电容是否失真；若无论音量大小均有失真，则故障在前级放大电路，应检查各放大管的工作点有无偏移。

集成电路放大器的工作电压异常或功放集成电路内部损坏，也会造成失真(指无保护电路的功放)。

做一做

[维修案例]

故障现象：失真。

故障原因分析：如图1-8所示，放音失真可能是因为推挽输出不对称。

检修程序：

应先测试功放的正、负电源电压是否相等，再检查功放管电源电路。若电源电压正常，再测功放输出端静态直流电压是否为0 V，若不为0 V，则检查Q_1、Q_3、Q_5、Q_7的工作点电压或调节R_{P1}；若为0 V，则测量功放管的静态电流是否偏大；若功放输出端静态直流电压有一定偏差但不大，多为推动级或前置级有元器件参数发生变化。用万用表测量输出管，发现输出管没有明显损坏，考虑此类故障输出管损坏的可能性较大，断开R_9，测量其工作电流，发现电流约10 mA，说明Q_1工作正常，拆下Q_1、Q_5，检查放大倍数，发现Q_1的β值为5，Q_5的β值为14，说明两管不匹配，更换成一对β值约为10的Q_1、Q_5，故障排除。

读一读

5.功放啸叫

啸叫故障是电路中存在自激所致，分为低频啸叫和高频啸叫。

低频啸叫是指频率较低的“噗噗”或“嘟嘟”声，通常是由电源滤波或退耦不良所致(在啸叫的同时往往还伴有交流声)，应检查电源滤波电容、稳压器和退耦电容是否开路或失效，这使电源内阻增大。功放集成电路性能不良，也会出现低频啸叫故障，此时集成电路的工作温度会很高。

高频啸叫的频率较高，通常是放大电路中高频消振电容失效或前级运放集成电路性能变差所致。可通过在后级放大电路的消振电容或退耦电容两端并接小电容来检查。另外，负反馈元器件损坏、变值或脱焊，也会引起高频正反馈而出现高频啸叫。

做一做

[维修案例]

故障现象：喇叭中有啸叫声。

故障原因分析：如图 1-8 中，啸叫其实是功放里面的反馈系数等于或大于 1 的反馈，即前置级、功放级增益太高。

检修程序：

①为了确定啸叫声的来源，先调大音量电位器，若啸叫声不变，则说明啸叫声来自功放本身。

②检查 R_1，发现 R_1 阻值很小，更换后故障排除。

结论：

功放有啸叫声，一般是负反馈电路引起的。查找时可以先用镊子拨动负反馈电路各元器件的引脚，看故障是否消失；接着，仔细检查负反馈电路各元器件的安装印制板是否有漏电的线条、元器件；然后对怀疑的电容用代换的方法验证，要确定故障的部位，可以采用短接法，将被怀疑的那一级短路，观察故障是否排除才能确定故障是否出现在分析的部位。

读一读

6. 汽船声

喇叭中伴随有周期性的、像开汽船似的“噗、噗、噗……”声或者喇叭发出周期性的停顿，这种故障称为汽船声。

“汽船声”是由于低放部分的推动级和功放级之间存在不良的耦合，产生了有害的寄生振荡。这种故障现象为音量开得越大，汽船声越明显。汽船声产生的原因是：

(1)退耦电容器 C_{E1} 容量减小、失效或开路(由于 C_{E1} 失去作用，低放部分产生寄生振荡而导致汽船声。将一个 10 μF 的电解电容器与 C_{E1} 并联，若汽船声消除，则可断定是由于 C_{E1} 容量减小、失效或开路而出现汽船声)。

(2)低放自激。常常可能是负反馈电容失效引起的，可代换试之。

(3)推动管的 β 值太高(换用 β 值较低的推动管试试)，或电流太大。

做一做

[维修案例]

故障现象：喇叭发出的声音中伴随有周期性的汽船声。

故障原因分析：声音中伴随有周期性的汽船声的故障检修。

检修程序：

①开机后有汽船声，先检查电源电压，发现其正常，再测低放部分电压也正常，怀疑退耦电容或印制电路有故障。

②用手摇一摇 C_{E1}，故障时而消失，补焊 C_{E1}，故障排除。

结论：

对于功放的杂音故障，一般都是因元器件接触不良而产生的，大多数情况下容易发现，如喇叭装接不牢、某些元器件接触不良等，但也有可能是辅助电路的故障，如退耦电路失效、反馈电路断开、工作电压太低或太高等，要根据故障现象加以区分。

[总结回顾]

虽然已经学习了不少修理功放电路的方法，但并不涵盖所有的修理方法。电路的故障是千变万化的，不过“万变不离其宗”，掌握了这些基本方法，在实践中灵活运用，就不会被一些表面的现象所迷惑，能够透过现象看到本质，迅速找到实质性的问题。例如一台双声道功放机，故障现象是：有时声音正常，有时声音不正常。这样的故障首先要考虑接触不良、虚焊等情况，如果不能解决，再来考虑是否是软击穿故障；又如一部双声道功放机夏天工作正常，到了寒冷的冬天开始出现声音低，过一会声音才会正常的故障，这可能是三极管在气温下降时，工作点降低，从而影响了功放的功率，可以适当把前置放大三极管的工作点提高，使之在低温下也能得到良好的声音效果。

看一看

[知识拓展]

1. 集成电路的识图

集成电路应用电路识图方法在无线电设备、集成电路中的应用愈来愈广泛，对集成电路应用电路的识图是电路分析中的一个重点，也是难点。

(1)集成电路应用电路图的特点

集成电路应用电路图具有下列一些特点：①大部分应用电路不画出内电路方框图，这对识图不利，尤其对初学者进行电路工作分析不利。②对初学者而言，分析集成电路的应用电路比分析分立元器件的电路更为困难。这是由于对集成电路内部电路不了解，实际上识图也好、修理也好，集成电路应用电路比分立元器件电路更为方便。③对集成电路应用电路而言，在大致了解集成电路内部电路和详细了解各引脚作用的情况下，识图是比较方便的。这是因为同类型集成电路具有规律性，在掌握了它们的共性后，可以方便地分析许多同功能不同型号的集成电路应用电路。

(2)集成电路应用电路图的功能

集成电路应用电路图具有下列一些功能：①它描述了集成电路各引脚外电路结构、元器件参数等，从而展现了某一集成电路的完整工作情况。②有些集成电路应用电路中，还画出了集成电路的内电路方框图，这时分析集成电路应用电路是相当方便的，但这种表示方式不多。③集成电路应用电路有典型应用电路和实用电路两种，前者在集成电路手册中可以查到，后者出现在实用电路中，这两种应用电路相差不大，根据这一特点，在没有实际应用电路图时可以用典型应用电路图作为参考，这一方法在维修中常常被采用。④一般情况下，集成电路应用电路表达了一个完整的单元电路或一个电路系统，但有些情况下一个完整的电路系统要用到两个或更多的集成电路。

(3)集成电路应用电路的识图方法和注意事项

分析集成电路应用电路的方法和注意事项主要有下列几点：①了解各引脚的作用是识图的关键，各引脚的作用可以通过查阅有关集成电路的应用手册得到。知道了各引脚的作用之后，分析各引脚外电路工作原理和元器件的作用就方便了。例如：知道1脚是输入引脚，那么1脚所串联的电容就是输入端耦合电容，与1脚相连的电路就是输入电路。②了解集成电路各引脚的作用有三种方法：一是查阅有关资料；二是根据集成电路的内电路方框图分析；三是根据集成电路应用电路中各引脚外电路的特征进行分析。第三种方法要求修理者有比较好的电路分析基础。③集成电路应用电路分析步骤如下：a. 直流电路分析。这一步主要是进行电源和接地引脚外电路的分析，注意：电源引脚有多个时要分清这几个电源之间的关系，例如是否是前级、后级电路的电源引脚，或是左、右声道的电源引脚；对多个接地引脚也要这样分析。分清多个电源引脚和接地引脚，对修理是有帮助的。b. 信号传输分析。这一步主要分析信号输入引脚和输出引脚外电路。当集成电路有多个输入、输出引脚时，要搞清楚是前级还是后级电路的输出引脚；对于双声道电路还要分清左、右声道的输入和输出引脚。c. 其他引脚外电路分析。例如找出负反馈引脚、消振引脚等。这一步的分析是最困难的，对初学者而言要借助于引脚作用资料或内电路方框图。d. 有了一定的识图能力后，要学会总结各种功能集成电路的引脚外电路规律，并要掌握这种规律，这对提高识图速度是有用的。例如，输入引脚外电路的规律是：通过一个耦合电容或一个耦合电路与前级电路的输出端相连；输出引脚外电路的规律是：通过一个耦合电路与后级电路的输入端相连。e. 分析集成电路的内电路对信号进行放大、处理等操作的过程时，最好是查阅该集成电路的内电路方框图。分析内电路方框图时，可以通过信号传输线路中的箭头指示，知道信号经过了哪些电路的放大或处理，最后信号是从哪个引脚输出的。f. 了解集成电路的一些关键测试点、引脚直流电压规律对检修电路也是十分有用的。OTL 电路输出端的直流电压等于集成电路直流工作电压的一半；OCL 电路输出端的直流电压等于 0 V；BTL 电路两个输出端的直流电压是相等的，单电源供电电路时等于直流工作电压的一半；双电源供电时等于 0 V。当集成电路两个引脚之间接有电阻时，该电阻将影响这两个引脚上的直流电压；当两个引脚之间接有线圈时，这两个引脚的直流电压是相等的，不等时必是线圈开路了；当两个引脚之间接有电容或接 *RC* 串联电路时，这两个引脚的直流电压肯定不相等，若相等则说明该电容已经被击穿。g. 一般情况下不要去分析集成电路的内电路工作原理，这是相当复杂的。

2. LF393 简介

低功率低失调电压双比较器 LF393 是由两个独立的、高精度电压比较器组成的集成电路，失调电压低，最大为 20 mV。它专为获得宽电压范围、单电源供电而设计，也可以双电源供电，而且无论电源电压多大，电源消耗的电流都很低。它还有一个特点：即使是单电源供电，比较器的共模输入电压范围仍接近地电平。主要应用于限幅器、简单的模/数转换器、脉冲发生器、方波发生器、延时发生器、宽频压控振荡器、MOS 时钟计时器、多频振荡器和高电平数字逻辑门电路。LF393 被设计成能直接连接 TTL 的模式；当用双电源供电时，它能兼容 MOS 逻辑电路——这是低功耗的 LF393 相较于标准比较器的独特优势。

（1）特点

电源电压范围宽：单电源 20～36 V；双电源±10～±18 V；

电源电流消耗很低：0.4 A；

输入偏置电流低：25 nA；

输入失调电流低：±5 nA；

最大输入失调电压：±3 mV；

共模输入电压范围接近地电平；

差模输入电压范围等于电源电压；

输出饱和电压低：4～250 mV。

输出电平兼容 TTL、DTL、ECL、MOS 和 CMOS 逻辑系统。

(2)功能框图

LF393 的外形引脚如图 1-10 所示，功能框图如图 1-11 所示。

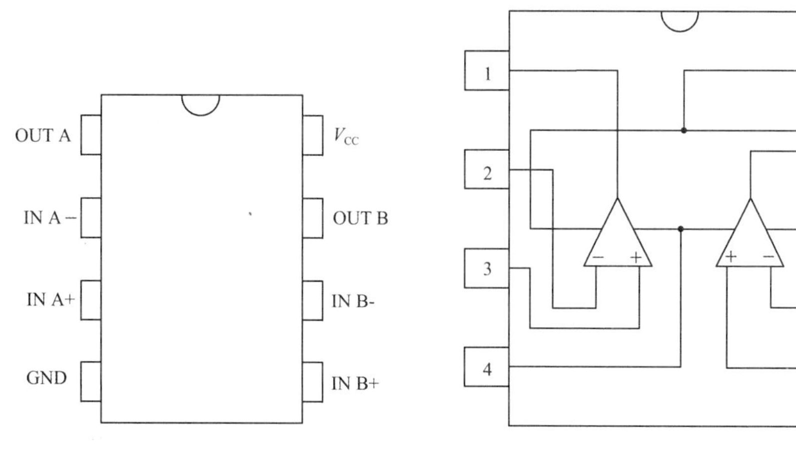

图 1-10　LF393 的外形引脚　　图 1-11　LF393 的功能框图

3. 集成功放 LM386

常见小功率集成功放有 LM386、TDA2003、TDA2006、TDA2008 以及 TDA2009(双 10 W)等，内部包含输入级、中间电压放大级、恒流源偏置电路、甲乙类准互补对称功率放大电路及短路和过载保护电路。

LM386 电路简单，通用性强，是目前应用较广的一种小功率集成功放。它具有电源电压范围宽、功耗低、频带宽等优点，输出功率一般为 0.3～0.7 W，最大可达 2 W。

LM386 的内部电路原理图如图 1-12 所示，图 1-13 所示是其引脚排列图，封装形式为双列直插，图 1-14 所示为 LM386 的典型应用电路。

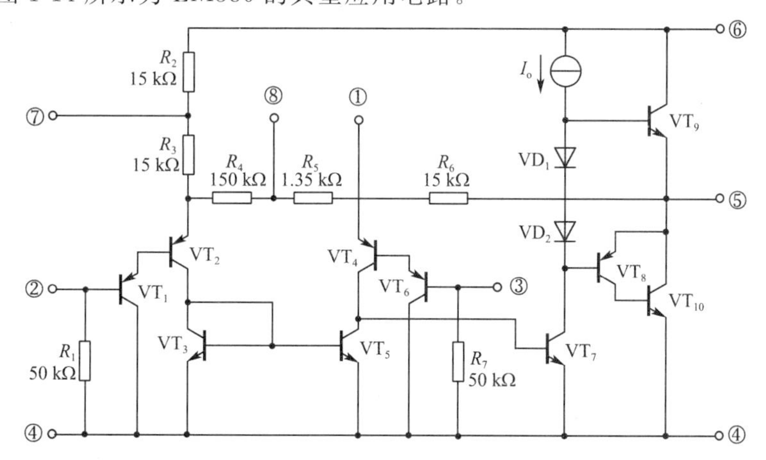

图 1-12　LM386 的内部电路原理图

4. 台式计算机小功放维修

(1)调整音量时出现“噼里啪啦”的声音，音量时大时小。

事实上，只要出现这种情况便可以判断是调节音量的电位器出了问题。大多数音箱都是利用电位器来改变信号的强弱(数字调音电位器除外),从而进行音量调节和重低音调节的。而电位器则通过一个活动触点,来改变簧片在碳阻片上的位置,从而改变电阻值的大小。随着使用时间的变长,电位器内会有灰尘或杂质落入,电位器的触点也可能会氧化生锈,造成接触不实,这时在调整音量时就会有“噼里啪啦”的噪声出现。

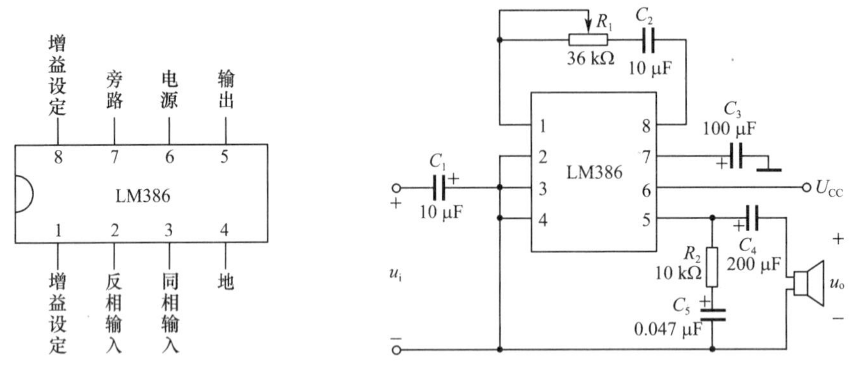

图 1-13　LM386 引脚排列图

图 1-14　LM386 的典型应用电路

解决的办法比较简单,只需要更换电位器就行。不过,最简单的处理办法还是打开音箱,把电位器后面的四个压接片打开,露出电位器的活动触点;然后,用无水酒精清洗碳阻片,再在碳阻片上滴一滴油,最后把电位器按原来位置装好。

当然,上面是大多数人会遇到的情况。但还有一种原因也会引发上面的故障:电位器的质量不稳定。在使用时,左、右声道的簧片本来是分离的,但现在却错位了,造成在使用的时候时通时断,这就产生了“噼里啪啦”的噪声。解决这个故障也很简单,我们只要用尖嘴镊子将其轻轻拨正,按原位装回就可以了。

(2)声音能够正常播放,但是会不时地传出“噼里啪啦”的噪声。

有的用户可能会遇到这样的情况,使用音箱时会不定期地发出“噼里啪啦”的噪声,但使用耳机时又十分正常。而且音箱的噪声有时时间长一些,有时时间短一些,但之后又正常了。刚开始也怀疑是音频信号插头接触不好,但是经重新拔插、换线还是没有解决问题。

其实,这个问题的根源在于电源插座。一个劣质的电源插座,其内部使用的磷铜片质量不好并且弹性较差。长时间使用后会接触不好,一会儿接通,一会儿断开。这时,音箱的电源就一会儿通,一会儿断。而电源内部有大容量的滤波电容,这就导致功放电路的供电电压一会儿高,一会儿低。所以,它发出的声音强弱就有了明显的变化。同时,在通断的瞬间会有因电流通断而产生的干扰信号窜入放大电路,导致其他噪声的产生,也就是所听到的“噼里啪啦”声。

解决办法很简单,更换成新的质量优良的电源插座。有的商人可能就会利用顾客不了解原因,借此向顾客演示:音箱被修好了,从而达到多收费的目的。大家明白了原理,以后就可以避免上当了。

(3)声音播放正常,但是一个喇叭声音大,一个喇叭声音小。如果用手向一侧用力掰音量电位器,两个声道的音量就一样大了。

这例故障也是音量电位器的问题。音量电位器左、右声道是各自独立的,簧片使用时间过久,其内侧的簧片弹性过弱,不能与碳阻片紧密接触。这个问题的解决办法也比较简单,用手去调整一下簧片就可以了。

(4)有声音,但是只有高音,却没有低音。

这种故障一般是因为音箱的音量过大,所以在长时间使用后,容易将低音喇叭烧毁。有的喜欢低音的用户认为量越大越好,甚至把它调得很高,且音量也调到70%以上,其实这样最容易烧毁低音喇叭。通常情况下,建议选择30%～50%的音量,低音选择30%～40%。另外,这种情况也可能是低音喇叭断线了,只要花钱更换一个新的线头就可以了。

(5)有声音,但是声音不清晰,听不清具体内容。

这种故障除了高音喇叭损坏外,还可能是信号线断线,或者是起高音放大作用的集成块损坏了。另外需要注意的是,如果使用的是声卡,那么有时会因为无意中改变了设置,而使喇叭的发音只能听清楚女音,而男音却无法听清楚。

(6)一开机,就"嗡嗡"直响,无论怎么调整音量,噪声都不能消除。

这种情况一般都是因为长时间使用,再加上音箱是封闭的,热量散不出去,所以其内部温度过高,功放集成块过热损坏。实际上,正规的功放集成电路都带有温度保护功能,当过热时,功放集成电路会自动停止输出;而当温度降下来后,能够自动恢复工作。但是,一些音箱生产厂家为了降低生产成本,使用的不是正规厂家的集成电路,而是一些小厂仿制的集成电路,质量低劣。解决的方法是购买一个同型号的集成电路进行更换。不过更换的过程需要专业技术,并非所有用户都能独立完成。

(7)电脑播放声音都正常,但是使用一段时间之后,就"嗡嗡"直响,人耳无法忍受。

这例故障同(6)相似,不过该功放集成电路还没有彻底损坏,只是当过热时才出现故障。我们可以打开机箱,通过加大功放集成电路的散热片的面积来解决。当然,也可以更换成质量优良的散热片。

(8)打开音箱的电源开关,喇叭没有正常开机时"砰"的一声(开机声)。打开音乐播放软件调整音量,音箱也没有任何声音。

这种故障也比较常见:开机后音箱没有声音。那这是否说明音箱坏了呢,该怎么判定?首先,在给音箱通电之前,把音量电位器旋至最大位置;然后,在打开电源开关时,注意音箱是否有"砰"的一声。如果有,就说明音箱没有什么问题,而且电源是完好的。那么,没有声音可能是声卡的驱动程序错误或声音故障,也可能是被静音了或音量过小。再者就是信号线插头没有插接好,或者信号线断线。

另外,音箱使用时间过长,内部的温度过高,从而造成音箱内电源变压器的温度保险电阻熔断,也是导致以上故障的原因。不要担心,我们不必更换电源变压器。只要小心地取下电源变压器,从外部观察电源变压器的初级线圈(也就是接220 V电源的那一端),看哪一边凸一点,对凸一点的那一侧,用尖嘴镊子小心地拆开表面的塑料薄膜,会发现一个写有"250 V　2 A"字样的白色小方块,这就是温度保险电阻,可对其进行更换。

如果使用时间过长,电源变压器的温度就会过高,那么为了避免引起火灾,温度保险电阻必须工作从而切断电流供应。

任务1.3　双声道功放的维修训练(声音无输出故障)

产品维修现场(1)

一台功放无声音,送来维修。根据维修接待和检测结果,确认属于综合故障。

1.3.1　维修接待

询问客户,了解电子产品的故障情况,填写电子产品维修客户接待单,见表1-11。

表 1-11　　　　电子产品维修客户接待单

电子产品维修客户接待单

产品名＿＿＿＿＿　型号＿＿＿＿＿　登记号＿＿＿＿＿

送修人＿＿＿＿＿　电话＿＿＿＿＿　送修日期＿＿＿＿＿

<table>
<tr><td colspan="8">送修人自述：该机使用 2 年，大约 10 天前出现声音失真，最终导致无声音现象。
提示：1. 问清机器使用了多久，便于判断是早期、中期还是晚期故障。
2. 问清故障产生的原因，便于了解故障是在何种状态下产生的。
3. 问清何种现象，便于准确把握故障现象。
4. 问清故障出现的频率、时间和环境等要素。</td></tr>
<tr><td colspan="8">外观登记：音箱外壳有裂缝。</td></tr>
<tr><td colspan="8">接修员建议：开机综合维修。</td></tr>
<tr><td colspan="8">确认上述内容。
送修时送修人(签字)＿＿＿＿＿</td></tr>
<tr><td colspan="8">修理员记录
1. 故障现象：
2. 故障原因：
3. 修好时间：
4. 保用期限：
修理人(签字)
年　月　日</td></tr>
<tr><td>材料名称</td><td>数量</td><td>单价</td><td>金额</td><td>修理项目</td><td>工时</td><td>单价</td><td>金额</td></tr>
<tr><td></td><td></td><td></td><td></td><td></td><td></td><td></td><td></td></tr>
<tr><td></td><td></td><td></td><td></td><td></td><td></td><td></td><td></td></tr>
<tr><td></td><td></td><td></td><td></td><td></td><td></td><td></td><td></td></tr>
<tr><td></td><td></td><td></td><td></td><td></td><td></td><td></td><td></td></tr>
<tr><td colspan="3">材料费合计</td><td></td><td colspan="3">工时费合计</td><td></td></tr>
<tr><td colspan="8">修理单位(盖章)</td></tr>
<tr><td colspan="8">备注：</td></tr>
</table>

注：1. 产品维修后，维修者应出具维修保用凭证，写明维修产品的故障现象、原因、修好时间、更换的零配件的名称、维修费用、保用期限等事项。

2. 本单一式两联，顾客一联，单位留存一联。

取机时送修人(签字)

年　月　日

1.3.2 信息收集与处理单

信息收集与处理单见表1-12。

表1-12　　信息收集与处理单

A0型功放外形图

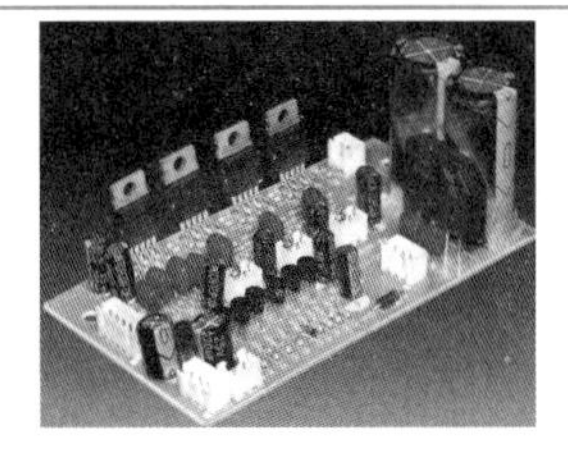

A0型功放内部结构图

序号	收集资料名称	作用
1	使用说明书	便于使用操作，查找性能指标
2	电路工作原理图	分析工作原理
3	印制板图	查找元器件
4	关键点电压	便于判断电路工作是否正常
5	芯片资料	分析工作状态与判断芯片工作情况

1.功放由哪些电路组成：________；
2.常用的计算机功放功率大约是多少：________；
3.功放输出管通常采用什么样的功放管：________；
4.常用功放的型号有：________；
5.小功放常用的功放集成电路有哪些：________。

维修前的准备

（1）必要的技术资料。包括待修机的使用说明书、电路工作原理图、检修用的印制板图、较复杂元器件的引脚功能图、正常工作时元器件各引脚的电气技术参数资料。

（2）备件。检修电子产品时，首先要进行故障的分析和判断，对于一些比较简单的机械性元器件（如接插件、簧片等），还有修复的可能性；但对于一些电子类元器件，如晶体管、集成电路、显像管等，则要更换。而且对于一些低值易损元器件应有足够数量的备份，这也是快速检修故障机应具备的物质条件之一。

（3）必需的检修工具。如恒温电烙铁、吸锡器、手指钳、各种规格类型的公制或英制螺丝刀；特殊情况下，应使用专配的专用工具，如无感螺丝刀、基板工具、防爆镜等。

（4）必要的检测仪器。只凭人的视听感受往往要花费较多的时间和精力，最终还不一定能很好地解决故障。万用表是一种最常用的测量仪表，另外还需备有较高精确度和低纹波的稳压直流电源、隔离变压器。条件允许时，配备一台示波器和扫频仪，若使用熟练会大大提高维修的效率。

1.3.3 分析故障

为了确定故障原因，要根据电路工作原理进行分析，并准确填写故障分析单，见表1-13。

表 1-13　　　　故障分析单

电子产品故障分析单

产品名＿＿＿＿＿　型号＿＿＿＿＿　登记号＿＿＿＿＿

送修人＿＿＿＿＿　电话＿＿＿＿＿　送修日期＿＿＿＿＿

1. 客户自述：该故障机使用 2 年，大约 10 天前出现声音失真，最终导致无声音现象。

2. 修理员分析：可能是器件烧坏了。

分析：

故障部位	理由	检查方法
电源电路	某些异常，烧坏器件	用万用表直接检查大功率器件
功放输出电路		
器件损坏开路、某导线（印制线）断线或虚焊	无声，一般为电路不通	目测或用万用表检查
喇叭	喇叭也易受潮损坏	测喇叭的电阻或用模拟万用表的电阻挡碰击喇叭引线听“喳喳”声
功放前置级	其他器件异常引起	一般有噪声

综合结论：开盖检查。

1.3.4　维修故障

通过分析故障，确定维修故障的步骤，填写检查维修步骤单，见表 1-14。

表 1-14　　　　检查维修步骤单

检查维修步骤单				
1. 待修机信息描述		A0 型功放		
2. 故障描述		无声音电源输出		
3. 检查步骤	检查内容	检查原因	记录数据	判断结论
	外观检查	查看输入、输出端口，其他操作键		
	开盖目测	是否有烧坏、脱焊、电容鼓包等异常		
	查功率器件	是否烧坏		
	加电检查	是否有明显异常器件		
	查 LM7809 和 LM7909 集电极电压	判断整流、滤波电路是否异常		
	查音量电位器 R_{W1}、R_{W2}	判断音频信号是否输入		
	查 LF353 电压	判断前置级是否正常		
	查 OTL 功放中点电压	判断 OTL 功放是否正常		
	查喇叭	判断喇叭是否正常		
检查与维修结论				

1. 目测检查

通电前检查。检查按键、开关、旋钮放置是否正确；电缆、电线插头有无松动；印制电路板铜箔有无断裂、短路、霉烂、断路、虚焊、打火痕迹，元器件有无变形、脱焊、互碰、烧焦、漏液、胀裂等现象，保险丝是否熔断或松动等。

2. 检查易坏功率器件

将本机易坏功率器件填入易坏功率器件单，见表 1-15。

表 1-15 易坏功率器件单

元器件名称	元器件标号	阻值	元器件名称	元器件标号	阻值

3. 加电检查

在测量功率器件无故障后，可通电检查表 1-16 各项。通电检查时，在开机的瞬间应特别注意机内有无冒烟、打火等，断电后摸电动机外壳、变压器、集成电路等判断是否发烫。若均正常，即可进行测量检查。

表 1-16 测试点

关键点电压测量	目的	标准电压	实测电压	结论	注意事项
LM7809 和 LM7909 集电极电压	判断故障是否在整流部分				
LF353 电压	判断前置级是否正常				
OTL 中点电压	判断 OTL 功放是否正常				
音量电位器 R_{W1}、R_{W2} 处加干扰信号	听喇叭是否有噪声，判断功放通路是否正常				
测喇叭	判断喇叭是否损坏				

4. 故障处理

根据故障情况，采用不同的处理方法。

(1)更换器件

①对需要更换的器件，最好选用原规格的，如果没有，也要选用性能相同或规格更好的器件。

②对于印制板的断线、鼓包等现象，要在清洁后可靠地进行连接。

(2)器件焊接

对印制板上的电子元器件进行焊接时，一般选择 20～35 W 的电烙铁；每个焊点一次焊接的时间应不大于 3 s。对焊点要进行清洗、检查等处理，保证焊点电气接触良好、机械强度可靠、外形美观。

(3)调整电路参数

有些故障并不是器件损坏，只是某些器件的参数发生了变化，只需对其参数进行调整就可以解决了。

①在带电调整时要注意安全，对于 36 V 以下的安全电压，尽管可以接触调整工具，但也可能影响参数，所以尽量不要直接接触工具的金属部分。

②调整时动作要轻、要平稳。

③调整时要边观察数据边调整，切不可大范围调整。

④调整不能解决问题时，要恢复到原有状态。

(4)处理进水、受潮的电子产品

对于进水、受潮的电子产品，要清洁并进行风干处理后才能通电试机，否则会损坏更多器件。

(5)处理灰尘多的电子产品

对于灰尘多的电子产品维修后要进行清洁处理。

(6)更改电路

对于某些集成电路，如果实在找不到，也没有代换件，可以更改电路，但更改后的电路要满足整机的性能指标，另外要特别注意电路的匹配。

1.3.5 修复检查与填写故障维修记录单

修复故障机后，对机器应该依据要求进行检查。

(1)检查已维修的故障是否真正修复了；

(2)要检查是否还有没有修复的故障；

(3)修复后的电子产品，技术指标是否达到了所规定的标准。

只有进行全面检查后，才可以装机，装机后还要再进行一次检查，确保修复成功，并填写故障维修记录单，见表 1-17。

表 1-17　　　　故障维修记录单

封面	内页
故障维修记录单： 项目编号：______ 《　　　　　　　　》记录单 故障维修人(签名)：______ 故障审定人(签名)：______	项目名称：功放维修组 项目编号：NO. 1 故障现象：无声音 第　　页

续表

故障原因分析：	故障维修步骤：
	故障维修心得：
第　　页	第　　页

1.3.6 自我评价

根据维修过程与结果，正确评价自己的表现，填写表 1-18 的自我评价表，以便教师参考。

表 1-18　　自我评价表

评价指标	检验说明	检验记录
维护检查项目	➢ 声音大小 ➢ 噪声 ➢ 清晰度 ➢ 音调 ➢ 其他	
运行情况		

评价内容	检验指标	权重	自评	互评	总评
检查任务完成情况	1. 完成任务过程情况				
	2. 任务完成质量				
	3. 在小组完成任务过程中所起作用				
专业知识	1. 能描述开关电源的组成、工作原理				
	2. 根据故障现象分析故障原因情况				
	3. 检查维修情况				
	4. 器件代换情况				
	5. 会描述安全事项				
职业素养	1. 学习态度：积极主动参与学习				
	2. 团队合作：与小组成员一起分工合作，不影响学习进度				
	3. 现场管理：服从工位安排、执行实训室“5S”管理规定				
综合评议与建议					

引入案例求解

案例故障回顾：一台熊猫牌功放，出现声小且失真故障，经询问得知，用户使用时不慎将 A 声道输出短接而烧毁 A 声道。

案例维修处理：

(1)打开机壳，从功放板外观上观察不到任何元器件烧毁的痕迹，因为功放短路损坏、电压放大级损坏的可能性很小，所以重点从后级查起。

(2)在不加电的情况下，用万用表测量 A 声道的推动管 V_6(C2238)、推动管 V_7(A968)、功率管 V_8(C3281)、功率管 V_9(A1302)，发现被烧毁，更换推动管、功率管后再次开机又导致 A、B 两声道器件全部出现前述故障。

(3)检查电路图，如图 1-15 所示。根据原理分析，推动管和功率管损坏的原因应该是该级电路电流太大。将 A、B 两声道的推动管、功率管拆下测量，发现无损坏。在无功率管的条件下，开机测 A 声道 A、B 两点之间电压为 0 V，正常应该为 2.2 V，测量发现 D_1、D_2、D_3、D_4 全部被击穿，D_1、D_2 型号为 1SS252，可用 1N4148 代换，D_3、D_4 为 HZS4BLL，可用国产 12 V 稳压管代换；测量发现 R_2、R_3 断路，用国产 1/4 W 金属膜电阻代换；测量发现 V_5 未损坏。接通电源，开机测前级电压发现基本正常(与图中所标示值大致相符)。A、B 两点之间电压应为 2.2 V(如不是，请重新检查前级元器件)，对地电压应为 45 V 左右(因为负反馈缘故)。同样将 B 声道检查代换完毕。

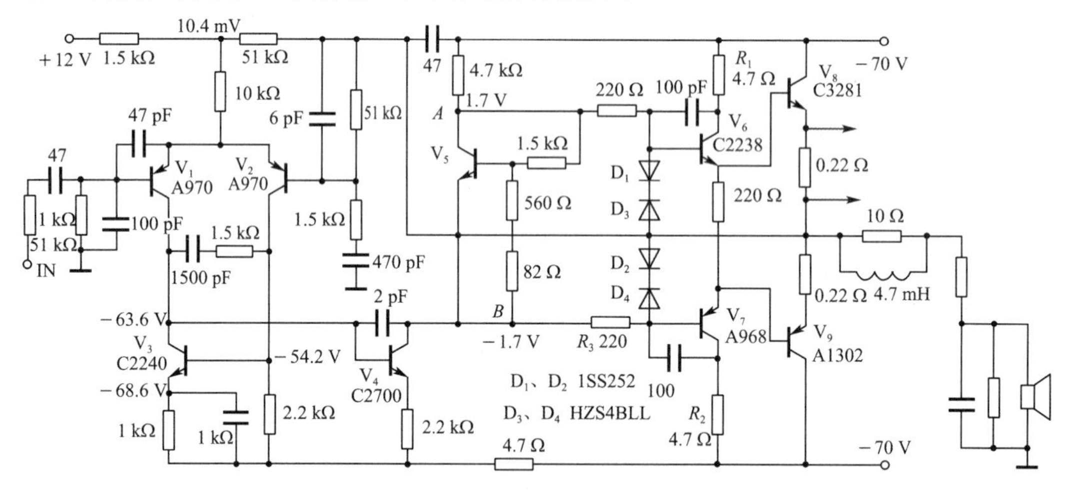

图 1-15 熊猫牌功放电路图

(4)给 A、B 两声道装上推动管(用 C2073、A940 代换)、功率管(用 C3281、A1302 代换)，在功率管集电极上串联 5 Ω/2 W 保护电阻(防止意外损坏功率管，这一步不能忽略)，开机测量两声道各点电压发现基本正常，各元器件无发热现象，关机拆去保护电阻。再次检查，功放工作正常。

(5)装上机壳，再次检查功放，没有发现问题，至此可以认定故障已被修复。这一步很重要，有时粗心，或者别的原因会导致机器还有其他故障没有被修复。

你学会了吗?

●功放机主要由音量调节电路、前置放大电路和低放电路组成。各部分的作用是:

✦音量调节电路:调节音量大小。

✦前置放大电路:将音频信号进行放大,以便进行功放。

✦低放电路:将音频信号放大去驱动喇叭发声。

●功放机"无声"故障分为两类,一类是完全无声,主要应检查电源、连线和喇叭;另一类是有电流声,但声音轻,主要应检查如下项目:

✦检查电源是否良好。

✦测量各关键点电压。

✦测量各管工作电流。

●杂音主要表现有汽船声、啸叫声、音质不良、声音时有时无等故障。该类故障绝大多数是由于机械元器件性能不良所造成的,要重点检查如下项目:

✦汽船声:主要是由于电源不良,或退耦电容滤波不良,也可能是低放自激引起的。

✦啸叫声:产生啸叫声的原因很多,要仔细分析故障特征,然后再查找原因。

✦音质不良:声音沙哑或阻塞,该故障大多是低放元器件不良引起的。

✦声音时有时无:主要是接触不良,对功率较大的功放机而言,也可能是由于热稳定性不良所致。

思考与练习

1.1 叙述功放机的工作原理。

1.2 叙述功放机无声的维修方法。

1.3 用模拟万用表和数字万用表分别测量功放机电路关键点电压,分析它们数据的差异。

1.4 采用干扰法维修功放机时,各点干扰噪声有什么变化规律?

1.5 检查图1-8中的Q_5时,发现基极无电压应检查哪些元器件?

1.6 若旋转音量电位器能听到干扰噪声,是否可判断低放基本工作正常?

1.7 喇叭受潮,功放机将产生何种故障?

1.8 怎样判断图1-8中Q_1、Q_3的好坏?

1.9 功放机音轻最常用的检查方法是什么?如何应用?

1.10 叙述功放机有杂音的故障现象。

1.11 叙述功放机有汽船声的故障原因。

1.12 叙述功放机有啸叫声的故障原因。

1.13 叙述功放机机振的故障原因。

1.14 简述图1-8中C_{E1}漏电产生的故障现象,并说明维修方法。

1.15 喇叭固定不牢,容易产生何种故障?解决的方法是什么?

1.16 怎样查找元器件的虚焊?

项目 2　PC 电源调试与故障维修

学习目标

✧ 熟练掌握如何检验电源的好坏；
✧ 熟练掌握如何判断电源故障现象；
✧ 理解开关电源的工作原理、信号流程、典型故障特征；
✧ 掌握如何使用仪器仪表测量电源的电压、波形和其他参数；
✧ 熟练掌握如何运用所学原理分析电源故障原因；
✧ 理解开关电源常见故障的维修步骤；
✧ 熟练掌握如何修理电源故障；
✧ 熟练掌握如何严格遵守电器产品的维修操作规程；
✧ 熟练掌握如何对相类似的电源进行维修。

工作任务

✧ 叙述开关电源的基本工作原理、信号流程、维修步骤和典型故障特征；
✧ 了解开关电源的基本故障；
✧ 对家电产品的开关电源进行维修。

开关电源主要为一些工作时间长、功率大的电子设备提供工作电源。它的效率高、纹波小、工作稳定可靠。主要电路由三部分组成：交流变直流部分，直流变为高频交流部分和高频交流整流为直流部分。

PC 开关电源由于工作时间长、输出功率大，结构较为复杂，涉及的知识广，工艺新，维修难。本项目是希望通过学习 PC 开关电源相关的理论知识及扩展知识，掌握 PC 开关电源产生故障的原因、基本故障的分析以及维修的方法。通过完成项目规定的工作任务，掌握如何维修 PC 开关电源的基本故障，并能查找、收集、整理开关电源资料，撰写维修报告。

引入案例

一台宏图 PC 机出现不能开机、电源指示灯不亮的故障，经询问得知，在使用过程中，突然出现断电死机。

对这种 PC 机故障该如何修理呢？不用着急，跟着完成五个任务，你就学会了！

任务 2.1　PC 电源启动

学习目标

✧ 理解 ATX 电源的特点，特别是其中的 +5 VSB 和 PS-ON 信号；
✧ 理解 ATX 电源结构。

工作任务

✧ 正确启动 ATX 电源；

✧ 测量 ATX 电源的各组输出电压值。

读一读

2.1.1 开关电源的基本原理

由于串联稳压电源输出电压是通过可变电阻消耗能量进行调节的，效率较低，特别是应用在一些输出功率大，使用时间长的设备上，能源浪费严重。另外，由于串联稳压电源是直接由 220 V 交流整流经电容滤波得到的，滤波电容的充放电时间较长，输出电压的纹波大，不利于要求纹波小的电路工作。

为了降低纹波，可以采用缩短电容的充放电时间，即提高交流输入的频率的方法来解决。换句话说，就是将 50 Hz 的交流变为更高频率的交流，然后再整流为直流。因此开关电源的工作过程可概括为：50 Hz 交流→直流→高频交流→直流。

因此，开关电源大致可由输入电路、变换电路、控制电路、输出电路四个主体组成。

如果细致划分，它包括：输入滤波电路、浪涌电流抑制电路、输入整流电路、开关电路、输出隔离电路（变压器）、采样电路、基准电源、比较放大、V/F 转换、振荡器、基极驱动电路、输出整流电路、输出滤波电路等。实际的开关电源还要有保护电路、功率因数校正电路、同步整流驱动电路及其他一些辅助电路等。如图 2-1 所示是一个典型的 PFM 结构开关电源原理框图。

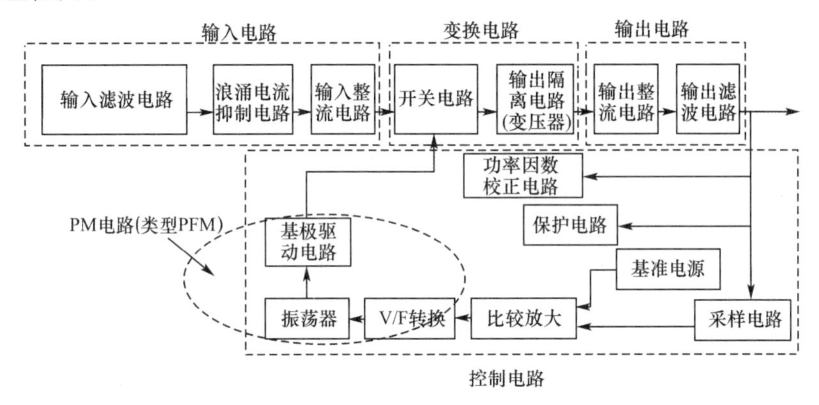

图 2-1 典型的 PFM 结构开关电源原理框图

1. 开关电源的两种结构

开关电源按其结构可分为串联式和并联式。

（1）串联式开关电源

如图 2-2 所示给出了串联式换能器的基本电路。其中 V 为电压调整开关管（也可是可控硅），D 为续流二极管，L 为储能电感（扼流圈），C 为滤波电容，R_L 为负载电阻，U_i 为换能输入电压，U_o 为输出电压。

改变 V 基极导通的时间，即脉冲的占空比，就可以改变输出电压。

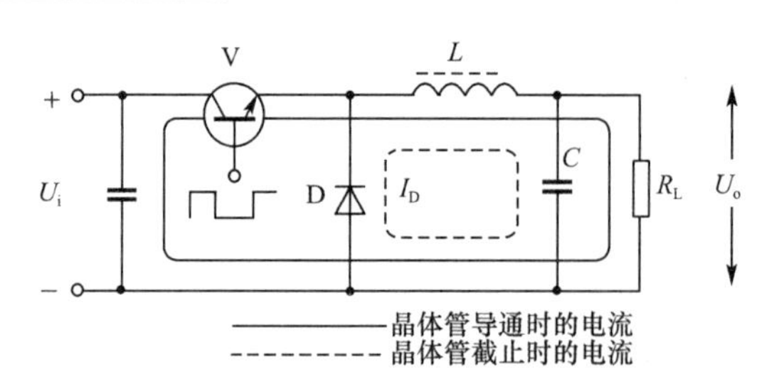

图 2-2　串联式换能器的基本电路

(2)并联式开关电源

如图 2-3 所示给出了并联式换能器的基本电路。

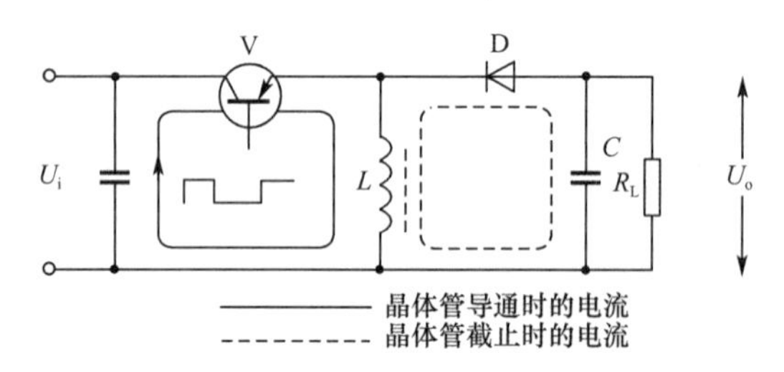

图 2-3　并联式换能器的基本电路

改变 V 基极导通的时间,即脉冲的占空比,就可以改变输出电压。不过这里的 U_o 可以大于 U_i。

串联式换能器中负载与储能电磁串联。它是在开关管导通的同时由输入电源向负载提供能量,并使储能电感储能。在开关管截止期间输入电源被切断,输出由原来储存在 L 中的能量提供(C 在这里起缓冲补充作用),这种工作方式称为正激型换能器。

并联式换能器中负载与储能电感并联。在开关管导通期间输入电源不直接向负载提供能量,负载获得的能量均是由开关管截止期间 L 中所吸收的能量转换而来的,并依靠了滤波电容的缓冲平滑作用,这种工作方式称为反激型换能器。变压器型开关电源的换能器可按正激型工作,也可按反激型工作,具体由电路中变压器初、次级间同名端的接法来确定。

正激型与反激型换能器比较。正激型的电源内阻小,稳压性能较好,对开关管的最大集电极电流和集—射间的耐压要求低,缺点是对同时由电源提供的其他较低电源的功率有一定的限额。变压器型开关电源容易做到机架与交流电源隔离,从维修方便及使用安全角度上看,它更为优越。综合考虑,变压器式反激型换能器的开关电源和变压器式正激型换能器的开关电源各有长处和短处,在实际电路中均有应用。

对开关电源的激励,可分为自激式和它激式两种。对开关电源的控制方式,可分为固定频率调宽式和可变频率调频式。

2. 开关电源的构成

(1)输入电路

输入电路主要由输入滤波电路(抑制谐波和噪声)、浪涌电流抑制电路(抑制来自电网的浪涌电流)、输入整流电路(交流变为直流)组成。其作用是把输入的电网交流电源转化为符合要求的开关电源，即直流输入电源。

(2)变换电路

含开关电路、输出隔离电路(变压器)等，是开关电源中电源变换的主通道，完成对带有功率的电源波形进行斩波调制和输出。这一级的开关功率管是其核心器件。

(3)控制电路

控制电路主要由采样电路、基准电源、比较放大、V/F变换、振荡器、基极驱动电路等组成，其作用是向驱动电路提供调制后的矩形脉冲，以达到调节输出电压的目的。

(4)输出电路

输出电路主要由输出整流电路、输出滤波电路组成，其作用是把输出电压整流成脉动直流，并平滑成低纹波直流电压。输出整流技术现在又包含半波、全波、恒功率、倍流、同步等整流方式。

3.开关电源的控制方式

(1)按控制方式可分为脉冲调制变换器和谐振式变换器。

脉冲调制变换器主要有脉冲频率调制式(PFM)、脉冲宽度调制式(PWM)和脉冲移相式(PS)等三种，其驱动波形为方波。

谐振式变换器主要有零电流谐振开关(ZCS)和零电压谐振开关(ZVS)两种，其驱动波形为正弦波。

(2)按电压转换形式可分为AC/DC(一次电源)和DC/DC(二次电源)。其中DC/DC还可分为：

①Buck：降压斩波器，输入/输出极性相同。

②Boost：升压斩波器，输入/输出极性相同。

③Buck-Boost：升/降压斩波器，输入/输出极性相反，电感传输。

④Cuk：升/降压斩波器，输入/输出极性相反，电容传输。

(3)按拓扑结构可分为隔离型(有变压器)和非隔离型(无变压器)。

4.典型PC电源的结构

由于PC的电源一般要求功率很高，提供的电流是很大的，都是安培级的，并且电源有+5 V、+3.3 V、+12 V、+5 VSB、−5 V、−12 V等多组电压输出。

为了保证计算机硬件不会受损，PC电源应与主板保持一定的时序关系，否则会导致计算机无法正常开关机。因此，PC电源不仅要输出电压，还要与主板有信号联系。时序中最重要的是电源输出电压(通常以+5 V为代表)与P.G信号以及PS-ON信号之间的关系。P.G信号由电源控制，代表电源是否准备好，PS-ON信号则由主板控制，表示是否要开机。两个信号都是通过20芯的主板电源线来连接的，电脑开关机的工作过程是这样的：电源在交流线通电后，输出一个电压+5 VSB到主板，主板上的少部分线路开始工作，并等待开机的操作，这叫作待机状态；当按下主机开关时，主板就把PS-ON信号变成低电平，电源接到低电平后开始启动并产生所有的输出电压，在所有输出电压正常建立后的0.1～0.5 s内，电源将会把P.G信号变成高电平传回给主板，表示电源已经准备好，然后主板开始启动和运行。正常关机时，主板在完成所有关机操作后，把PS-ON信号恢复成高电平，电源关闭所有输出电压和P.G信号，只保留+5 VSB输出，整个主机又恢复到待机状态。当非正常关机时，主板无法给出关机信号，此时电源会探测到交流断电，并把P.G信号变为低电平通知主板，主板立刻进行硬件的紧急复位，这种情况下电源通知主板断电后，至少还要保持千分之一秒的正常输出电压，供主板进行复位，否则有可能造成某些硬件的损坏。典型PC电源的结构如图2-4所示。

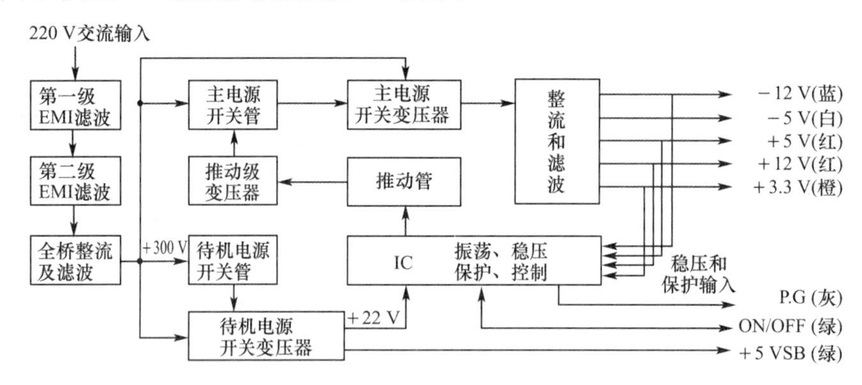

图2-4　典型PC电源的结构

你知道吗？

PC电源的发展

八十年代初出现的PC电源，它的基本作用就是从供电电网中获取能量然后转变为适合PC使用的低压直流电能，同时完成必要的安全隔离功能。PC电源是一种开关电源，采用了PWM(脉宽调制)方式的开关变换技术，从电网获取的能量要经过整流、滤波、斩波、降压、再整流、滤波等转换过程，并采用负反馈技术使得输出电压保持稳定。相比较线性电源具有体积小、效率高的优点。在PC电源发展过程中也出现过一些不同的类型和标准，由早期的AT类发展到ATX类，再发展到现在的ATX12V(P4)类，输出电压由最初的4组增加到6组。这些演变是与PC逐渐发展起来的多样化的电源管理功能、多样化的配置以及PC系统电源总线结构密切相关的。电源是PC的一个关键部件，不仅在性能上要符合相应的标准和规范，而且它的负载能力、可靠性以及对主板和外设的适应性和兼容性都对整机系统的可靠、稳定运行有很大的影响。

做一做

2.1.2　PC电源启动的工作过程

［工作任务］

(1)观察如图2-5所示的PC开关电源的电压输出端口，通过表2-1所示内容了解各输出端口的含义。

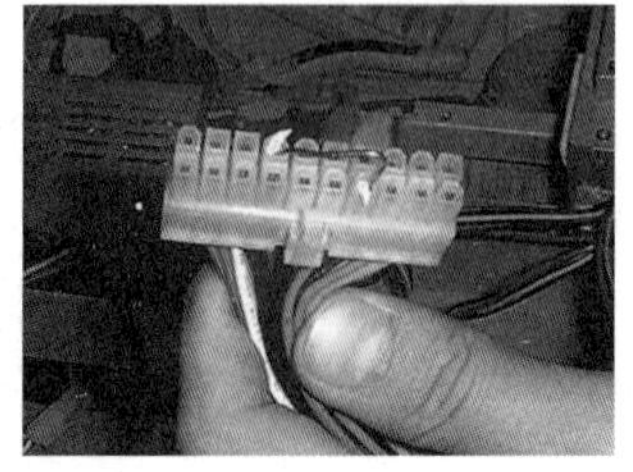

颜色	信号	引脚	引脚	信号	颜色
橙	+3.3 V	1	11	+3.3 V	橙
橙	+3.3 V	2	12	−12 V	蓝
黑	COM	3	13	COM	黑
红	+5 V	4	14	PS-ON	绿
黑	COM	5	15	COM	黑
红	+5 V	6	16	COM	黑
黑	COM	7	17	COM	黑
灰	P.G	8	18	−5 V	白
紫	+5 VSB	9	19	+5 V	红
黄	+12 V	10	20	+5 V	红

图2-5　PC开关电源的电压输出端口

表 2-1　　PC 开关电源各输出端口的含义

输出引线号	引线颜色	标称电压	功能说明
1、2、11	橙	+3.3 V	经主板变换后为芯片组、内存、主板连接设备、SATA 驱动器的部分控制电路供电
4、6、19、20	红	+5 V	供电给各驱动器的控制电路、主板连接设备、USB 外设等，为 Socket370 及部分 Socket-A CPU 供电，为高端显卡供电
8	灰	P. G	显示电源是否正常
9	紫	+5 VSB	辅助+5 V，是在系统关闭后保留的待机电压，为待机负载供电，为随时开机做准备。随着主板功耗的提高，现在的 ATX 的+5 VSB 电流已可达到 2 A
10	黄	+12 V	供电给各种驱动器的电机、散热风扇，部分主板连接设备，增加了 4Pin 插头，为 P4 CPU、Duron CPU、Athlon XP 辅助供电（因为这些 CPU 功耗大增，对供电要求提高，通过提供+12 V 给主板，经变换后为 CPU 供电）。开机时各驱动器电机同时启动，会出现较大的峰值电流，故要求+12 V 能瞬间承受较大的电流而保证输出电压稳定
12	蓝	−12 V	因某些串口的放大电路需要同时用到+12 V 和−12 V，但电流要求并不高，故输出电流通常小于 1 A
14	绿	PS-ON	它是由主板向 ATX 电源提供的电平信号，用来控制 ATX 主开关电源各路电压的输出。它也是主机启闭电源或网络计算机远程唤醒电源的控制信号，不同型号的 ATX 电源，待机时的 PS-ON 电压值各不相同（有+3 V、+3.6 V、+4.6 V 等）
18	白	−5 V	为某些 ISA 板卡供电，现已很少用到，输出电流通常小于 1 A

（2）插上电源，电源输出主插头不接主板，其余的输出插头也不接其他设备，使其处于待机状态。用万用表测量各输出引线对地（黑线）电压，测量电源的输出电压，填入表 2-2 中。

表 2-2　　PC 开关电源的输出端口电压

输出引线号	1、2、11	4、6、19、20	8	9	10	12	14	18
颜色	橙	红	灰(P. G)	紫	黄	蓝	绿(PS-ON)	白
标称电压/V	+3.3	+5		+5 VSB	+12	−12		−5
待机实测电压/V								
开机实测电压/V								

（3）PC 电源的启动。目前的 PC 电源都是 ATX 电源，ATX 电源（带主板）的正常启动工作过程如图 2-6 所示。插上～220 V，+5 VSB（辅助+5 V 稳压电压）输出，它是 ATX 中的辅助电源的其中一路输出电压，它是在待机状态作为主板的电源监控电路（电子开关）的工作电源。无论在待机状态或启动工作状态，+5 VSB 始终维持对主板的电源监控电路（电子开关）的供电。当按下主机开关按钮时，主板的电子开关将 PS-ON 电压对地短路。PS-ON 信号由主插头的第 14 脚（绿色线）引出。待机状态为高电平（>3 V），启动状态（电源启动后也保持在低电平）为低电平（<1 V）。现 PC 电源不带主板，若检测第 14 脚（绿色线）PS-ON 信号电平（高电平）时，可用导线或回形针短路 14 脚（绿色线）与任一接地脚（黑色线），启动 ATX 电源。通电观察风扇是否转动来判断结果，然后用万用表

测量各输出引线对地(黑线)的电压,填入表 2-2 中。

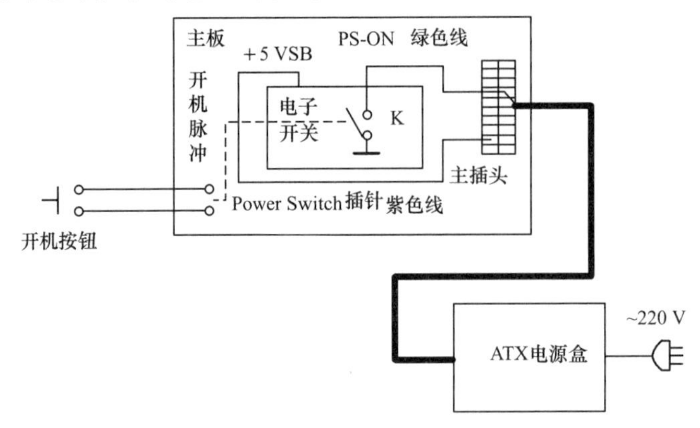

图 2-6 ATX 电源(带主板)的正常启动工作过程

结论:

(1)ATX 电源取消了传统的市电～220 V 电源开关,代之以机箱面板上的轻触开关,其连线接到主板的 Power Switch 两插针上。

(2)采用"+5 VSB"和"PS-ON"的组合实现电源的开与关。

(3)+5 VSB 始终维持对主板的电源监控电路(电子开关)供电。

(4)主板通过电子开关向 ATX 电源送出 PS-ON 低电平信号时电源启动,送出 PS-ON 高电平信号时电源关闭。

[知识拓展]

1. 电源的发展

直流电源的发展经历了整流滤波电源、线性稳压电源、三端稳压电源和开关稳压电源等四个主要阶段,其基本电路和说明见表 2-3。

表 2-3 电源的发展过程

阶段	电路名称	基本电路	说明
第一阶段	整流滤波电源	T_1, F_1 FUSE, ~220 V, D_1, D_2, D_3, D_4, 1, 2, 3, 4, C_1 100 μF, R_L	真空管统治电子线路的时代,大多数的电子线路并不需要供电电源十分稳定,通常只需要将交流市电经过变压器转换到合适的电压值后,通过电子管(可以是真空管、汞整流管、充气闸流管等)的整流变成脉动直流电,最后经过电容输入式滤波或电感输入式滤波将脉动直流电转换成为需要的平滑直流电

续表

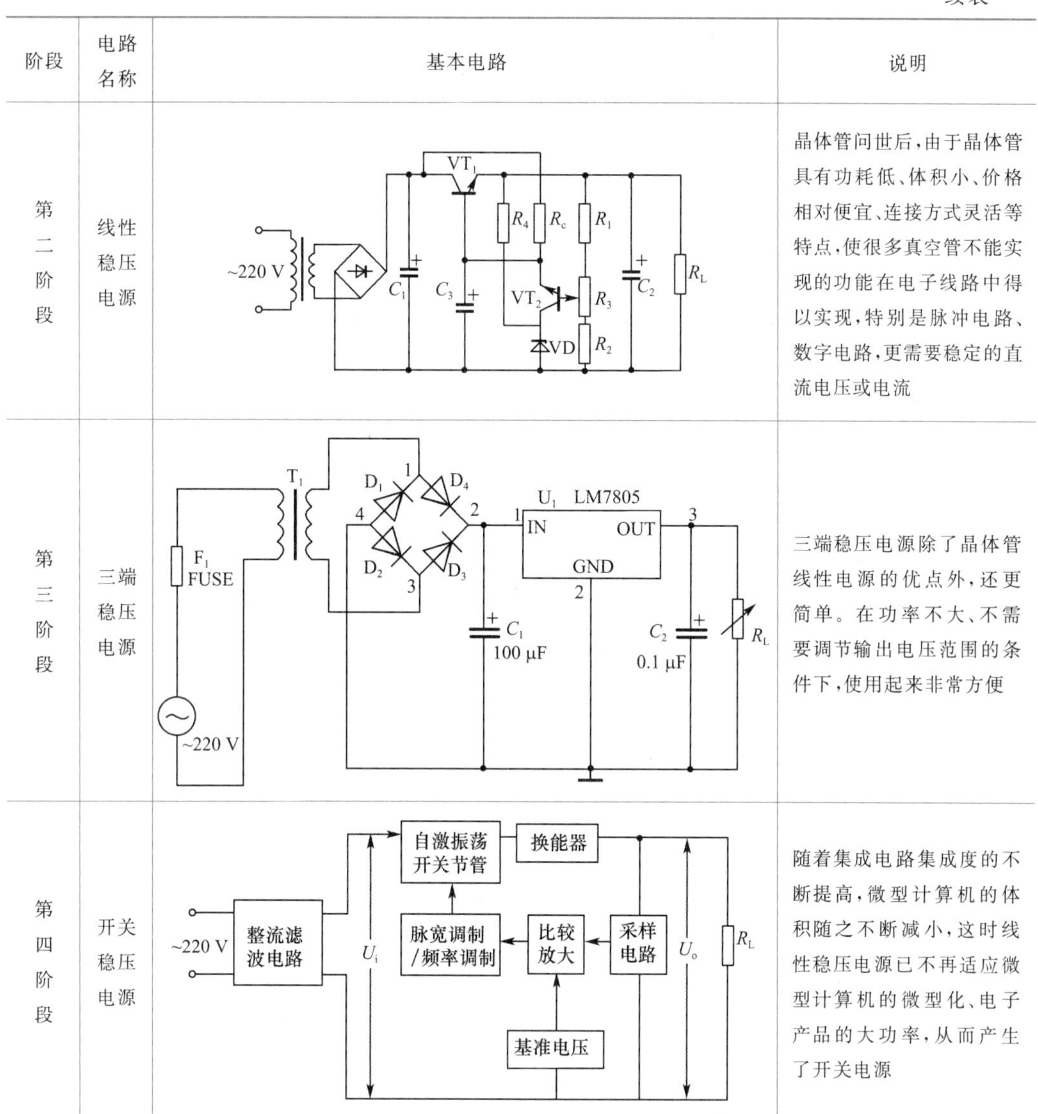

阶段	电路名称	基本电路	说明
第二阶段	线性稳压电源		晶体管问世后，由于晶体管具有功耗低、体积小、价格相对便宜、连接方式灵活等特点，使很多真空管不能实现的功能在电子线路中得以实现，特别是脉冲电路、数字电路，更需要稳定的直流电压或电流
第三阶段	三端稳压电源		三端稳压电源除了晶体管线性电源的优点外，还更简单。在功率不大、不需要调节输出电压范围的条件下，使用起来非常方便
第四阶段	开关稳压电源		随着集成电路集成度的不断提高，微型计算机的体积随之不断减小，这时线性稳压电源已不再适应微型计算机的微型化、电子产品的大功率，从而产生了开关电源

你知道吗？ PC电源的标准与规范

从不同的角度对PC电源提出了不同的要求，因此，PC电源相关的标准和规范有很多，但整体说来，无外乎三类标准。

(1)强制性标准

顾名思义，强制性标准是指电源必须满足的标准。

①电气安全方面：GB 4943.1-2011《信息技术设备安全　第1部分：通用要求》(等同于IEC 609501-1:2005,MOD)。产品的安全性直接关乎人的生命安全，因此产品的安全性不仅要符合该标准的要求，而且还必须能够获得权威机构的安全认证。国内的安全认证叫作长城认证，由中国电工产品认证委员会(CCEE)专门进行电工产品安全的认证。

②电磁兼容方面:GB 9254-2008/XG1-2013《信息技术设备的无线电骚扰限值和测量方法》国家标准第1号修改单(等同于CISPR 22:2006,IDT)。该标准主要对产品产生的传导干扰和辐射干扰提出了限制,其目的就是要求产品在使用时,不能干扰其他设备的正常运行。

③谐波电流方面:GB 17625.1-2012《电磁兼容　限值　谐波电流发射限值(设备每相输入电流≤16 A)》(等同于IEC 61000-3-2:2009,IDT)。该标准是针对产品对电网造成的影响而制定的,这种影响称为电力污染。对谐波电流进行抑制的技术习惯上也叫功率因数校正技术(PFC)。

所有强制性的标准又合并到一起进行认证,即CCC认证。

(2)非强制性标准

非强制性标准也可以叫作推荐标准。

①电磁兼容方面:GB/T 17618-2015《信息技术设备　抗扰度　限值和测量方法》(等同于CISPR 24:2010)、GB 9254-2008/XG1-2013《信息技术设备的无线电骚扰限值和测量方法》国家标准第1号修改单。这两个标准反映了电子产品电磁兼容性的两个方面,GB 9254着眼于产品发出的干扰,而GB/T 17618则着眼于产品应具备的抗干扰能力,只有同时满足这两方面的要求才算完善的产品。但这两方面有轻重之分,而干扰相比较抗扰会造成更严重的问题,所以GB 9254是强制性标准而GB/T 17618属于推荐标准。

②综合性:GB/T 14714-2008《微小型计算机系统设备用开关电源通用规范》,该标准在国际上并没有相对应的标准,是我国专门针对计算机电源产品编写的一份指导性的标准,它的内容涉及产品的性能、环境、制造、检测、包装、运输等内容。虽然不属于强制性标准,但所包含的内容比较全面,有很好的参考价值和指导意义。

(3)Intel标准

《ATX/ATX12V Power Supply Design Guide》和《SFX/SFX12V Power Supply Design Guide》是Intel电源设计指南,这两份设计指南虽然不是由国家机构发布的标准,严格意义上讲也不是规范文件,但却是目前PC电源领域最重要的产品设计参考。在这两份设计指南中,对PC电源做了非常详尽的描述,从外形结构、接口定义到各个输入输出参数的定义和设定,几乎涵盖了PC电源所有的特性。目前全球绝大多数的PC电源都依据它们进行设计、测试和评价。

2.开关电源的选购

在选购电源时,如果对电源不是很了解,可以购买通过严格认证的电源,这样的电源的许多指标都会达标。另外,虽然不鼓励大家盲目追求电源的功率,但掌握正确评估电源功率的方法还是很重要的。

质量好的电源较重。由于内部使用了较大的电容、功率管和散热片,使用的开关变压器也功率十足,在其他配件的使用上也没有偷工减料,故电源相对要重一些。

电源输出线较粗。别小看这几根输出线,因为电源输出的电流一般较大,很小的一点电阻值将会产生较大的压降损耗。如：+5 V电源的输出电流要达到10 A以上，此时，如果电源线上有0.01 Ω的电阻，则将产生10 A×0.01 Ω=0.1 V的压降。质量好的电源用的必定是粗输出线。

接插件连接较紧，插到配件上后，配合较好，没有松懈的感觉，同时印字也较正规。

不要迷信盒子上的参数。劣质产品一般会将参数标得较大，相反质量好的品牌电源则标得较保守。当然同样质量的电源，选标称大的好。

电源的外壳上有许多孔隙，机箱内的热空气即从这些孔隙被吸入到电源内，一般电源的出风口的栅条较宽，对空气的流动带来了较大的阻碍；质量好的电源使用稀疏的钢网，在保证安全的前提下，可以进一步减少对气流的阻碍。有的电源在电源盒的底部也增开了栅孔，且面积很大，通过栅孔可以直接吸入机箱内的热空气，对机箱内的热空气的排散能力较强，适合超频者使用。

从外壳细缝往里看，质量好的电源采用铝质或铜质散热片，而且较大较厚。反观廉价电源有的也用铝质或铜质散热片，但较小较薄，有的劣质产品甚至用铁片做散热片。另外，在优质电源中，散热片上的开关功率管个头较大，采用的开关变压器体积也较大，预示着该电源功率十足。

条件许可的话，可以做试验，测量一下负载压降，选压降小的电源。对于ATX电源，在其+5 V输出端接一电阻负载，其余输出端悬空，让PS与GND短接启动电源。先测一下输出电流约为100 mA时的电压(负载电阻约为50 Ω)。再用1 kW电炉丝剪成5 cm长若干根作为负载，同样接于+5 V输出端，逐一并上电炉丝测一下当输出电流约为10 A时的电压，此电压必较电流约为100 mA时的小，算一下其压降。电源功率较大则压降较小。一般功率小的电源出厂时调在小负荷时输出电压高，当带正常负荷时电压刚好。上述试验千万不能在+12 V上做，以免烧坏电源。另外，当+5 V端接小负荷时测得的+12 V端输出电压的高低是和+5 V端负荷有关的。

如果电源地线未接，质量好的电源通电启动后其外壳上有约110 V的交流电压，并略有麻手感。若电源外壳上测不出110 V交流电压，则说明内部缺少滤波网络。另外空载运行时风扇声均匀并较小，接上负载后风声会略有增大都属正常。

打开电源盒，可以发现质量好的电源用料考究，如多处用方形CBB电容。输入滤波电容值大于470 μF，输出滤波电容值也较大。同时内部电感、电容滤波网络电路很多，并有完善的过压、限流保护元器件，且线路板印字清楚，布线整齐等。

风扇的安排对散热能力起决定性作用。传统PS/2电源和ATX2.01版及以后的ATX电源的风扇是向外抽风式的，可以保证电源内的热空气及时排出，避免热量在电源及机箱内积聚，也可以避免工作时外部灰尘由电源进入机箱。

风扇的质量，一般可根据额定电流来选择，在相同的电压下，电流越大风扇功率越高，风力越强，如电源中常使用的8厘米12 V直流风扇，其额定电流一般为0.12～0.18 A。

议一议

[小结]

不带主板的PC电源启动步骤：

(1)电源输出主插头不接主板,其余的输出插头也不接其他设备。

(2)插入电源线并接通电源,使其处于待机状态。

(3)检测20芯主插头的第9脚(紫色线)+5 VSB,检测第14脚(绿色线)PS-ON信号电平(高电平)。

(4)检测+5 VSB正常、PS-ON正常后,用导线或回形针短路14脚(绿色线)与任一接地脚(黑色线),ATX电源就能正常启动。

想一想

[思考题]

(1)开关式稳压电源的"开关"指什么?"开关"指的是控制电源输出电压,使输出电压稳定的大功率三极管工作在________状态,即"饱和导通"(开)和"截止"(关)状态。

(2)开关电源的优点是什么?省去了铁芯变压器,体积小、重量轻、大功率管工作于开关状态、转换效率高、自身发热量小。

(3)ATX电源中的+5 VSB和PS-ON信号的功能作用是________________。

(4)ATX电源的正常启动(带主板启动)过程是________________________。

(5)说明ATX电源各路输出电压的功能(+5 V、+12 V、+3.3 V、-5 V、-12 V)。

任务2.2 PC电源关键器件认知与检测

学习目标

◇ 理解ATX电源的特点,特别是其中的+5 VSB和PS-ON信号;

◇ 理解ATX电源结构。

工作任务

◇ 学会正确启动ATX电源;

◇ 学会测量ATX电源的各组输出电压值。

读一读

2.2.1 PC电源关键器件认知

PC电源供应器基于名为"开关模式(Switching Mode)"的结构,因而也被称为SMPS(开关电源)即Switching Mode Power Supplies(DC/DC变换器是对SMPS的另一种称呼)。

对于高频开关电源而言,在进入变压器之前输入电压的频率就要被提升(典型值为50~60 kHz)。由于输入电压的频率大幅提升,变压器和电解电容就可以非常小。

PC电源是一个闭环系统。负责控制开关管的电路从电源输出端取得反馈,依照PC的功耗增加或减少变压器初级电压的占空比(PWM)。这样,电源根据负载设备的功耗对自身进行再调节。当功耗较低时,电源调节自身提供较少的电流,这使得变压器和其他元器件的能量耗散更少——也散发出更少的热量。这是线性电源所无法做到的。

1. 典型 PC 电源的结构框图

如图 2-7 所示为 PC 开关电源结构的简化框图。为简洁起见并没有加入各种附加电路，比如短路保护电路、待机电源、P. G 信号(Power Good)发生器等。

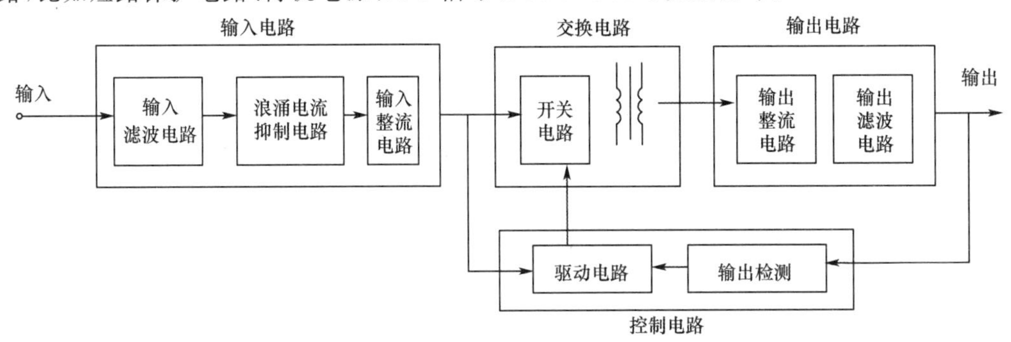

图 2-7 PC 开关电源结构的简化框图

如图 2-8 所示是一台典型的低端 ATX 电源供应器的框图，半桥结构无 PFC，控制方案采用典型的 KA7500 芯片，配合 LM393 比较器、TL431C 基准电压源等附加电路。注：现在 KA7500 及其同型芯片是低端半桥开关电源上常见的一款控制方案，配合 LM339N 电压比较器和 TL431 基准电压源等周边电路组成低端开关电源的方案非常成熟，可以上至 500 W。与 KA7500 同型的芯片常见的还有 KA7500 系列其他芯片以及集成了 494＋339＋431 功能的 SG6105 等集成型控制器。

图 2-8 中由 PWM 电路负责调节电压。输入电压在开关晶体管之前经过了一次侧整流，经过开关管输出给变压器的波形是方波而非正弦波。因为是方波所以很容易转换成直线。经过变压器后的二次侧整流，输出电压已经接近直线了。这就是为何有时开关电源也被称作 DC/DC 变换器。

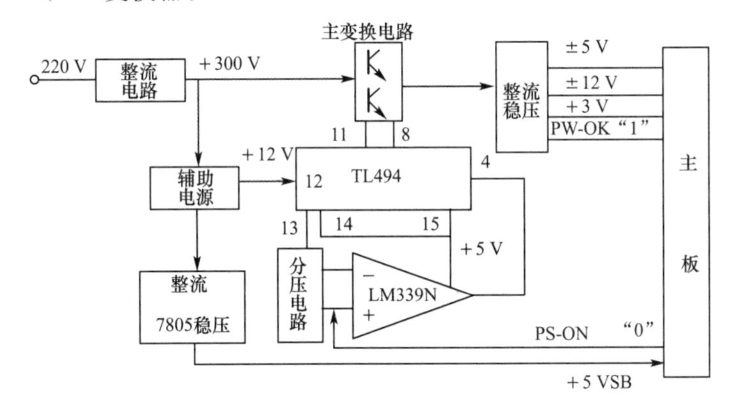

图 2-8 典型的低端 ATX 电源供应器的框图

连接 PWM 控制电路的反馈环负责所有必需的调节功能。如果输出电压过高或过低，PWM 控制电路就改变开关管控制信号的占空比以调节输出电压。这一情形发生在 PC 功耗升高的时候，此时输出电压有下降的趋势；或者 PC 功耗下降的时候，此时输出电压有上升的趋势。PWM 控制电路，通常是一颗集成电路芯片与一次侧通过一个小变压器(驱动变压器)隔离开。有时不使用变压器而使用光耦进行隔离，由 PWM 控制电路参考电源的输出电压来确定如何控制开关管的开关。如果输出电压有偏离，PWM 控制电路通过改变驱动开关管的波形（改变占空比）来修正输出电压。

2. 一次侧与二次侧

当你第一次打开电源外壳，可能对电源内什么电路在哪里毫无头绪。但至少可以一眼注意到两个很容易识别的东西：电源风扇以及一些散热片。

一台（低端）PC 电源的内部应该很容易识别出哪些元器件是一次侧，哪些元器件是二次侧。电源内部有一个（在配备有源 PFC 的电源上）或两个（在无 PFC 的电源上）大号的电解电容，找到它，就找到了一次侧。

通常 PC 电源在两个大号散热片之间会有三个变压器，如图 2-9 所示。主开关变压器是最大的那个。中等体积的变压器（待机变压器）用来产生 +5 VSB 输出（属于线性电源），而最小的变压器（驱动变压器）用于 PWM 控制电路，用来隔离二次侧和一次侧电路。变压器之前的全部电路称作初级（或者一次侧）而变压器之后的全部电路称作次级（或者二次侧）。也可以这样认知，一个散热片属于一次侧，而另一个散热片属于二次侧。

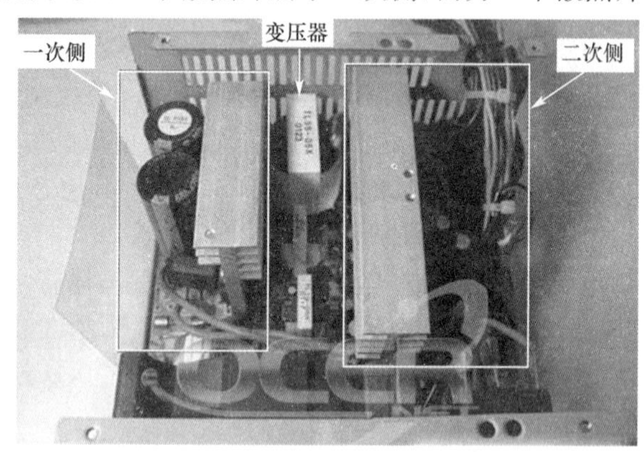

图 2-9　一次侧与二次侧认知

确定一次侧与二次侧更简单的办法是沿着电源的输入输出接线寻找。输出的接线组连接在二次侧，而输入的接线连接在一次侧。

在一次侧散热片上能找到主开关管，如果电源配备了有源 PFC 电路，还包括 PFC 开关管和配套的快恢复二极管。一些厂商会将有源 PFC 元器件放在一个独立的散热片上，在这些电源里你可以在一次侧找到两个散热片。

在二次侧散热片上你能找到若干个整流管。它们看上去像三极管，但事实上它们内部是两个封装在一起的整流用功率二极管，在二次侧你还能找到属于输出滤波级的小号的电解电容与线圈。

3. 瞬变滤波电路器件

PC 电源的第一级电路是瞬变滤波电路（也称为 EMI 滤波器）。如图 2-10 所示是一个瞬变滤波电路原理图。瞬变滤波电路不仅能保护电源及设备不受市电突波的侵害，也能抑制开关电源产生的传导骚扰窜入市电。在交流输入端的这一组电路实际上是两级，一级负责交流滤波而一级负责抑制电压突波。因为交流滤波电路的元器件同样对电压瞬变有抑制作用，所以也可以视为瞬变抑制电路的一部分。

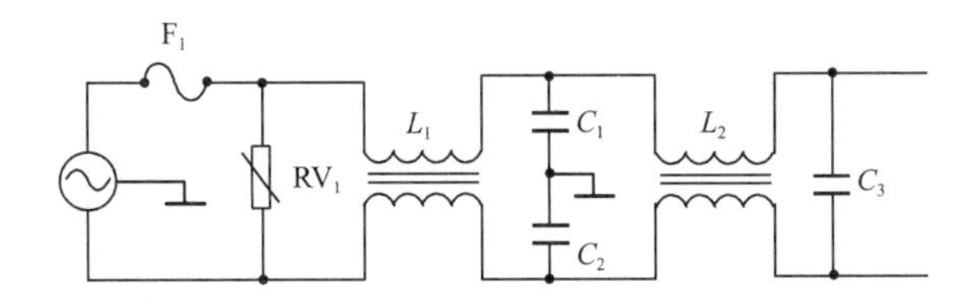

图 2-10 瞬变滤波电路原理图

R_{V1} 叫作 MOV(Metal Oxide Varistor,金属氧化物压敏电阻)或压敏电阻,MOV 外观最常见的颜色是深蓝色,但也有黄颜色的。它负责抑制市电的电压尖峰(瞬变)。这个元器件同样被用在浪涌抑制器上。廉价电源为了节省成本不会搭载这一元器件。L_1 和 L_2 是铁氧体线圈,两个电感采用不同接法分别起到共模与差模干扰抑制作用。

如图 2-11 所示的扁平形状电容是成对出现的,需要串联连接到火线、零线之间并将两个电容的中点接地,也就是连接到电源外壳上,因而对于市电输入而言,它们是并联的。也被称作"Y 电容",属于安规电容,要求必须取得安全检测机构的认证。Y 电容颜色多为橙色或蓝色,一般都标有安全认证标志(如 UL、CSA 等标识)和耐压 AC250V 或 AC275V 字样(真正的直流耐压高达 5000 V 以上),要求电容值不能偏大,而耐压必须较高,一般情况下,工作在亚热带的机器要求对地漏电电流不能超过 0.7 mA;工作在温带的机器要求对地漏电电流不能超过 0.35 mA。因此,Y 电容的总容量一般都不能超过 4700 pF (472)。必须强调,Y 电容不得随意使用标称耐压 AC250V 或者 DC400V 之类的普通电容来代替。

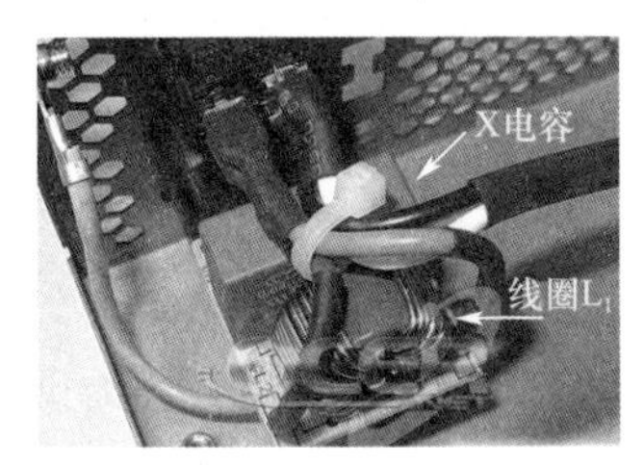

图 2-11 带 X 电容和线圈的市电输入插座

并联在交流输入火线和零线之间的 C_3 是金属化聚酯膜电容,体积较大,一般称之为"X 电容"。X 电容同样也属于安规电容,也要求必须取得安全检测机构的认证。X 电容一般都标有安全认证标志和耐压 AC250V 或 AC275V 字样(真正的直流耐压高达 2000 V 以上),使用的时候不要随意使用标称耐压 AC250V 或者 DC400V 之类的普通电容来代替。X 电容通常容量为 100 nF、470 nF 或 680 nF,根据实际需要,X 电容的容值允许比 Y 电容的容值大,但此时必须在 X 电容的两端并联一个安全电阻,用于防止电源线拔插时,由于该电容的充放电过程而致电源线插头长时间带电。安全标准规定,当正在工作之中的机器电源线被拔掉时,在两秒钟内,电源线插头两端带电的电压(或对地电位)必须小于原来额定工作电压的 30%。有的电源配备了第二个 X 电容。

Y 电容负责滤除共模干扰,X 电容负责滤除差模干扰。在交流电源输入端,一般需要增加 3 个安全电容来抑制 EMI 传导干扰。

在一些电源当中,瞬变滤波电路可分成两部分,一部分焊接在市电输入插座上,而另一部分焊接在PCB主板上。在这个电源当中，你可以看到一个X电容和第一级铁氧体线圈(L_1)焊在一小块PCB上，连接到市电交流输入插座。

4. 整流桥与热敏电阻

在无有源PFC电路的电源当中你会找到一个输入倍压电路。输入倍压电路使用两个大号的电解电容，如图2-12所示。在开关电源中找到的大号电容便属于这一级电路。输入倍压电路的电容容量随电源结构的不同有不同的需求。对于半桥拓扑的电源，一次侧的两个大电容的容量要求比较高。无PFC或无源PFC的电源需要输入倍压电路，因而一次侧大电容是两个耐压值在200 V左右串联的电容，而配备有源PFC的电源，PFC电路本身就能完成升压功能，经过有源PFC电路输出的直流电压在300～415 V，因而不需要输入倍压电路，电容的耐压值在400 V左右。

图2-12　输入倍压电路的电解电容

在两个大电解电容旁边是一个全桥整流器。这个桥式整流器可以由分立的四颗二极管或单一封装的元器件组成，如图2-13所示。在高瓦数电源里这个整流桥要安装散热片辅助散热。

在一次侧还能找到一个NTC热敏电阻，这是一个能随着电源温度升高而降低自身阻值的电阻。它用来在电源工作少许时间、温度上升到一定程度时重置电力供应。"NTC"代表负温度系数。其形状像圆片型陶瓷电容，通常是橄榄绿色。

5. 变压器

一台典型PC电源具有三个变压器，如图2-14所示。最大的一个是主变压器，其一次侧与开关管相连，而二次侧与次级整流与滤波电路相连，提供电源的各组直流输出(+12 V、+5 V、+3.3 V、−12 V、−5 V)。第二个变压器用来产生+5 VSB输出，一个独立的被称作"待机电源"的电路便产生在这一路输出。这么做的原因是这组输出要一直开着，即便主机电源"已经关闭"(也就是说处于待机状态)。第三个变压器是隔离变压器(隔离级)，它将PWM控制信号耦合到开关管上。第三组变压器可以被一组或多组光耦所取代。

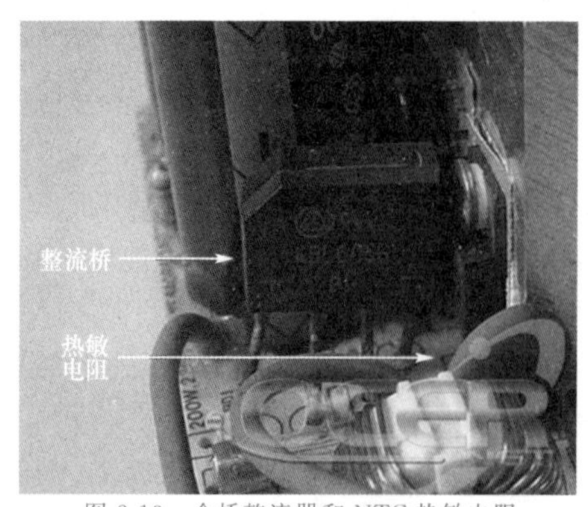

图2-13　全桥整流器和NTC热敏电阻

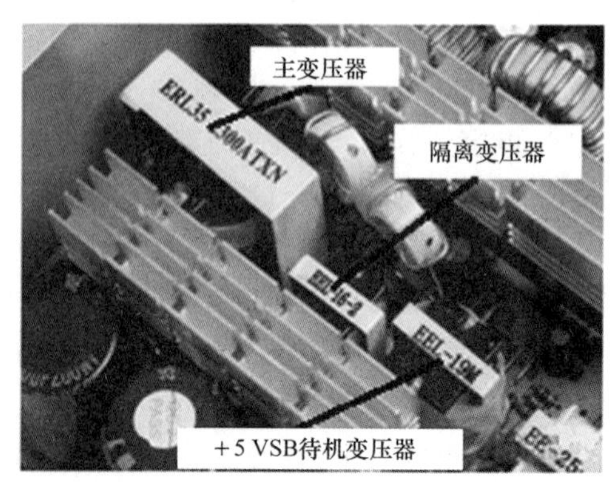

图2-14　PC电源的三个变压器

做一做

2.2.2 PC电源关键器件检测

[工作任务]

1.填写LWT2005型ATX电源中关键器件名称

在PC开关电源印制板中找出如图2-15所示的LWT2005型ATX电源印制板图中的主要元器件，观察外表特征并填写表2-4。目测PC的开关电源印制板上有无断线、氧化、虚焊、烧焦的元器件。

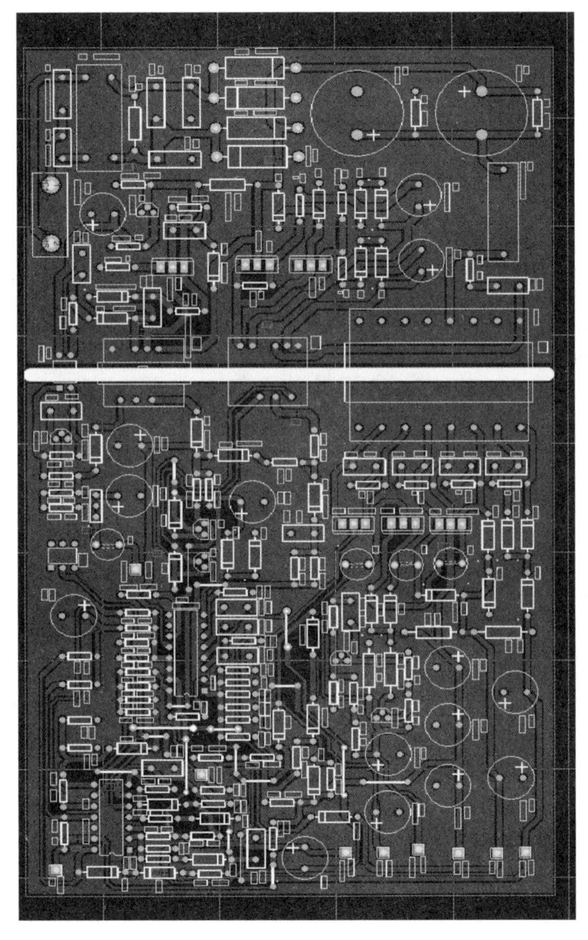

图2-15 LWT2005型ATX电源印制板图

表2-4 LWT2005型ATX电源印制板图中的关键器件

名称	示意图	作用	检查方法	型号
交流输入插座		为了阻隔来自电力线的干扰，都会在交流输入端安装一至二阶的EMI(电磁干扰)Filter(滤波器)，一体式EMI滤波器整个包于铁壳中，能更有效地避免噪声外泄	分别测量两组开关的通断	

续表

<table>
<tr><th>名称</th><th>示意图</th><th>作用</th><th>检查方法</th><th>型号</th></tr>
<tr><td>电容器</td><td> </td><td>电容器同样也可以作为储能组件以及纹波平滑使用。为了承受整流后的高压直流，高耐压电解电容用于电源供应器一次侧电路；为了降低输出状态下电解电容连续充放电时造成的损失，二次侧电路则大量使用高耐温、长寿、低阻抗电解电容。</td><td rowspan="3">电解电容的检测：
A. 因为电解电容的容量较大，测量时，应针对不同容量选用合适的量程。
B. 将万用表红表笔接负极，黑表笔接正极，在刚接触的瞬间，万用表指针即向右偏转较大幅度(对于同一电阻挡，容量越大，摆幅越大)，接着逐渐向左回转，直到停在某一位置。此时的阻值便是电解电容的正向漏电阻，此值略大于反向漏电阻。实际使用经验表明，电解电容的漏电阻一般应在几百千欧以上，否则，将不能正常工作。
C. 对于正、负极标志不明的电解电容，可利用测量漏电阻的方法加以判别。两次测量中阻值大的那一次便是正向接法，即黑表笔接的是正极，红表笔接的是负极。
D. 使用万用表电阻挡，采用给电解电容进行正、反向充电的方法，根据指针向右摆动幅度的大小，可估测出电解电容的容量。</td><td></td></tr>
<tr><td>X电容(C_X)</td><td> </td><td>在EMI滤波电路组成中，X电容是用来跨接在火线(L)与中性线(N)间的电容，其用途是消除来自电力线的低通常态噪声。X电容外观如照片所示为方形，上方会打上X或X2字样。</td><td></td></tr>
<tr><td>Y电容(C_Y)</td><td> 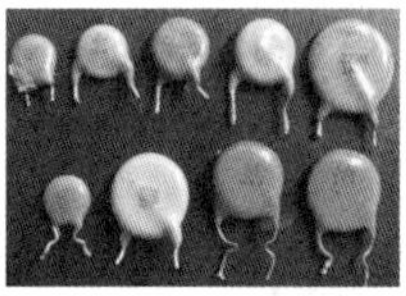</td><td>Y电容跨接于浮接地(FG)和火线(L)/中性线(N)之间，用来消除高通常态及共态噪声。Y电容的外观如照片所示呈圆饼状。而计算机用电源中的FG点与金属外壳、地线(E)及输出端0 V/GND共接，所以未连接接地线时，会经由两个串联的Y电容分压出输入电源一半的电位差($V_{in}/2$)，人体碰触到后就有可能产生触电现象。</td><td></td></tr>
<tr><td>保险丝</td><td> 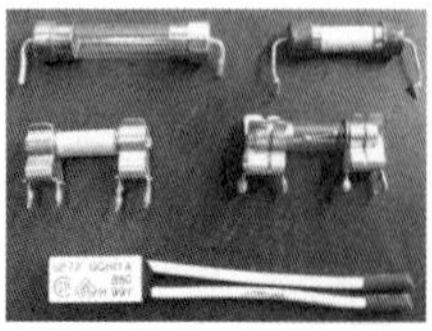</td><td>当流过其上的电流值超出额定限度时，会以熔断的方式来保护连接于其后端的电路。方形保险丝组件是温度保险丝，通常固定于大功率水泥电阻或功率组件的散热片上，主要用于超温保护，也有的与电流保险丝结合，对电流及温度进行双重保护。</td><td>用万用表测量其阻值。</td><td></td></tr>
</table>

续表

名称	示意图	作用	检查方法	型号
电阻器		电阻器用于限制电路上流过的电流，并于电源供应器关闭后释放电容器内所储存的电荷，避免产生电击事故。	电阻器的检测：将两表笔（不分正负极）分别与电阻器的两端引脚相接即可测出其实际电阻值。 压敏电阻的检测：用万用表的 $R\times1$ k 挡测量压敏电阻两引脚之间的正、反向绝缘电阻，均应为无穷大，否则，说明漏电流大。若所测电阻很小，则说明压敏电阻已损坏，不能使用。	
压敏电阻(MOV)		压敏电阻跨接于保险丝后端的火线（L）与地线（E）之间，其动作原理为当其两端电压差低于其额定电压值时，本体呈现高阻抗；当电压差超出其额定值时，本体电阻会急速下降，L－N 间呈现近似短路的状态。其颜色和外观与 Y 电容很接近，不过可以从组件上面的字样及型号来分辨其不同。		
负温度系数电阻(NTC)		NTC 使用时串联于火线（L）或中性线（N）线路上，启动时其内部阻抗值可以限制充电瞬间的电流值，而负温度系数的定义是其电阻会随其温度的上升而降低，所以随着电流流过本体使温度逐渐升高后，其阻值会随之降低，避免造成不必要的功率消耗。其外观大多为黑色或墨绿色的圆饼状元器件。 缺点是电源处于热机状态下启动时，其保护效果会打折扣。	（1）测量标称电阻值 R_t。用万用表可直接测量 NTC 的 R_t 的实际值。但因 NTC 热敏电阻对温度很敏感，故测试时应注意： A. 测量 R_t 时，应在环境温度接近 25 ℃时进行。 B. 测试时，不要用手捏住热敏电阻体，以防止人体温度对测试产生影响。 （2）估测温度系数。先在室温 t_1 下测得电阻值 R_{t1}，再用电烙铁作热源，靠近热敏电阻，测出电阻值 R_{t2}，同时用温度计测出此时热敏电阻表面的平均温度 t_2 再进行计算。	

续表

<table>
<tr><th>名称</th><th>示意图</th><th>作用</th><th>检查方法</th><th>型号</th></tr>
<tr><td>电感器</td><td></td><td>电感器随着磁芯结构、感抗值及在电路上安装位置的不同，可以作为交换电路中的储能组件、磁性放大电路中的电压调整组件以及二次侧整流后的输出滤波组件使用。</td><td rowspan="3">电源变压器的检测：
A. 通过观察变压器的外观来检查其是否有明显异常现象。如线圈引线是否断裂，脱焊，绝缘材料是否有烧焦痕迹，铁芯紧固螺杆是否有松动，硅钢片有无锈蚀，绕组线圈是否有外露等。
B. 绝缘性测试。用万用表 $R\times10$ k 挡分别测量铁芯与初级，初级与各次级、铁芯与各次级、静电屏蔽层与初次级、次级各绕组间的电阻值，万用表指针均应指在无穷大位置不动。
C. 线圈通断的检测。将万用表置于 $R\times1$ 挡，测试中，若某个绕组的电阻值为无穷大，则说明此绕组有断路性故障。
D. 判别初、次级线圈。电源变压器初级引脚和次级引脚一般都是分别从两侧引出的，并且初级绕组多标有 220 V 字样，次级绕组则标出额定电压值，如 15 V、24 V、35 V 等。再根据这些标记进行识别。</td><td></td></tr>
<tr><td>共模态扼流圈</td><td></td><td>共模态扼流圈在滤波电路中串联在火线（L）与中性线（N）上，用来消除电力线低通共态噪声以及射频噪声。其外观有环形与类似变压器的方形两种。所谓共态噪声，代表的是火线（L）与中性线（N）对于地线（E）之间的噪声，而常态噪声，则是火线（L）与中性线（N）之间的噪声，EMI 滤波器的功能主要是消除及阻挡这两类噪声。</td><td></td></tr>
<tr><td>变压器</td><td></td><td>隔离型交换式降压电源，就是使用变压器作为高低电压分隔和能量交换的。因其运作频率较高，变压器体积较一般交流变压器要小。照片中上方较小的变压器为辅助电源电路以及信号传递用的脉冲变压器，下方较大者为主要功率变压器以及环形的二次侧调整用变压器。</td><td></td></tr>
<tr><td>桥式整流器</td><td></td><td>如照片所示是内部由四个二极管交互连接所构成的桥式整流器。
其外观与大小会随着组件额定电压及电流的不同而有所差异，同时也决定了电源供应器各路的最大输出能力。一般固定于散热片上，是电源供应器中相当重要的一部分。</td><td>可测量四个引脚的正、反向电阻进行判断。</td><td></td></tr>
</table>

续表

名称	示意图	作用	检查方法	型号
开关晶体		在交换电路中作为无接点快速电子开关,依控制信号导通及截止,决定电流是否流过,在主动功率因子修正电路以及功率级一次侧电路中扮演着重要角色。照片中上方为电源内常见的N MOSFET(N型金属氧化物半导体场效应晶体管),下方则是NPN BJT(NPN型双接面晶体管)。	利用万用表检测中、小功率三极管的极性、管型及性能的各种方法,对检测大功率三极管基本上也适用。但是,由于大功率三极管的工作电流比较大,因而其PN结的面积也较大。PN结较大,其反向饱和电流也必然增大。所以,测量中通常使用$R\times10$挡或$R\times1$挡来检测大功率三极管。	
二极管		在电源供应器内部,随着各部分电路要求及输出大小而使用不同种类,除了一般的硅二极管外,还有肖特基二极管(SBD),用于整流;快速回复二极管(FRD),主要用于主动功率因子修正;齐纳二极管(ZD),主要作为电压参考用等。	测量单向导电性可判别正、负电极。 检测最高工作频率f_m。实用中常常用眼睛观察二极管内部的触丝来加以区分晶体二极管工作频率,如点接触型二极管属于高频管,面接触型二极管多为低频管。另外,也可以用万用表$R\times1$ k挡进行测试,一般正向电阻小于1 kΩ的多为高频管。	
控制IC		电源供应器内的控制IC,依其安装位置及用途的不同有多种类型,可用于PFC电路、功率级一次侧PWM电路、PFC/PWM整合控制、辅助电源电路的整合组件、电源监控管理IC等。	可通过测量各引脚对地电阻进行判断。	
光耦合器		光耦合器主要是用于高压电路与低压电路的信号传递,并维持其电路隔离,避免发生故障时高低压电路间产生异常电流流动,使低压组件损坏。	拆下怀疑有问题的光耦合器,用万用表测量其内部二极管、三极管的正、反向电阻值,用其与好的光耦合器对应引脚的测量值进行比较,若阻值相差较大,则说明光耦合器已损坏。	

2.测量LWT2005型ATX电源中关键器件

在如图2-15所示的LWT2005型ATX电源印制板图中找出表2-5中所列的主要元器件,用万用表测量,并将测得结果填入表2-5中。

表 2-5　万用表电阻挡测量 LWT2005 型 ATX 电源电路主要元器件状态或阻值

元器件标号	元器件状态或阻值	元器件标号	元器件状态或阻值
电源线		Q_1	
TH1		Q_{01}	
PEFE		Q_{02}	
R_1		D_9	
BD_1		D_{50}	
R_2		Q_3	
R_3		Q_4	
T_3		IC_3	
T_2		IC_4	
T_1		IC_5	
Q_3		IC_6	
D_8		L_2	
R_{06}		D_{21}	
R_{001}		D_{23}	

万用表测电容方法

看一看

［知识拓展］

3. TL494 介绍

在个人 PC 电源中，控制器件基本都使用 TI 公司生产的 TL494 芯片。与它完全相同的芯片有 KA7500，两者可以完全替换。

(1)芯片引脚定义

TL494 是 16 脚芯片，如图 2-16 所示。

1 脚/同相输入：误差放大器 1 同相输入端。

2 脚/反相输入：误差放大器 1 反相输入端。

3 脚/补偿/PWM 比较输入：接 RC 网络，以提高稳定性。

4 脚/死区时间控制：输入 0～4 VDC 电压，控制占空比在 0～45%变化。同时该引脚也可以作为软启动端，使脉宽在启动时逐步上升到预定值。

5 脚/C_T：振荡器外接定时电容。

6 脚/R_T：振荡器外接定时电阻。振荡频率：$f=1/R_T C_T$。

7 脚/GND：电源地。

8 脚/C1：输出 1 集电极。

9 脚/E1：输出 1 发射极。

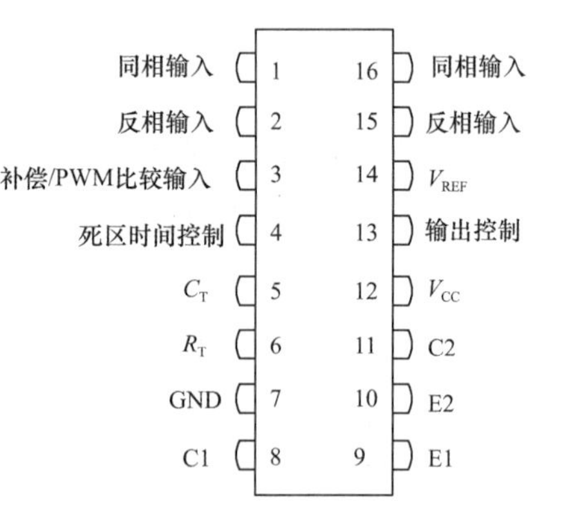

图 2-16　TL494 引脚排列

10 脚/E2:输出 2 发射极。

11 脚/C2:输出 2 集电极。

12 脚/V_{CC}:芯片电源正。7～40 VDC。

13 脚/输出控制:输出方式控制,该引脚接地时,两个输出同步,用于驱动单端电路。接高电平时,两个输出管交替导通,可以用于驱动桥式、推挽式电路的两个开关管。

14 脚/V_{REF}:5 VDC 电压基准输出。

15 脚/反相输入:误差放大器 2 反相输入端。

16 脚/同相输入:误差放大器 2 同相输入端。

(2)基本特性

①具有两个完整的脉宽调制控制电路,是 PWM 芯片。

②两个误差放大器。一个用于反馈控制,一个可以定义为过流保护等保护控制。

③带 5 VDC 基准电源。

④死区时间可以调节。

⑤输出级电流 500 mA。

⑥输出控制可以用于推挽、半桥或单端控制。

⑦具备欠压封锁功能。

(3)结构原理

TL494 芯片内部电路包括振荡器、两个误差比较器、5 VDC 基准电源、死区时间比较器、欠压封锁电路、PWM 比较器、输出电路等,如图 2-17 所示给出了 TL494 的内部原理框图。

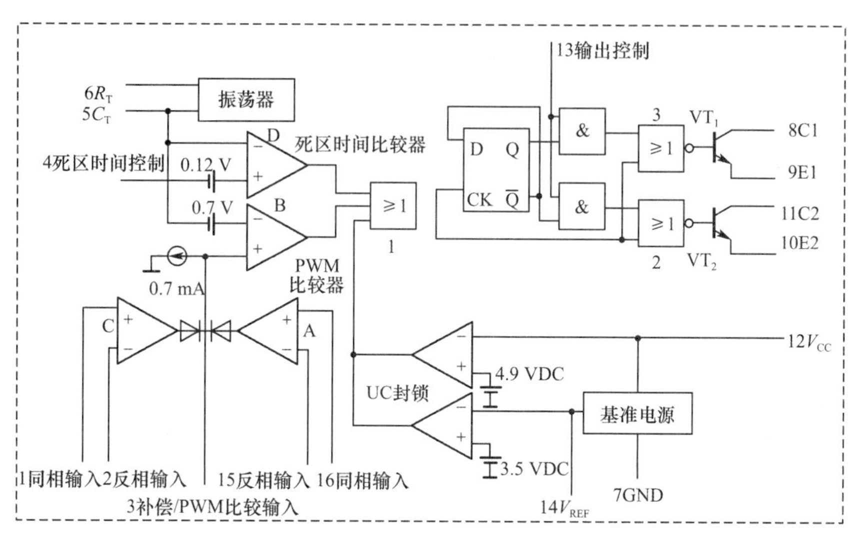

图 2-17 TL494 内部原理框图

①振荡器

提供开关电源必需的振荡控制信号,频率由外部 R_T、C_T 决定。这两个元器件接在对应端与地之间。取值范围:R_T:5～100 kΩ,C_T:0.001～0.1 μF。

振荡频率:$f=1/R_TC_T$。

形成的信号为锯齿波。最大频率可以达到 500 kHz。

②死区时间比较器

这一部分用于通过 0～4 VDC 电压来调整占空比。当 4 脚预加电压抬高时，与振荡锯齿波比较的结果，将使得 D 触发器 CK 端保持高电平的时间加宽。该电平同时经过反相，使输出晶体管基极为低，锁死输出。4 脚电位越高，死区时间越宽，占空比越小。

由于预加了 0.12 VDC 电压，所以，限制了死区时间最小不能小于 4%，即单管工作时最大占空比为 96%，推挽输出时最大占空比为 48%，如图 2-18 所示给出了死区时间比较器单独起作用时的相关工作波形。

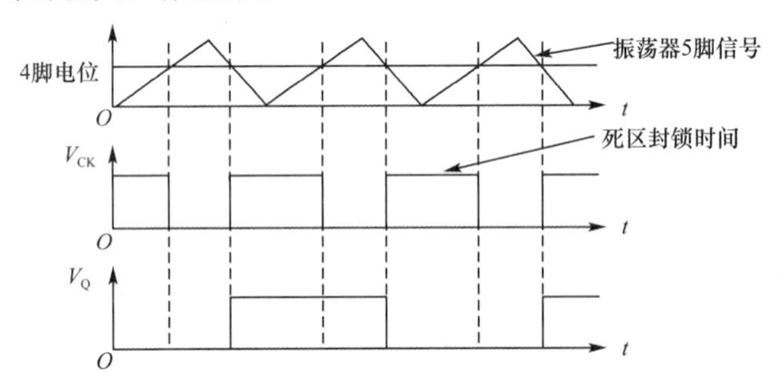

图 2-18　死区时间比较器单独起作用时的相关工作波形

③PWM 比较器及其调节过程

由两个误差放大器输出及 3 脚（PWM 比较输入）控制。

当 3 脚电压达到 3.5 VDC 时，基本可以使占空比达到 0，作用和 4 脚类似。但此引脚真正的作用是外接 *RC* 网络，用作误差放大器的相位补偿。

常规情况下，在误差放大器输出抬高时，增加死区时间，缩小占空比，反之，占空比增加。作用过程和 4 脚的死区控制相同，从而实现反馈的 PWM 调节。0.7 VDC 的电压垫高了锯齿波，使得 PWM 调节后的死区时间相对变窄。

如果把 TL494 的 3 脚比作 4 脚，则 PWM 比较器的作用波形见图 2-18。然而，该比较器的占空比调节，要在死区时间比较器的限制范围内起作用。

单管工作方式时，V_{CK} 直接控制输出，输出开关频率与振荡器相同。当 13 脚电位为高时，封锁被取消，触发器的 Q、$\overline{Q}$ 端分别控制两个输出管轮流导通，频率是单管方式的一半。

④5 VDC 基准电源

5 VDC 基准电源用于提供芯片需要的偏置电流。如 13 脚接高电平时，误差放大器等可以使用它。基准电源精度是 5%，电流能力是 10 mA，温度范围是 0～70 ℃。

⑤误差放大器

两个误差放大器用于电源电压反馈和过流保护。

这两个误差放大器以“或”的关系，同时接到 PWM 比较器同相输入端。反馈信号比较后的输出送 PWM 比较器，和锯齿波比较，进行 PWM 调节。

由于误差放大器是开环的，增益达到 95 dB。加之输出点 3 被引出，使用时，设计者可以根据需要灵活使用。

⑥UC封锁电路

用于欠压封锁，当 V_{CC} 低于 4.9 VDC，或者内部电源低于 3.5 VDC 时，CK 端被钳位为高电平，从而使输出封锁，达到保护作用。

⑦输出电路

输出电路有两个输出晶体管，单管电流 500 mA。其工作状态由 13 脚（输出控制）来决定。

当 13 脚接低电平时，通过“与”门封锁了 D 触发器翻转信号输出，此时两个晶体管状态由 PWM 比较器及死区时间比较器直接控制，二者完全同步，用于控制单管开关电源。当然，此时两个输出也允许并联使用，以获得较大的驱动电流。

当 13 脚接高电平时，D 触发器起作用，两个晶体管轮流导通，用于驱动推挽或桥式变换器。

4. LM339N 介绍

由于 LM339N 使用灵活，应用广泛，所以世界上各大 IC 生产厂、公司竞相推出自己的比较器，如 IR2339、ANI339、SF339 等，它们的参数基本一致，可互换使用。

(1)电路的特点

①工作电源电压范围宽，单电源、双电源均可工作，单电源：2～36 V，双电源：±1～±18 V；

②消耗电流小，I_{CC}＝1.3 mA；

③输入失调电压小，V_{io}＝±2 mV；

④共模输入电压范围宽，V_{ic}：0～V_{CC}～1.5 V；

⑤输出与 TTL、DTL、MOS、CMOS 等兼容；

⑥输出可以用开路集电极连接“或”门；

⑦采用双列直插 14 脚塑料封装（DIP14）和微型双列 14 脚塑料封装（SOP14）。

(2)功能与框图

LM339N 的内部结构如图 2-19 所示。

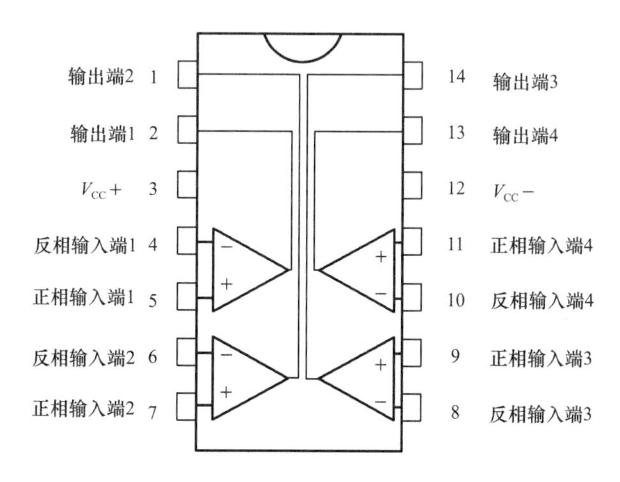

图 2-19　LM339N 的内部结构

LM339N 引脚功能排列见表 2-6。

表 2-6　LM339N 引脚功能排列

引脚号	引脚功能	符号	引脚号	引脚功能	符号
1	输出端 2	OUT2	8	反相输入端 3	IN−(3)
2	输出端 1	OUT1	9	正相输入端 3	IN+(3)
3	电源	$V_{CC}+$	10	反相输入端 4	IN−(4)
4	反相输入端 1	IN−(1)	11	正相输入端 4	IN+(4)
5	正相输入端 1	IN+(1)	12	电源	$V_{CC}-$
6	反相输入端 2	IN−(2)	13	输出端 4	OUT4
7	正相输入端 2	IN+(2)	14	输出端 3	OUT3

(3)LM339N 使用说明

①LM339N 是高增益、宽频带器件,像大多数比较器一样,如果输出端到输入端有寄生电容而产生耦合,则很容易产生振荡。这种现象仅仅出现在当比较器改变状态时,输出电压过渡的间隙内,电源加旁路滤波并不能解决这个问题,标准的 PC 板设计对减小输入-输出寄生电容耦合是有助的,减小输入电阻至小于 10 kΩ 将减小反馈信号,增加(甚至很小)的正反馈量(滞回 1.0～10.0 mV)能导致快速转换,可以消除由于寄生电容引起的振荡。

②比较器的所有没有用的引脚必须接地。

③LM339N 偏置网络确立了其静态电流与电源电压的范围 2.0～30 V 无关。

④通常电源不需要加旁路电容。

⑤差分输入电压可以大于 V_{CC} 并不损坏器件,保护部分必须能阻止输入电压向负端超过−0.3 V。

⑥LM339N 类似于增益不可调的运算放大器。每个比较器有两个输入端和一个输出端。两个输入端一个称为同相输入端,用"+"表示,另一个称为反相输入端,用"−"表示。用于比较两个电压时,任意一个输入端加一个固定电压作参考电压(也称为门限电平,它可选择 LM339N 输入共模范围的任何一点),另一端加一个待比较的信号电压。当"+"端电压高于"−"端时,输出管截止,相当于输出端开路。当"−"端电压高于"+"端时,输出管饱和,相当于输出端接低电位,如图 2-20 所示。两个输入端电压差别大于 10 mV 就能确保输出从一种状态可靠地转换到另一种状态,因此,把 LM339N 用在弱信号检测等场合是比较理想的。LM339N 的输出端相当于一只不接集电极电阻的晶体三极管,在使用时输出端到正电源一般必须接一只电阻(称为上拉电阻,选 3～15 kΩ)。选不同阻值的上拉电阻会影响输出端高电位的值。因为当输出晶体三极管截止时,它的集电极电压基本上取决于上拉电阻与负载的值。另外,各比较器的输出端允许连接在一起使用。

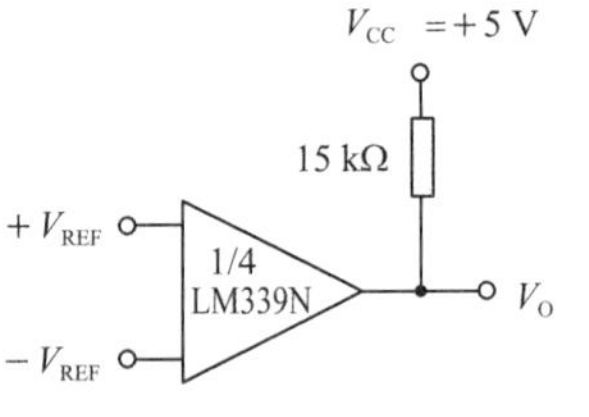

图 2-20　LM339N 比较器

5. TL431 介绍

TL431 是 TI 生产的一种有良好的热稳定性能的三端可调分流基准源。用两个电阻就可以任意调整 V_{REF} 值(2.5～36 V)，它的典型动态阻抗为 0.2 Ω，在很多应用中都用它代替齐纳二极管，例如在可调压电源、开关电源中。如图 2-21 所示为 TL431 的 TO-92 封装引脚图与符号。

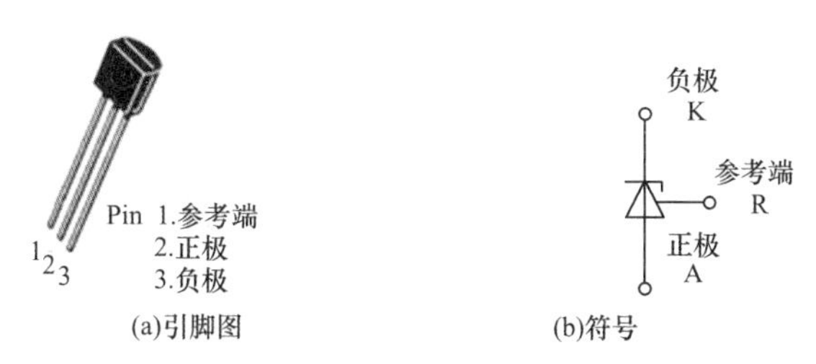

图 2-21 TL431 的 TO-92 封装引脚图与符号

(1)TL431 的特点

①可编程输出电压：36 V；

②电压参考误差(25 ℃)：±0.4%；

③低动态输出阻抗：0.22 Ω(典型)；

④负载电流能力：1.0～100 mA；

⑤等效全范围温度系数：50 ppm/℃(典型)；

⑥温度补偿操作全额定工作温度范围；

⑦低输出噪声电压。

(2)TL431 的原理

如图 2-22 所示为 TL431 的具体功能模块示意图，该图不是 TL431 的实际内部结构，但可用于分析理解电路。图中是一个内部的 2.5 V 的基准源，接在运放的反相输入端。由运放的特性可知，只有当 R 端(同相端)的电压非常接近 V_i(2.5 V)时，三极管中才会有一个稳定的非饱和电流通过，而且随着 R 端电压的微小变化，通过三极管的电流将从 1～100 mA 变化。

其实，完全可以将 TL431 等效为 NPN 管。它的“R、K、A”分别对应 NPN 管的“b、c、e”。它的各项参数是 β：1000～10000；V_c：+2.5～+36 V；I_c：1～100 mA；极限值 P_{cm}：500 mW；V_{be}：+2.5 V，TL431 极其敏感，高则饱和，低则截止；I_b<4 μA、输入阻抗极高、温度稳定性极好。可以放大音频信号。输入特性曲线在 2.5 V 处，直角转弯，转弯范围约 10 mV，输出特性曲线极其水平，输出阻抗极大。目前仅推荐使用在放大区。

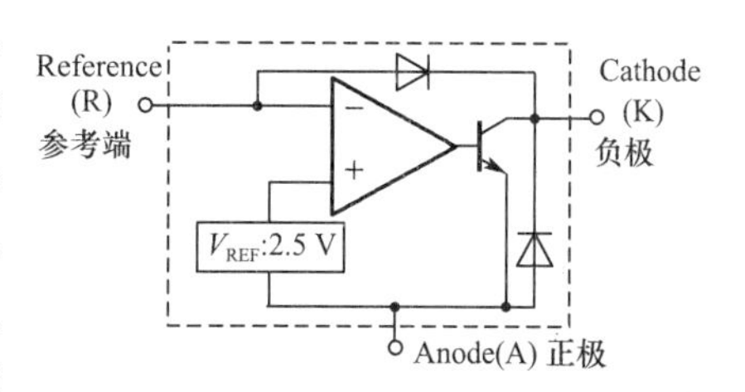

图 2-22 TL431 的具体功能模块示意图

TL431 可等效为一只稳压二极管，其基本连接方法如图 2-23 所示。图 2-23(a)可做 2.5 V 基准源，图 2-23(b)可做可调基准源，电阻 R_2 和 R_3 与输出电压的关系为$U_O=2.5(1+R_2/R_3)$V。

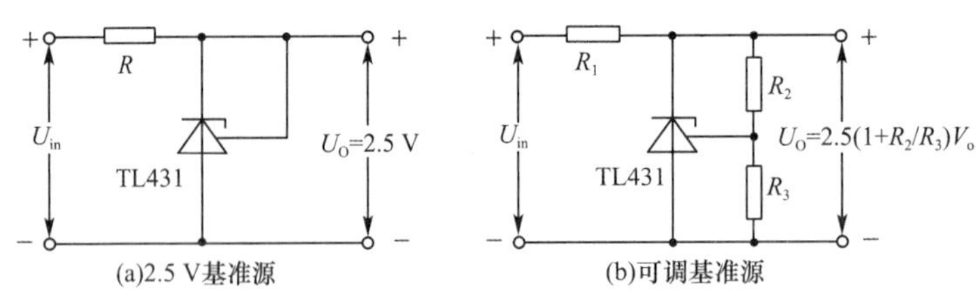

图 2-23　TL431 的基本连接方法

6. 光电耦合器介绍

对于开关电源，隔离技术和抗干扰技术是至关重要的，随着电子元器件的迅速发展，光电耦合器的线性度也越来越高，是目前在开关电源中用得最多的隔离抗干扰器件。

光电耦合器亦称光电隔离器或光耦合器，简称光耦。它是以光为媒介来传输电信号的器件，通常把发光器（红外线发光二极管 LED）与受光器（光敏半导体管）封装在同一管壳内。当输入端加电信号时发光器发出光线，受光器接收光线之后就产生光电流，从输出端流出，从而实现了“电—光—电”的转换，可以以光为媒介把输入端信号耦合到输出端的光电耦合器。由于它具有体积小，寿命长，无触点，抗干扰能力强，输出和输入之间绝缘，单向传输信号等优点，在数字电路上获得了广泛的应用，如图 2-24 所示为光电耦合器内部结构及其典型用法。

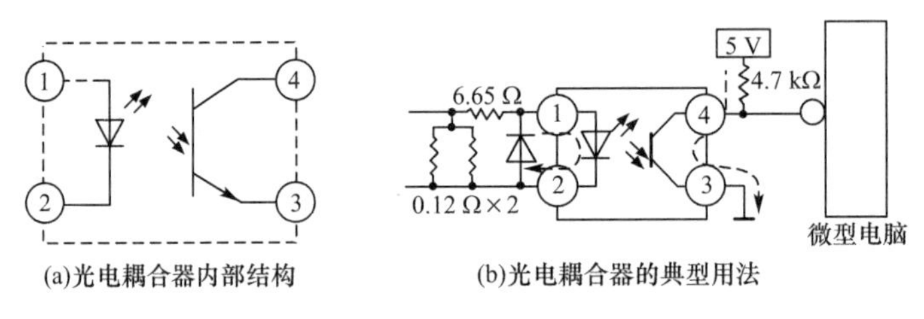

图 2-24　光电耦合器内部结构及其典型用法

实际上，光电耦合器有晶体管、达林顿管、可控硅、磁效应管等多种输出形式。

通常的光电耦合器由于它的非线性，所以在模拟电路中的应用只限于对较高频率的小信号的隔离传送。普通光电耦合器只能传输数字（开关）信号，不适合传输模拟信号。近年来问世的线性光电耦合器能够传输连续变化的模拟电压或模拟电流信号，使其应用领域大为拓宽。

议一议

[小结]

对于 PC 的开关电源，由于其电压高，电流大，容易损坏元器件，一般使用电阻法可以修理好大部分故障，在测量时要仔细检查。但在线检查时，要注意并联支路对电阻值的影响。总的结果是在线测量的阻值较非在线测量时要小。

想一想

[思考题]

(1)元器件烧焦是什么原因造成的？

参考答案：一般是电压异常造成的，如输入电压太高或负载短路等。维修时切不可只更换损坏元器件，还应找到导致损坏的原因。

(2)元器件的虚焊是什么原因造成的？

参考答案：一般是焊接质量不良造成的，电子产品在工作时温度升高，停止工作时温度降低，在这样反反复复的过程中不断氧化造成虚焊，维修时不易发现。要仔细检查每一个焊点，甚至要摇动相关的元器件，有时还要通过测量电压或波形才能找到。

(3)在图 2-28 中，变压器通常有________个引脚，其作用是________________________。

(4)在图 2-28 中，检查电源线时用________的________挡分别测量两根线________。若________很小，说明电源线是良好的。

(5)在图 2-28 中，Q_{03} 的型号是________，可以用________代换；Q_1 是________(NPN/PNP)型管，通常使用的型号是________，本机使用的型号是________；Q_{02} 是________(NPN/PNP)型管，通常使用的型号是________，本机使用的型号是________。

(6)在图 2-28 中，T_3 为________变压器，检验它的好坏通常用万用表测量各引脚之间的________(电阻/电压)。

(7)在图 2-28 中，在检查 L_2 时，通常测量其________。

(8)在图 2-28 中，TL431 是________器件，其作用是________________________；如何判断其好坏？

(9)在图 2-28 中，IC_3 的型号是________，可以用________________________代换；如何判断其好坏？

任务 2.3 PC 电源的基本性能调试

学习目标

✧ 了解 PC 开关电源的技术指标；

✧ 对开关电源换能电路进行测试。

工作任务

✧ 测量 PC 开关电源的关键点电压；

✧ 测试 PC 开关电源电路的基本性能；

✧ 撰写测试报告。

读一读

2.3.1 PC 电源的技术指标

1. 稳压系数 S 和电压调整率 K_V

稳压系数定义为：当负载保持不变时，输出电压相对变化量与输入电压相对变化量之比，即

$$S=\left.\frac{\Delta U_o/U_o}{\Delta U_i/U_i}\right|_{R_L=\text{常数}}$$

电压调整率是表征稳压电源在电网电压变化时，输出电压稳定能力的参数，即额定负

载不变时，输出电压的变化量与稳定电压的比值。

$$K_V=\frac{\Delta U_o}{U_o}\times 100\%$$

稳压系数和电压调整率均说明电网电压变化对输出电压的影响，因此只需测试其中之一即可。

2. 电流调整率 K_I 和输出电阻 R_o

电流调整率是当输入电压和温度不变时，输出电流 I_o 从零变到最大时，输出电压的变化量与稳定电压的比值。

$$K_I=\frac{\Delta U_o}{U_o}\bigg|_{\Delta U_i=0}\times 100\%$$

好的电源会使负载变化引起的输出变化减到最小，通常指标为 3%～5%。

输出电阻定义为：当输入电压 U_i（指稳压电路输入电压）保持不变时，由负载变化而引起的输出电压变化量与输出电流变化量之比，即

$$R_o=\frac{\Delta U_o}{\Delta I_o}\bigg|_{U_i=\text{常数}}$$

输出电阻和电流调整率均说明负载变化对输出电压的影响，因此也只需测试其中之一即可。

3. 纹波及噪声

叠加在输出电压上的交流电压分量。用示波器观测其峰值一般为毫伏量级。也可用交流毫伏表测量其有效值，但因纹波不是正弦波，所以有一定的误差。

2.3.2 使用电子测量设备的注意事项

(1)预热：电子测量仪器是由各种电子元器件组成的，而这些电子元器件在使用时都有规定的使用条件，在仪器未达到规定的工作条件时，不可进行测量，避免仪器损坏或测量不准。

(2)点检、试机：因电子测量仪器在使用前，并不能通过仪器是否能正常运行来判定仪器有无异常，所以必须通过校准样品来比对，进而确定仪器是否可正常使用。

(3)仪器内部设定：电子测量仪器内部有较多的设定是用来作为基准使用的，这些设定被更改后，可能导致仪器不能正常运行或不能测试，故仪器内部设定内容应由专门的技术人员来操作，使用者不可私自更改。

(4)接触：在测量时确保被测品与测量仪器之间连接正确、可靠(在保证最小的接触电阻的同时，还需注意测量夹具本身是否漏电或是否有其他不良现象)。

(5)仪器使用说明书中强调的注意事项：因为只有仪器供应商才知道测量仪器的缺陷，以及为弥补这些缺陷所造成的测量误差而需要强调的作业方法，使用者操作时必须依照此方法才能减小测量误差。

(6)测试条件的输入：在输入测试条件的时候应注意测试条件的单位及极性等。

(7)测试时测试环境的影响(具体参考各仪器的使用说明书)。

(8)PC 电源的一些特殊性，如“热地”与“冷地”。

(9)测试后，测量仪器的关机应按操作程序一步步来进行，避免因关机不当，造成仪器内部设置数据的丢失。

做一做

失真度仪的使用

2.3.3 PC电源的基本性能调试

[工作任务]

1. 关键点电压测量

在LWT2005ATX型PC电源(图2-28)中，启动电源，测量关键点电压、电压比较放大器LM339N引脚电压、脉宽调制集成电路KA7500B各引脚电压，分别记录在表2-7、表2-8和表2-9中。

表2-7 开关电源电路主要三极管实测电压值

电路代号	元器件型号	标准电压值/V			实测电压值/V		
		B	C	E	B	C	E
Q_1	C1815	1.2	−1.5	0			
Q_2	A1015	2.6	−2.5	3.3			
Q_3	C1815	1.8	4.4	1.4			
Q_4	C1815	1.8	4.4	1.4			
Q_{01}	C4106	−1.5	280	140			
Q_{02}	C4106	0	140	0			
Q_{03}	BUT11A	−2.2	280	0			
电路代号	元器件型号	标准电压值/V			实测电压值/V		
		G	S	D	G	S	D
D_{21}	S30SC4M	0	0	5			
D_{22}	BYQ28E	5	5	12			
D_{23}	B2060	0	0	3.3			
电路代号	元器件型号	标准电压值/V			实测电压值/V		
		K	A	G	K	A	G
IC_4	TL431	3.8	0	2.4			
IC_5	TL431	2.6	0	2.4			

表2-8 电压比较放大器LM339N引脚功能及实测数据

引脚	引脚功能	工作电压值/V	实测电压值/V	在路电阻值/kΩ	
				正向	反向
1	电压取样比较器正端	4		8.5	13
2	反馈信号反相输入端	0		8.5	13.8
3	电源输入端	5		4	4
4	反馈信号同相输入端	1.2		11	13
5	电流取样输入端	0.8		10.5	26.4
6	电子开关启动端	1		10.5	24.4
7	电流取样输出端	1.2		11	20

续表

引脚	引脚功能	工作电压值/V	实测电压值/V	在路电阻值/kΩ	
				正 向	反 向
8	电压取样输出端	1.2		9.5	11
9	P.G 信号同相控制端	1.2		11	∞
10	电压取样输入端	1.4		10	15.5
11	P.G 信号反相控制端	1.6		11.5	120
12	地	0		0	0
13	P.G 信号输出端	5		3.6	8
14	电压取样比较器负端	1.8		9.5	25

说明：当用表笔测量 LM339N 的 11 脚电压时，电脑重新启动，这属于正常现象。

表 2-9　　脉宽调制集成电路 KA7500B 各引脚功能及实测数据

引脚号	引脚功能	工作电压值/V	实测电压值/V	在路电阻值/kΩ	
				正向	反向
1	电压取样比较器同相输入端	4.8		4.5	7
2	电压取样比较器反相输入端	4.6		8	8.8
3	反馈控制端	2.2		9.2	∞
4	脉宽调制输出控制端(死区控制端)	0		9.5	19
5	振荡 1	0.6		9	12.6
6	振荡 2	0		9	21
7	地	0		0	0
8	脉宽调制输出 1	2		7.5	21
9	地	0		0	0
10	地	0		0	0
11	脉宽调制输出 2	2		7.5	21
12	电源输入端	19		6.2	17
13	输出方式控制端	5		4	4
14	电压取样比较器负端	5		4	4
15	电流取样比较器反相输入端	5		4	4
16	电流取样比较器同相输入端	2		7.5	8

说明：ATX 开关电源电压比较放大器 LM339N 和脉宽调制集成电路 KA7500B 各引脚功能及实测数据见表 2-8、表 2-9，表中电压数据以伏特(V)为单位，用南京产 MF47 型万用表 10 V、50 V、250 V 直流电压挡，在 ATX 电源脱机检修好后，连接主机内各部件正常工作状态下测得；在路电阻数据以千欧(kΩ)为单位，用 $R\times1$ k 挡测得，正向电阻用红表笔测量，反向电阻用黑表笔测量，另一表笔接地。

2. PC 电源指标测量

(1)按图 2-25 所示连接好设备，启动 PC 开关电源。

数字示波器的使用

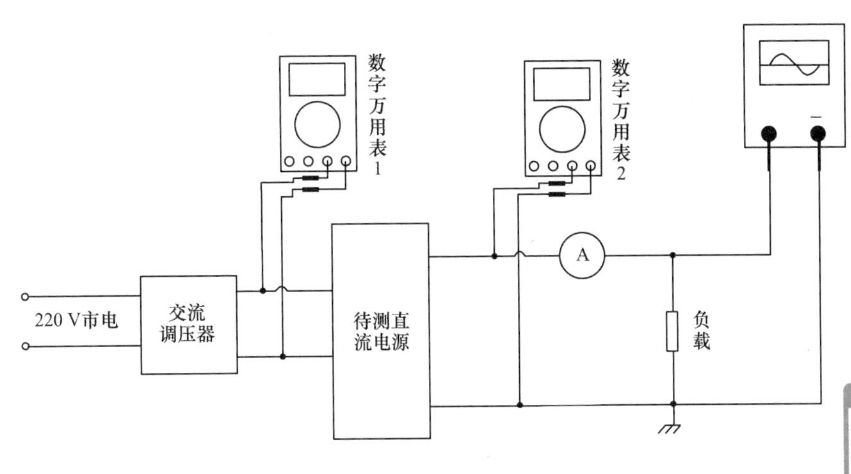

图 2-25 稳压电源性能指标测试连接电路

HG2020一示波器

(2)电压调整率的测试

调节交流调压器的输出电压(电源电压)为+220 V(用数字万用表1交流电压750 V挡监测),输出端所接负载不变,待测直流电源输出电压+3.3 V端调至+3.3 V(用数字万用表2直流电压10 V挡监测),测量输入电源电压改为198 V、242 V时的各个输出电压值。

待测直流电源输出端接上滑动变阻器,改变负载为0.5 Ω(即 I_O=6.6 A),模拟电网电压(±10%)的波动,即:

①改变交流调压器输出电压为198 V(用数字万用表1监测),观察待测直流电源输出直流电压的值(用数字万用表2测量),并记入表2-10中。

②改变交流调压器输出电压为242 V(用数字万用表1监测),观察待测直流电源输出直流电压的值(用数字万用表2测量),并记入表2-10中。

表 2-10 电压调整率的测试(I_O=6.6 A)

测试值		计算值
交流调压器输出电压 U_I/V	电源输出直流电压 U_O/V	K_V
198		K_{V1}=
220	+3.3	
242		K_{V2}=

$$K_{V1}=\frac{U_{220}-U_{198}}{U_{220}}\times 100\%$$

$$K_{V2}=\frac{U_{242}-U_{220}}{U_{220}}\times 100\%$$

取大者为电压调整率。

(3)电流调整率的测试

恢复交流调压器输出电压为220 V(用数字万用表1监测)不变,负载为0.5 Ω(即 I_O=6.6 A)时,待测直流电源输出电压+3.3 V端调至+3.3 V(用数字万用表2监测),再改变滑动变阻器位置(即改变负载电流),观察电源输出电压变化情况,并记入表2-11中。

①待测直流电源输出端不接负载(即空载时),用数字万用表2测量电源输出电压值,并记入表2-11中。

②待测直流电源输出端接上负载,调节负载为满载,用数字万用表2测量电源输出电压值,并记入表2-11中。

表2-11 电流调整率测试($U_I=220$ V)

测试值		计算值
I_O/A	电源输出直流电压 U_O/V	K_I
空载		$K_{I1}=$
6.6	3.3	
满载		$K_{I2}=$

$$K_{I1}=\frac{U_{O1}-U_O}{U_O}\times 100\%$$

$$K_{I2}=\frac{U_{O2}-U_O}{U_O}\times 100\%$$

数字示波器

取大者为电流调整率。

注意:测试时间要短,防止滑动变阻器因过热而损坏。

(4)纹波电压的测试

调节交流调压器输出电压为220 V,待测直流电源输出电压+3.3 V端调至+3.3 V,负载电流为6.6 A。示波器接至负载两端。

①打开示波器电源开关,预热15 s,显示屏上出现一条水平扫描线。

②示波器显示方式选择CH1通道,输入耦合方式拨至AC挡,垂直灵敏度旋钮顺时针旋至5 mV/div,观察输出波形。波形波动的峰值即纹波电压的大小,并记录到表2-12中。

③关闭电源,改示波器为低频毫伏表,观察毫伏表上的示数,即纹波电压的有效值。

④改变负载,再观察纹波电压的变化情况。

表2-12 输出纹波电压的测试 mV

测试项目	纹波电压
指标要求	≤16.5 mV
$U_I=220$ V $U_O=3.3$ V $I_O=6.6$ A	

(5)电源功率的测试

①PC电源的参数

表2-13为YH150SFX ATX智能化绿色开关电源的参数。要准确测试PC电源的功率,最好的方法是检测电源各路输出的最大电流。但要检测电源各路输出的最大电流,还要考虑各路输出电压的误差范围,不易做到。

表 2-13　　YH150SFX ATX 智能化绿色开关电源的参数

产品型号	YH150SFX
交流电压输入范围	AC 180～264 V
输入频率范围	47～63 Hz
输出功率	150 W
各路输出电流	+5 V:21 A,+12 V:6 A,−12 V:0.8 A,−5 V:0.3 A,+3.3 V:14 A,+5 VSB:1.5 A
输出电压变化范围	+5 V:5%,+12 V:5%,−12 V:10%,−5 V:10%,+3.3 V:5%,+5 VSB:5%
效率	满载时>70%
+5 V 电压保护范围	5.6～7.0 V

PC 电源的电压范围应该见表 2-14,对+5 V、+12 V 和+3.3 V 电压的误差率为 5%左右,对−12 V 和−5 V 电压的误差率为 10%左右,这是一个至关重要的指标,电压太低计算机无法工作,电压太高会烧毁计算机。

表 2-14　　某 PC 电源输出电压的稳定性

输出电压	最小	标准	最大	单位
+5 V	+4.75	+5.00	+5.25	V
+12 V	+11.20 +11.40	+12.00	+12.80 +12.60	V
−12 V	−11.00 −10.80	−12.00	−13.00 −13.20	V
−5 V	−4.75 −4.5	−5.00	−5.25 −5.5	V
+5 VSB	+4.75	+5.00	+5.25	V
+3.3 V	+3.15	+3.30	+3.45	V

对输出电压的纹波还有较高的要求,电源输出的各路直流电压,其交流成分越小越好,纹波太大会对各种芯片有不良影响。标准的纹波大小见表 2-15。

表 2-15　　输出电压纹波的标准

输出电压	+5 V	+12 V	−5 V	−12 V	+5 VSB	+3.3 V
纹波/mV	100	150	100	150	100	80

最终通过检测电源的各路主电压的负载压降和纹波系数来得出各路输出电压的最大电流。

②测试步骤

测各路输出电压的最大输出电流,要注意的是:由于电路中都是以+5 V 电压为基准来调整各路电压的,如果+5 V 电压空载,其他各路电压的输出会大幅降低,所以测其他各路电压的最大电流时,+5 V 电压输出端的负载电阻不能去掉。测量的方法是在各路电压输出端接上不同阻值的电阻,然后将该负载电阻值逐渐减小,当所测的输出电压值超出该路电压的稳定范围时,记下此时的电流值并填入表 2-16 中,作为最大电流。

表 2-16　　电源各路输出的最大电流

项目	实例测试数据			现测数据		
输出端电压/V	+3.3	+5	+12	+3.3	+5	+12
负载电阻/Ω	0.5	0.8	5			
负载电流/A	6.6	6.3	2.4			
电压值/V	+3.1	+4.5	+11			

从表 2-16 中的实例测试数据可以看出，电源能工作的最大电流和电源外壳上的标称值是有很大的差距的。如果按电压乘电流的方法计算功率的话，以上三路输出的功率只有(3.3×6.6+5×6.3+12×2.4)W，近似等于 80 W，再加上其他各路输出，该电源的实际输出功率也就 100 W 左右。另外，由于各路输出不可能同时达到最大电流，所以，测得的能同时达到的最大输出电流才有意义。

现测数据的功率是________ W。

一般地，只测 PC 电源的功率，其方法是：首先看一下电源中采用的功率开关管，市售电源中，大部分兼容电源中采用的功率开关管型号都为 MJE13007（有的采用 MJE13005)，查一下晶体管手册，得知该管的参数为 75 W/400 V/8 A，双管功率只有 150 W，再算上开关电源最大约 70%的转换效率，其实能计算出输出的功率只有 100 W 左右。

其次看一下整流输出电路中采用的快速整流对管，市售廉价电源中，不论是+3.3 V 还是+5 V 或+12 V，其整流对管一律采用 MUR1640(16 A/40 V)，可厂家标称的+5 V 电压的输出电流可是 21 A。

最后看一下电源开关电路中采用的开关变压器，变压器磁芯截面积小，所用的漆包线的线径细，变压器的功率也不可能大。

[知识拓展]

3. 开关电源的电磁兼容性

电磁兼容性(EMC)是指设备或系统在其电磁环境中符合要求运行，不对其环境中的任何设备产生过强的电磁干扰的能力。因此，EMC 包括两个方面的要求：一方面是指设备在正常运行过程中对所在环境产生的电磁干扰不能超过一定的限值；另一方面是指设备对所在环境中存在的电磁干扰具有一定程度的抗扰度，即电磁敏感性。

产生电磁兼容的三个要素为：干扰源、传播途径及受干扰体。一般可分为共阻抗耦合、线间耦合、电场耦合、磁场耦合和电磁波耦合等五种。

(1)共阻抗耦合，主要是干扰源与受干扰体在电气上存在共同阻抗，通过该阻抗使干扰信号进入受干扰对象。

(2)线间耦合，主要是产生干扰电压及干扰电流的导线或 PCB 线，因并行布线而产生的相互耦合。

(3)电场耦合，主要是由于电位差的存在，产生的感应电场对受干扰体产生的耦合。

(4)磁场耦合,主要是大电流的脉冲电源线附近产生的低频磁场对干扰对象产生的耦合。

(5)电磁波耦合,主要是脉动的电压或电流产生的高频电磁波,通过空间向外辐射,对相应的受干扰体产生的耦合。

在开关电源中,电磁兼容产生的主要原因是:

(1)主功率开关管在很高的电压下,以高频开关方式工作,开关电压及开关电流所含的高次谐波的频谱可达方波的1000倍以上。同时,由于电源变压器的漏电感及分布电容,主功率开关器件的工作状态不理想,在高频开或关时,常常产生高频高压的尖峰谐波振荡。该谐波振荡产生的高次谐波,通过开关管与散热器间的分布电容传入内部电路或通过散热器及变压器向空间辐射。

(2)用于整流及续流的开关二极管,也是产生高频干扰的一个重要原因。整流及续流二极管工作在高频开关状态,由于二极管的引线寄生电感、结电容的存在以及反向恢复电流的影响,二极管工作在很高的电压及电流变化率下,从而产生高频振荡。因整流及续流二极管一般离电源输出线较近,其产生的高频干扰最容易通过直流输出线传出。

(3)开关电源为了提高功率因数,均采用了有源功率因数校正电路。为了提高电路的效率及可靠性,大量采用了软开关技术。该技术极大地降低了开关器件所产生的电磁干扰。但软开关多利用 L、C 进行能量转移,利用二极管的单向导电性实现能量的单向转换,因而,谐振电路中的二极管成为电磁干扰的一大干扰源。

(4)开关电源中,一般利用储能电感及电容器组成 LC 滤波电路,实现对差模及共模干扰信号的滤波。由于电感线圈分布电容的存在,电感线圈的自谐振频率降低,从而使大量的高频干扰信号穿过电感线圈,沿交流电源线或直流输出线向外传播。不正确地使用滤波电容及引线过长,也是产生电磁干扰的一个原因。

(5)开关电源PCB布线不合理、结构设计不合理、电源线输入滤波不合理、输入/输出电源线布线不合理、检测电路的设计不合理,均会导致系统工作的不稳定或减弱对静电放电、电快速瞬变脉冲群、雷击、浪涌及传导干扰、辐射干扰及辐射电磁场等的抗干扰能力。

针对电磁兼容性产生的原因,要解决开关电源的电磁兼容性,可从减小干扰源产生的干扰信号、切断干扰信号的传播途径和增强受干扰体的抗干扰能力等三方面入手。

(1)对开关电源产生的对外干扰,如电源线谐波电流、电源线传导干扰、电磁场辐射干扰等,只能用减小干扰源的方法来解决。一方面,可以改变输入/输出滤波电路的设计,改善有源功率因数校正(APFC)电路的性能,减少开关管及整流、续流二极管的电压、电流变化率,采用各种软开关电路拓扑及控制方式等;另一方面,加强机壳的屏蔽效果,改善机壳的缝隙泄漏,并进行良好的接地处理。

(2)对外部的抗干扰能力,如浪涌、雷击,应优化交流输入及直流输出端口的防雷能力。通常,可采用氧化锌压敏电阻与气体放电管等的组合方法来解决。对于静电放电,通常在通信端口及控制端口的小信号电路中,采用TVS管(瞬变电压抑制二极管)及相应的接地保护、加大小信号电路与机壳等的电距离,或选用具有抗静电干扰的器件来解决。快速瞬变信号含有很宽的频谱,很容易以共模的方式传入控制电路内,可采用与防静电相同的方法并减小共模电感的分布电容、加强输入电路的共模信号滤波(如加共模电容或插入损耗型的铁氧体磁环等），来提高系统的抗干扰性能。

（3）减小开关电源的内部干扰，实现其自身的电磁兼容性，提高开关电源的稳定性及可靠性，应从以下几个方面入手：①注意数字电路与模拟电路PCB布线的正确区分、数字电路与模拟电路电源的正确去耦；②注意数字电路与模拟电路单点接地、大电流电路与小电流电路特别是电流、电压取样电路的单点接地，以减小共阻干扰、地环路干扰的影响；③布线时注意相邻线间的间距及信号性质，避免产生串扰；④减小地线阻抗；⑤减小高压大电流线路特别是变压器原边与开关管、电源滤波电容电路所包围的面积；⑥减小输出整流电路及续流二极管电路与直流滤波电路所包围的面积；⑦减小变压器的漏电感、滤波电感的分布电容；⑧采用谐振频率高的滤波电容等。

（4）关于传播途径，有如下问题值得注意：小信号电路是抗外界干扰的最薄弱环节，适当地增加抗干扰能力强的TVS及高频电容、铁氧体磁珠等元器件，以提高小信号电路的抗干扰能力；与机壳距离较近的小信号电路，应做适当的绝缘耐压处理等。功率器件的散热器、主变压器的电磁屏蔽层要适当接地，综合考虑各种接地措施，有助于提高整机的电磁兼容性。各控制单元间的大面积接地用接地板屏蔽，可以改善开关电源内部工作的稳定性。在整流器的机架上，要考虑各整流器间的电磁耦合，整机地线布置，交流输入中线、地线及直流地线、防雷地线间的正确关系，电磁兼容量级的正确分配等。

4. 功率因数校正技术

对开关电源来讲，功率因数校正技术是一门新兴的技术，它对提高开关电源效率发挥了重要的作用。

（1）功率因数校正技术的标准

传统的开关电源，功率因数为0.45～0.75，效率极低，而且高次谐波含量高。采用了功率因数校正技术的电源，功率因数可以提高到0.95～0.99。

开关电源功率因数校正的概念起源于1980年。欧洲和日本相继对开关电源的谐波提出了控制标准，目前有两个沿用的标准：IEC555-2和IEC1000-3-2。

（2）功率因数校正的基本原理

如果输入整流电路之后直接接电阻性负载，则整流后的波形为正弦波，功率因数基本为1，高次谐波成分很低。

但由于实际电路中L、C滤波等的作用，电流、电压造成相差，而且电容的充放电电流、电感的电压等都会造成尖脉冲，从而造成高次谐波的产生和功率因数的明显减小。

增大功率因数的方法，就是在整流电路和变换器之间插入一级隔离电路，使得输入电路的综合负载接近于电阻性，则功率因数可增大到近似为1。

（3）功率因数校正电路（PFC）

实际的功率因数校正电路有两类：

无源校正电路——依靠无源元器件电路改善功率因数，减小电流谐波，其电路简单，但体积庞大，现在很少采用。

有源校正电路——在输入电路和DC/DC变换器之间插入一个变换器，通过特定控制电路使得电流跟随电压，并反馈输出电压使之稳定，从而使DC/DC变换器实现预稳。这个方案电路复杂，但体积明显减小，因而成为PFC技术的主要研究方向。

对有源 PFC 技术，原来采用两级变换器，第一级专门作为 PFC 前置级，第二级用于 DC/DC 变换。现在开始研究单级变换器，即把相关可以合并的部分做到同一级中，形式上类似于一级变换器电路。现在主要开发的 PFC 集成控制电路，如 UC3854、UC3858、TDA16888、FA5331P、FA5332P 等，都属于这类控制芯片。

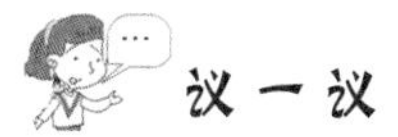

议一议

[小结]

(1)测量开关电源的电压时，应注意区分“热地”与“冷地”。“热地”是指带 220 V 交流电压的“地”，在印制板上用非常明显的标志如粗白线围起来。测量“热地”部分电路的电压，必须用“热地”做“地”，否则由于“冷地”电压大大低于测量电压，会烧坏仪表。而“冷地”则是通常不带电的“地”，测量“冷地”部分电路的电压，必须用“冷地”做“地”，否则由于“热地”电压大大高于测量电压，会反向烧坏仪表，甚至导致触电。

(2)串联型开关电源的“地”大多是“热地”，并联型开关电源的“地”大多是“冷地”。

(3)开关电源直接用 220 V 高压整流，易发生触电事故，在测试开关电源时最好使用隔离变压器。

(4)测试过程要规范，否则测试结果误差大，就失去了测试的目的。

想一想

[思考题]

(1)在用带有漏电保护器的市电供电时，测试 Q_{03} 集电极波形一定要使用________变压器，否则漏电保护器会动作(跳闸)。

(2)测量高电压的波形时，要事先接好示波器，________(可以/不可以)带电更换探头位置。

(3)通常开关电源具有电压范围宽的特性，A 点的输入电压范围很宽，从________V 到________V 都能工作。

(4)Q_{03} 集电极电压是________V，是由高压整流而得到的，具有较大的危险性，操作时必须特别小心。

任务 2.4 PC 电源的维修

学习目标

✧ 了解 PC 开关电源技术的工作原理和信号流程；

✧ 了解开关电源电路并能对其进行维修。

工作任务

✧ 判断故障；

✧ 维修开关电源电路的典型故障；

✧ 学会填写维修报告。

读一读

2.4.1 PC 电源的信号流程

如图 2-26 所示为常见 PC 电源的原理框图。220 V 交流电经过第一、二级 EMI 滤波后变成较纯净的 50 Hz 交流电，经全桥整流和滤波后输出 300 V 的直流电压。300 V 直流电压同时加到主开关管、主开关变压器、待机电源开关管、待机电源开关变压器。由于此时主开关管没有开关信号，处于截止状态，所以主开关变压器上没有电压输出，图 2-26 中 P1 主电源接头为－12 V 至＋3.3 V，六路电压均没有输出。

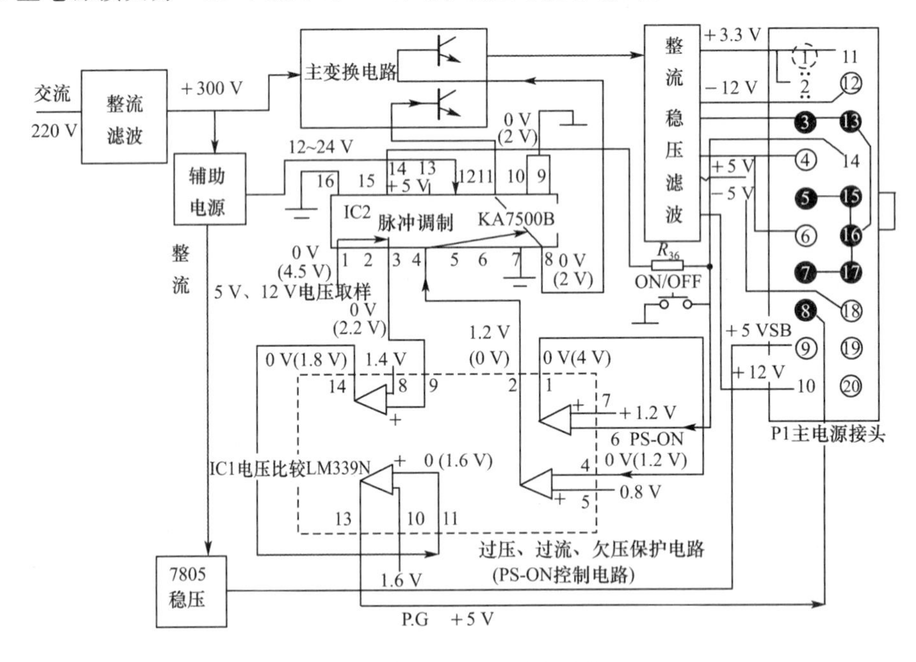

图 2-26　常见 PC 电源的原理框图

同时，300 V 直流电加到待机电源开关管和待机电源开关变压器后，由于待机电源开关管被设计成自激式振荡方式，待机电源开关管立即开始工作，在待机电源开关变压器的次级上输出两组交流电压，经整流滤波后，输出＋5 VSB 和＋24 V 电压。

＋24 V 电压专门为主控 IC 供电，加到 KA7500B 的 12 脚，同时从 KA7500B 的 14 脚输出＋5 V 基准电压，锯齿波振荡器也开始起振工作。若主机未开机，PS-ON 信号为高电平，使 LM339N 的 6 脚亦为高电平，因 6 脚电平高于 7 脚电平，LM339N 的比较器输出端 1 脚输出低电平，4 脚亦为低电平，其电平低于同相端 5 脚的电平，输出端 2 脚呈高电平，使 KA7500B 的 4 脚为高电平，封锁了振荡器，其 8 脚、11 脚无脉冲输出，ATX 电源无＋3.3 V、±5 V、±12 V 电源输出，主机处于待机状态。因＋5 V、＋12 V 电源输出为零，KA7500B 的 1 脚电平亦为零，KA7500B 的比较器的输出端 3 脚输出亦为零，使 LM339N 的 9 脚亦为零电平，故 LM339N 的比较器的输出端 14 脚为零电平。另外，LM339N 的 1 脚低电平信号使 14 脚为低电平，导致 11 脚亦为低电平，因此输出端 13 脚为低电平，也就是P.G信号为低电平，主机不会工作。开启主机时，通过人工或遥控操作闭合了与PS-ON相关的开关，即图2-26中的ON/OFF时，PS-ON对地短路，呈低电平，使LM339N的反相端6脚为低电平，因7脚为高电平，经内部比较器，1脚输出高电平。正常工作时，5脚电平低于4脚电平，2脚输出低电平送到KA7500B的4脚，使4脚的电平变为低电平，锯齿波振荡信号可以从死区时间比较器输出脉冲信号，另一方面，振荡信号送到了PWM比较器的同相输入端，PWM比较器输出的脉冲信号的宽度，则是由KA7500B的1脚的电平(也就是负载的大小)与16脚的电平来决定的。PWM比较器输出的脉冲信号，最后经缓冲放大器放大后，从8脚、11脚输出，脉冲信号经推动变压器加到主开关管的基极，使主开关管工作在高频开关状态。主开关变压器输出各组电压，经整流和滤波后得到各组直流电压±5 V、±12 V、+3.3 V电源，输出到主板。但此时主板上的CPU仍未启动，此过程因LM339N的2脚电容(通常为4.7 μF/50 V)的充电有数百毫秒的延时，主机仍未开机。图2-28中KA7500B的1脚从+5 V、+12 V取样后其电平略高于2脚电平，3脚输出高电平，使LM339N的9脚得到高电平，其电平高于8脚电平，因而14脚输出高电平，此电平经电阻与基准+5 V电源通过R_{64}共同对C_{39}充电，经数百毫秒后，11脚电平升到高于10脚电平时，LM339N的迟滞比较器13脚输出高电平，此电平经电阻反馈至11脚，维持11脚处于高电平状态，故13脚输出稳定的高电平P.G信号，主机检测到此信号后即开始正常工作。值得注意的是：P.G信号必须等+5 V的电压从零上升到95%以后，即IC检测到0 V上升到4.75 V时，才会发出P.G信号，使CPU启动，电脑正常工作。当用户关机时，主板20芯插头的绿色线(PS-ON)处于高电平，IC内部立即停止振荡，主开关管因没有脉冲信号而停止工作；−12 V至+3.3 V的各组电压降为零；电源处于待机状态。输出电压的稳定则是依赖对脉冲宽度的改变来实现的，这就叫作脉宽调制(PWM)。由高压直流到低压多路直流的这一过程也可称为DC−DC变换，是开关电源的核心技术。采用DC−DC变换的显著优点是大大提高了电能的转换效率，典型的PC电源效率为70%～75%，而相应的线性稳压电源的效率仅有50%左右。

保护电路的工作原理：在正常使用过程中，当IC检测到负载处于短路、过流、过压、欠压、过载等状态时，IC内部发出信号，使内部的振荡停止，主开关管因没有脉冲信号而停止工作，从而达到保护电源的目的。

由上述原理可知，即使关闭了电脑，如果不切断交流输入端的信号输入，待机电源是一直工作的，仍有5～10 W的功耗。

2.4.2 PC电源关键检测点

(1)+5 VSB，正常数据：+5 V；

(2)PS-ON信号，正常数据：0 V；

(3)P.G信号，正常数据：+5 V；

(4)KA7500B的12脚，正常数据：+12～+20 V；

(5)LM339N的3脚，正常数据：+5 V；

(6)KA7500B 的 8 脚、11 脚,正常数据:+2 V;

(7)KA7500B 的 4 脚,正常数据:0 V。

具体检测方法:脱机带电检测 ATX 电源,首先在待机状态下,因 ATX 电源只要接上交流+220 V,其整流滤波及辅助电源便开始工作,ATX 插头 9 脚(+5 VSB)输出+5 V,其余输出为 0 V,电源自身风扇不转。短接绿线(PS-ON)与黑线(GND)后,如果电源工作正常,LM339N 的 13 脚应为+5 V,9 脚应输出高电平+2.2 V,其余输出正常,电源自身风扇应转动。再测 KA7500B 的 12 脚应有+12～+20 V 的工作电压,13～15 脚应有稳定的+5 V 电压,4 脚应为 0 V,8 脚、11 脚应有+1.5～+2 V 的输出电压,LM339N 的 3 脚应有+5 V 电压。哪点电压异常,就检查哪点相应的支路,从而查出故障元器件。

2.4.3 PC 电源常见故障分析

(1)无 300 V 直流电压。

这种故障的检查,首先应从交流输入插座查起,保险管、整流二极管(桥)、滤波电容是容易损坏的元器件。找到损坏元器件后,还要检查主变换电路大功率开关管及其附属电路,在保证其正常的情况下,才可以加电,因为这种故障通常是大功率元器件损坏后引起的。大功率管多采用 MJE13007(400 V/8 A/75 W),是故障率最高的元器件,更换时要选用性能参数等于或高于原参数的管子,要注意两个管子的基础参数应一致。

(2)通电后辅助电源正常,启动电源各路主电压无输出。

这种故障有两种可能,一是主变换电路有故障,二是控制部分损坏。首先静态检查半桥功率管及其附属电路和驱动电路,若无故障,检查 KA7500B 的 4 脚在 PS-ON 信号为低电平时是否变为低电平,若无变化,则是 PS-ON 处理电路故障,有变化,再检查 8 脚、11 脚有无脉冲输出,若无脉冲输出则表明 KA7500B 损坏。

(3)有 300 V 直流电压,辅助电源不工作。

这是最常见的故障。表现为+300 V 正常,无+5 VSB 电压,KA7500B 的 12 脚无电压,可以判定是辅助电源故障。典型的单管自激式开关电源电路,变压器 T3 次级有两路输出,一路经整流滤波再由 7805 稳压,输出+5 VSB 电压;另一路经整流滤波后,直接加在 KA7500B 的 12 脚,作为 KA7500B 的工作电源,由于 KA7500B 的可工作电压范围较宽(7～40 V),这一路没有稳压措施。KA7500B 的 14 脚输出基准+5 V(V_{REF})电压,提供给保护电路、P.G 产生电路和 PS-ON 处理电路,作为这些电路的工作电压。由于电路简单,没有完善的稳压调控及保护电路,辅助电源电路成为 ATX 电源中故障率较高的部分,容易损坏的元器件有功率管和功率电阻(4.7 Ω),特别是功率管的启动电阻(300 kΩ)。另外,辅助电源出现故障,输出电压过高时,也可能造成被其供电的电路元器件损坏。

(4)各路电压正常,无 P.G 信号。

在电源加电后,辅助电源首先建立 V_{REF}(LM339N 的电源也为 V_{REF}),KA7500B 的 3 脚提供较低电压,三极管 A733 导通,LM339N 的 1 脚输出低电平。当 ATX 电源的主变换电路工作时,KA7500B 的 3 脚维持较高电平,V_{REF} 通过电容(4.7 μF)充电,延迟一段时间后，输出+5 V的P. G信号，主机开始工作。当电源输出电压减小时，检测电路送到KA7500B的检测电压也随之减小，如果电压减小超过额定范围，KA7500B的3脚电平将降为低电平，使LM339N的1脚输出低电平，主机停止工作。出现上述故障，一般是由于LM339N集成电路损坏，P. G信号恒为低电平。这部分电路由于工作电压较低，阻容元器件很少发生故障。将损坏的元器件更换后，即可排除该故障。此类为最常见故障，主要表现为电源不工作。在主机确认电源线已连接好(有些有交流开关的电源其开关要拨到开状态)的情况下，开机无反应，显示器无显示(显示器指示灯闪烁)：

(5)无输出又分为以下几种：

①+5 VSB无输出。

+5 VSB在主机电源一接到交流电时就应有正常+5 V输出，并为主板启动电路供电。因此，+5 VSB无输出，主板启动电路无法动作，将无法开机。

故障查找方法：将电源从主机中拆下，接好主机电源交流输入线，用万用表测量电源输出到主板的20芯插头中的紫色线(+5 VSB)的电压，如无输出电压则说明+5 VSB线路已损坏，需更换电源。对有些带有待机指示灯的主板，无万用表时，也可以用指示灯是否亮来判断+5 VSB是否有输出。此种故障显示电源内部有器件损坏，保险丝很可能已熔断。

②+5 VSB有输出，但主电源无输出。

待机指示灯亮，但按下开机键后电源无反应，风扇不动。此现象显示保险丝未熔断，但主电源不工作。

故障查找方法：将电源从主机中拆下，将20芯插头中的绿色线(PS-ON)对地短路或接一小电阻对地使其电压在+0.8 V以下，此时，电源仍无输出且风扇无转动迹象则说明主电源已损坏，需更换电源。

③+5 VSB有输出，但主电源保护。

故障查找方法：制造工艺的缺陷或器件早期失效均会造成此现象。此现象和②的区别在于开机时风扇会抖动一下，即电源已有输出，但由于故障或外界因素而发生保护。为排除电源负载(主板等)损坏、短路或其他因素，可将电源从主机中拆下，将20芯插头中的绿色线对地短路，如电源输出正常，则可能为：电源负载损坏导致电源保护，更换损坏的电源负载；电源内部异常导致保护，需查保护电路；电源和负载配合，兼容性不好，导致在某种特定负载下发生保护，此种情况需做进一步分析。

(6)电源正常，但主板未给出开机信号。

故障查找方法：此种情况下也表现为电源无输出，可通过万用表测量20芯插头中的绿色线对地电压是否在主机开机后减小到0.8 V以下，若未减小或未在0.8 V以下，则可能导致电源无法开机。

(7)通电后，有+5 VSB，绿色线有5 V电压，短接时风扇转一下就停。

故障查找方法：风扇转一下就停说明存在短路，电源发生保护。重点检查各路输出电压的整流二极管和电容。

(8)通电后,有+5 VSB,绿色线有 5 V 电压,短接时风扇转几下才停。

故障查找方法:短接时风扇转几下才停,说明电源有一路过压,引起电源保护。重点检查各路输出电压的整流二极管、电容,尝试更换光耦 TL431,沿着 KA7500B 的 1 脚、2 脚,测与它们相连的电阻、电容等是否损坏。

(9)各路电压都正常,但带负载轻。

故障查找方法:部分元器件老化,功率减小。重点怀疑对象:200 V 大电容、初级开关管、各路输出电压的整流二极管和电容。

(10)各路电压都正常,但开机有尖叫声。

故障查找方法:基于经验,更换各路输出电压的电容。

(11)各路或几路电压偏低或偏高。

故障查找方法:重点怀疑对象是各路输出电压的整流二极管、电容,尝试更换光耦、KA7500B,沿着 KA7500B 的 1 脚、2 脚测试电路。

(12)电源插电就运行。

故障查找方法:应该是绿色线被拉低,可以沿着绿色线检查 LM339N、KA7500B 之间的线路,如果线路上的元器件都正常的话,可以试着更换 LM339N、KA7500B。

出现电源尖叫这种不正常情况时,要查 KA7500B 的 8 脚、11 脚电压。

2.4.4 PC 电源检修流程

ATX 电源大部分元器件是分立元器件,故障率在微机各部件中是最高的。现主要以市场上占有率较大、使用 KA7500B(TL494)及 LM339N 集成电路做控制元器件的 ATX 电源为例介绍 ATX 电源的检修流程。

ATX 电源出了故障后,可打开电源机箱,检查有无明显烧坏的元器件,保险丝是否已烧断,辅助电源的晶体管以及主变换电路的两只三极管及两只大电解电容是否击穿。经验表明这几个地方是最容易出现故障的地方。图 2-28 中常见的原因有整流二极管损坏、滤波电容击穿或漏电、开关管 Q_{03} 损坏或者其他部分对地严重短路。保险丝烧毁后必须更换同型号的延时保险,不能随意用其他导线或保险丝替换,烧毁保险丝一般表明存在较严重的故障,此时应慎重对待。如果以上各元器件均完好,则可通电进行试验。为安全起见,最好在电源的输入端串联一个 220 V、60~100 W 的灯泡。因为许多故障很难一下子就找到原因,万一通电后有短路故障,灯泡全亮而不会扩大事故。此外,在电源负载端+5 V 处应连接一个负载,最简单的办法是接一只 6 V/0.3 A 的小灯(小灯的两端一端接四芯插头的红线,另一端接黑线),小灯冷态时电阻仅为几欧姆,接上后电源就不是空载的了。有的电源设有空载保护,不接负载就可以通电,正常情况下电源也不会有输出。

用小灯还有一个好处,只要电源有输出,小灯就点亮了,起到指示作用。若电源无短路,且整流桥及两只滤波大电解电容均完好,通入交流电后 60 W 灯泡会亮一下(两个大电解电容充电)接着就熄灭,这时可查看是否有+5 V 输出(注意应先把 20 芯插头的

14 脚 PS-ON 接地,即用一条导线一头接 14 脚(一般为绿色线),另一头接黑色线 15 脚、16 脚或 17 脚均可)。若无输出,可检查集成电路 7805 的输入端及 KA7500B 的 12 脚有无直流电压。正常时前者几伏到十几伏,后者十几伏到二十几伏。若无电压,表示辅助电源尚未工作。可断开电源进一步检查辅助电源各元器件是否完好,重点检查辅助电源开关三极管、稳压电路和辅助电源的反馈支路。辅助电源部分检查的重点是开关管,正常情况下辅助电源工作在振荡状态下,用万用表测开关管基极为负压。常见的故障是启动电阻开路未引起电路起振,除此之外就应逐步检查反馈等支路。这些元器件较之其他电阻更容易损坏,最后才检查电阻是否存在故障。

机型不同,稳压管(块)的稳压值也不尽相同,一般在 6 V 左右。若损坏了千万别用普通二极管代替,这会使输出电压大大增加,可能损坏 KA7500B 及其他元器件。再就是负压整流后的负压滤波电解电容,在有的机型中也较易损坏。因为脉冲变压器产生的正向尖脉冲通过整流二极管结电容叠加在负压上,而电解电容对高频电流的滤波性能不好因而损坏,一般这种情况电解电容会发热。如果经常出现损坏的情况,也可在滤波电解电容上并联瓷片电容。

如果辅助电源的各元器件都完好,仍不能工作,可能与次级电路或脉冲变压器有关。可把次级输出的两个支路的整流二极管从板子上拆下接负载的那一端,然后将这一端接上作为负载的电阻(接一个 1/2 W、50～100 Ω 的电阻)再试。若仍然不能工作,多数是三极管、二极管、稳压管损坏。在检修辅助电源时,为了安全起见,最好在+310 V 直流电源到辅助电源的支路中串联一个 6.3 V/0.1 A 的小灯(不要使用 6.3 V/0.3 A 的小灯)和一个 50 Ω 的电阻。若辅助电源或负载出现短路,往往会烧毁管子,串联了小灯与电阻后就不会了,最多把小灯烧掉。检修完后再把串联的电阻取下,但小灯最好仍然接上,可起到保护辅助电源的作用。

还要注意另一种情况:辅助电源虽可以工作,但输出电压较高。可能是脉冲变压器初级高压尖峰吸收电路未焊接好或电容、电阻坏了,重新焊接或更换电容、电阻就可以解决了。但要注意电容的耐压,要用耐 1 kV 或 2 kV 的电容。

接下来再检查主变换器,重点检查两个逆变功率三极管及周围的二极管等元器件。其中两个功率三极管是最容易损坏的。接着再检查推动级的两个三极管以及各个二极管、脉冲输出变压器的各整流块、整流管以及±5 V、±12 V、+3.3 V 端对地是否短路,若一切正常就可通电实验(在+5 V 端接一个 6.3 V 小灯,并把 PS-ON 接地)。通电后小灯应亮,各路电压均应有输出。如无输出,应着重检查 KA7500B 及 LM339N 的电路。先查看 KA7500B 的 14 脚应有+5 V(+5 V 基准电压)输出,5 脚有振荡信号,用万用表交流挡串联电容检查 KA7500B 的 5 脚,电表应有指示。如 14 脚未对地短路且没有+5 V 输出,交流挡电表也无指示(可把接 5 脚的电容换一个试一试),那么多半是 KA7500B 坏了。或者用示波器检查 KA7500B 的 5 脚、8 脚、11 脚有没有振荡脉冲输出。检查的另一个关键点是 KA7500B 的控制脚 4 脚,当它为高电平时,电路没有脉冲输出。ATX 电源的各保护电路非常严密,任何一路故障都会引起 4 脚电压异常。检修时注意分析引起 4 脚高电平的各种原因,同时分析 LM339N 各个引脚的电压,在可靠分析的基础上做出正确的判断。如 14 脚、5 脚正常,再查看 KA7500B 的 4 脚,如此脚为高电平,表示封锁了 KA7500B 的输出,电源不会输出各路电压。接着再查看 KA7500B 的 8 脚、11 脚、6 脚、16 脚以及 LM339N 各引脚的电压值,将它们与标准电压值进行比较,可以较快地检查出原因,其检查流程可参考图 2-27。

因机型不同,各引脚电压也不尽相同,但若 PS-ON 已接地,则通过电阻连接到 LM339N 的反相端 6 脚亦为低电平(LM339N 是比较器集成电路。比较器是一种运算放大器,有一个同相输入端"+"、一个反相输入端"−"和一个输出端。同相输入端电平若高于反相输入端电平,比较器输出高电平;反之若反相输入端电平高于同相输入端电平,比较器输出低电平)。输出端 1 脚输出高电平。若 4 脚电平高于 5 脚电平,则 2 脚为低电平,KA7500B 的 4 脚就应为低电平。

如果 LM339N 的 4 脚电平低于 5 脚,LM339N 的 2 脚及 KA7500B 的 4 脚自然就是高电平,这时可检查与 LM339N 的 5 脚相连的各电阻是否有损坏或虚焊,必要时也可把 5 脚对地短接一下,此时 KA7500B 的 4 脚应为低电平。若 KA7500B 的 4 脚输出低电平,8 脚、11 脚应有脉冲输出。

若推动三极管、推动变压器及相关元器件完好,±5 V、±12 V、+3.3 V 端应该有电压输出了。若仍然没有电压输出,则可能是与脉冲输出变压器初级串联的电容有故障或脉冲输出变压器本身有故障(这种可能性比较小)。

根据原理图查找故障,可以取得事半功倍的效果,在维修中不走或少走弯路,而且不易损坏元器件。按此思路走下去,电源不能输出各路电压的问题就可以很快地得到解决。如果电源有了输出,但输出电压不正常,比如全部电压偏低,则这可能是 KA7500B 的 14 脚输出的基准+5 V 电压送到 KA7500B 的 2 脚电阻的变值,可试试在此电阻上并联一个 100 kΩ 左右的电阻,或在 KA7500B 的 1 脚对地并联电阻,测量输出电压能否增大,若 KA7500B 没有损坏,一般均会有效果。反之若输出电压偏高,可在 KA7500B 的 2 脚对地并联电阻或把 1 脚对地并联的电阻取下一个(应取下阻值较大的)试一试。从电路板上可以看到 KA7500B 的 1 脚有三个并联电阻接地,16 脚经过一个电阻后有两个电阻并联接地,二极管到 KA7500B 的 16 脚有两个并联电阻,还有 LM339N 的 8 脚经两个并联电阻接地。这么多地方用并联电阻,其目的就是微调工作点。因 KA7500B、LM339N 的控制精度高,对电阻阻值的误差要求也较高,一般选用精密电阻。但廉价 ATX 电源为了降低成本,可能使用普通电阻,其误差可达±20%,不能满足使用要求,因此需采用并联电阻的方法来调整阻值。

若是各路电源中只有某一路不正常,那就是与此路电源有关部分的元器件或电路有故障,依次检查就能排除故障。

维修改造工作完成后,最好能带上其他负载连续工作至少五个小时,一切工作正常后才能连接主机,以确保工作安全可靠。

常见 PC 电源无输出的维修流程如图 2-27 所示。

如何判定是电源故障还是负载故障？PC电源都设置了过压、过流保护电路，电源发生故障时，大多表现为主机加电无任何指示，主机不启动，显示器无任何显示，电源风扇不转。由于ATX主板上有一部分电路称为“电源检测模块”，它可以控制电源的开启和关闭，就可以利用PS-ON信号能否启动电源来判断。ATX电源和主板是通过一个20脚长方形双排综合插件连接的，其中14脚（绿色线）为PS-ON信号，主板就是通过这个信号来控制电源的开启和关闭的。当主板的“电源检测模块”使PS-ON信号为高电平时，电源关闭；当其使PS-ON信号为低电平时，电源工作，向主板供电。当ATX电源不和主板相连时，电源内部提供PS-ON信号为高电平，ATX电源不工作，处于待机状态。当计算机通电后无法开启时，可将所有供电插头拔下，将14脚（绿色线）和地线（黑色线）用导线短接，若电源风扇转动，各路输出正确，即可判定电源是正常的，否则电源故障。

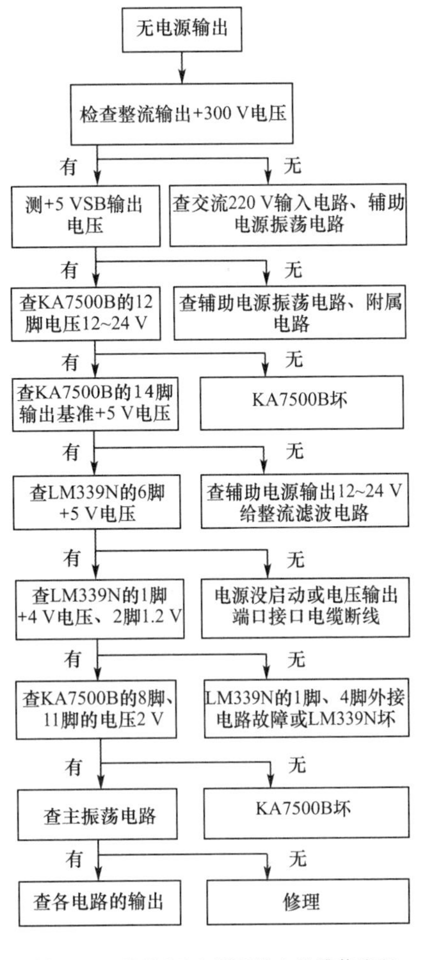

图2-27　常见PC电源无输出的维修流程

判断KA7500B是否故障的技巧：KA7500B是ATX电源电路中常用的脉宽调制电路，在修理电源时如怀疑KA7500B有故障，可使用静态测试法，即在不加市电的情况下，在KA7500B的12脚和7脚之间加+12 V直流电压（此值可在6～36 V），此时在14脚可测得+5 V的基准电压，5脚有+3 V的锯齿波，频率为50 kHz左右，在8脚、11脚可以看到相位相差180°，幅度为+1.5 V，频率为30 kHz左右的方波脉冲。

2.4.5　典型的PC电源原理图

PC开关电源的主要功能是向计算机系统提供其所需的直流电源。一般计算机电源所采用的都是双管半桥式无工频变压器的脉宽调制变换型稳压电源。它将220 V交流电整流成直流后，通过变换型振荡器变成频率较高的矩形或近似正弦波电压，再经过高频整流滤波电路变成低压直流电压。

PC开关电源的功率一般为250～300 W，通过高频整流滤波电路共输出六组直流电压：+5 V(25 A)、−5 V(0.5 A)、+12 V(10 A)、−12 V(1 A)、+3.3 V(14 A)、+5 VSB(0.8 A)。为防止负载过流或过压损坏电源，在220 V交流电输入端设有保险丝，在直流输出端设有过载保护电路。典型电路如LWT2005型ATX电源，其电路原理如图2-28所示。

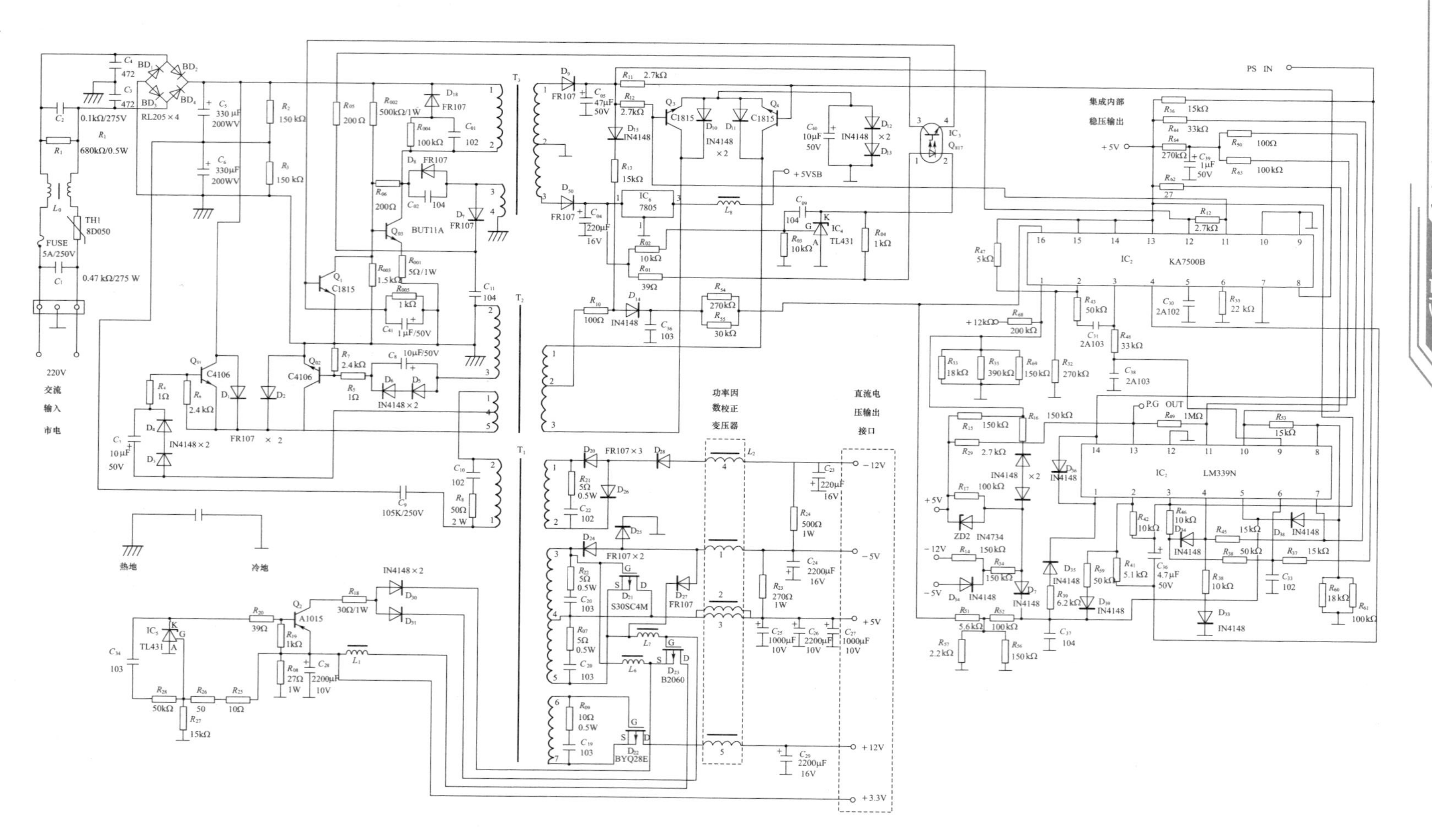

图2-28 LWT2005型ATX电源电路原理图

做一做

2.4.6 输入整流滤波电路故障维修

(1)输入整流滤波电路的原理

只要有交流电 AC220 V 输入,PC 开关电源无论是否开启,其辅助电源都会一直工作,直接为开关电源控制电路提供工作电压。如图 2-29 所示,交流电 AC220 V 经过保险管 FUSE、电源互感滤波器 L_0,经 D_1～D_4 整流、C_5 和 C_6 滤波,输出+300 V 左右直流脉动电压。C_1 为尖峰吸收电容,防止交流电突变瞬间对电路造成不良影响。TH_1 为负温度系数热敏电阻,起过流保护和防雷击的作用。L_0、R_1 和 C_2 组成 Π 型滤波器,滤除市电电网中的高频干扰。C_3 和 C_4 为高频辐射吸收电容,防止交流电窜入后级直流电路造成高频辐射干扰。R_2 和 R_3 为隔离平衡电阻,在电路中对 C_5 和 C_6 起平均分配电压作用,且在关机后,与地形成回路,快速释放 C_5、C_6 上储存的电荷,从而避免电击。

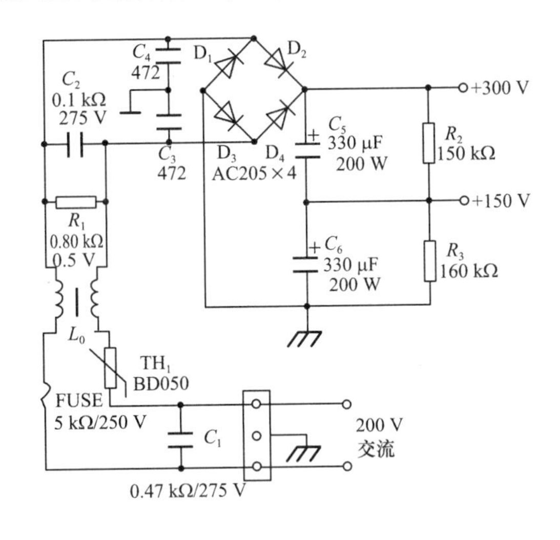

图 2-29 输入整流滤波电路

(2)故障类型

电源无输出,当电源在有负载的情况下,测量不出各输出端的直流电压时,即认为电源无输出。这时应先打开电源检查保险丝,通过保险丝熔断情况来分析故障范围。

保险丝熔断并发黑,说明有严重短路现象,应重点检查整流滤波和功率逆变电路。

交流滤波电容 C_1、C_2 有可能因交流浪涌电压击穿而短路。另外,有些 ATX 电源交流滤波电路比较复杂,还应检查是否有短路的元器件。

①交流主回路桥式整流电路中某个二极管击穿。损坏原因:由于直流滤波电容 C_5、C_6 一般为 330 μF 或 470 μF 的大容量电解电容,瞬间充电电流可在 20 A 以上。所以瞬间大容量的浪涌电流易导致整流桥中某个性能略差的整流管烧坏。另外交流浪涌电压也会击穿整流二极管而造成短路。

②整流滤波电路中的直流滤波电容 C_5、C_6 击穿,甚至发生爆裂现象。损坏原因:由于大容量的电解电容耐压不够,接近额定值。因此,当输入电压产生波动或某些电解电容

质量较差时，就容易发生击穿现象。另外当电解电容发生漏电时，就会严重发热而爆裂。

③图 2-28 中直流变换电路中的功率开关管 Q_{03} 和正反馈二极管 D_8 击穿损坏。损坏原因：由于整流滤波后的输出电压一般高达 300 V，功率开关管的负载又是感性负载，漏感所形成的电压峰值可能接近于 600 V，而 Q_{03} 的耐压 V_{ceo} 只有 450 V 左右。因此，当输入电压偏高时，某些耐压偏低的开关管将被击穿，所以应选择耐压更高的功率开关管。

［维修案例］

先打开电源外壳，检查电源上的保险丝是否熔断，据此可以初步确定逆变电路是否发生了故障。若是，则不外乎如下三种情况：①输入回路中某个桥式整流二极管被击穿；②高压滤波电解电容 C_5、C_6 被击穿；③逆变功率开关管 Q_1、Q_2 损坏(图 2-28)。其主要原因是直流滤波及变换振荡电路长时间工作在高压(＋300 V)、大电流状态，特别是在交流电压变化较大、输出负载较重时，易出现保险丝熔断的故障。直流滤波电路由四只整流二极管、两只 100 kΩ 左右的限流电阻和两只 330 μF 左右的电解电容组成。变换振荡电路则主要由装在同一散热片上的两只型号相同的大功率开关管组成。交流保险丝熔断后，关机拔掉电源插头，首先仔细观察电路板上各高压元器件的外表是否有被击穿、烧焦或电解液溢出的痕迹。若无异常，用万用表测量输入端的值；若小于 200 kΩ，则说明后端有局部短路现象，再分别测量两个大功率开关管 e、c 极间的阻值，若小于 100 kΩ，则说明开关管已损坏，测量四只整流二极管正、反向电阻和两个限流电阻的阻值，用万用表测量其充放电情况以判定是否正常。另外在更换开关管时，如果无法找到同型号产品而选择代用品，注意集电极－发射极反向击穿电压 $V_{(BR)CEO}$、集电极最大允许功率损耗 P_{CM}、集电极－基极反向击穿电压 $V_{(BR)CBO}$ 的参数应大于或等于原晶体管的参数。另外要注意的是：不可以在查出某元器件损坏并更换后就直接开机，这样很可能由于其他高压元器件仍有故障，又使更换的元器件损坏。一定要对上述电路的所有高压元器件进行全面检查测量后，才能彻底排除保险丝熔断故障。

无直流电压输出或电压输出不稳定。若保险丝完好，在有负载的情况下，各级直流电压无输出，其可能的原因有：电源中出现开路、短路现象；过压、过流保护电路出现故障；振荡电路没有工作；电源负载过重；高频整流滤波电路中整流二极管被击穿；滤波电容漏电等。处理方法为：用万用表测量系统板＋5 V 电源的对地电阻，若大于 0.8 Ω，则说明系统板无短路现象。将微机配置改为最小化，即机器中只留主板、电源、蜂鸣器，测量各输出端的直流电压，若仍无输出，则说明故障出在微机电源的控制电路中。控制电路主要由集成开关电源控制器(TL496、GS3424 等)和过压保护电路组成，控制电路工作是否正常，直接关系到直流电压有无输出。过压保护电路主要由小功率三极管或可控硅及相关元器件组成，可用万用表测量该三极管是否被击穿(若是可控硅则需拆下测量)、相关电阻及电容是否损坏。

做一做

故障维修：没有“吱吱”声，先后装上的保险丝都被烧毁。

打开电源外壳，发现电源保险丝发黑已熔断。该类故障不能只更换保险丝，还需分析故障原因，可能性只有三个：整流桥击穿；大电解电容击穿；初级开关管击穿。图 2-29 中，测量电源的整流桥(一般是分立的四个整流二极管，或将四个二极管固化在一起)，发现 D_1 已短路，更换后，为了防止还有别的故障元器件，又测量了主电源的大功率开关管，正常，再拆下大电解电容，测试也正常，焊回时要注意正负极。至此，开机后正常，可认为故障已修复。

2.4.7 辅助电源电路故障维修

(1)辅助电源电路原理

如图 2-30 所示，D_{18}、R_{004} 和 C_{01} 组成辅助电源电路——高压尖峰吸收电路。当开关管 Q_{03} 截止后，T_3 将产生一个很大的反极性尖峰电压，其峰值幅度超过 Q_{03} 的 c 极电压很多倍，此尖峰电压的功率经 D_{18} 储存于 C_{01} 中，然后在电阻 R_{004} 上消耗掉，从而降低了 Q_{03} 的 c 极尖峰电压，使 Q_{03} 免遭损坏。由图 2-29 中 D_1～D_4、C_5 整流滤波出来的 300 V 直流电压一路经 T_3 初级 1—2 绕组到开关管 Q_{03} 的集电极，另一路经 R_{002}、R_{003} 分压给 Q_{03} 的 b 极提供偏置电压，使 Q_{03} 导通，I_c 流经 T_3 初级绕组 1—2，由于线圈中的电流不会突变，所以 I_c 由零逐渐线性增大，绕组 1—2 两端产生感应电动势(极性为“1 正 2 负”)，T_3 反馈绕组 3—4 也因此产生感应电动势(极性为“3 正 4 负”)。由绕组 3—4、D_8、R_{06} 组成了正反馈回路，绕组 3—4 上的感应电动势经 D_8、R_{06} 进一步增大了 Q_{03} 的基极电流，促使开关管 Q_{03} 快速进入饱和导通状态。

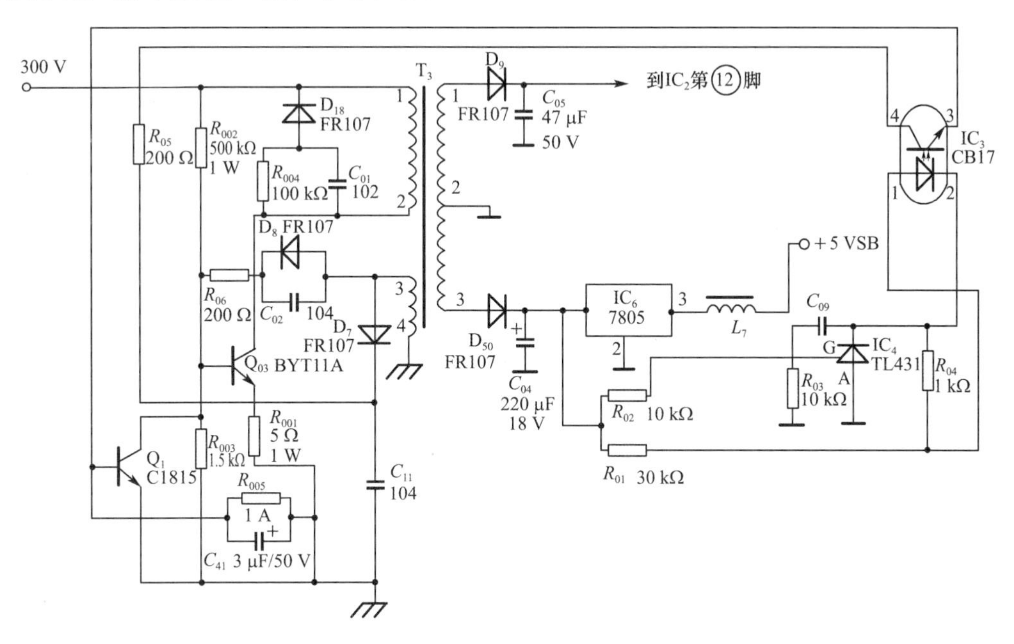

图 2-30 辅助电源电路

开关管 Q_{03} 饱和导通时，T_3 反馈绕组 3—4 感应电动势一路经 R_{06}、R_{003}、Q_{03} 的 b、e 极给 C_{02} 充电；另一路经 D_7 给 C_{11} 充电。在 T_3 次级绕组 1—3 上有感应电动势产生(极性为“3 正 1 负”)，经 D_{50}、C_{04} 整流滤波后，在 R_{01}、R_{02}、IC_4 的作用下，光耦 IC_3 内发光二极管发光，使其内部光敏三极管导通。此时，T_3 反馈绕组 3—4 感应电动势经 D_7、R_{05}、IC_3 的 4 脚、3 脚到 Q_1 的基极，给 Q_1 提供启动电流，Q_1 因此导通，其集电极电流将 Q_{03} 的基极进行分流，再加上 C_{02} 的充电作用，使开关管 Q_{03} 迅速由饱和导通状态转入截止状态。

Q_{03} 在截止时，Q_{03} 的集电极电流经过 T_3 初级绕组 1—2 开始呈线性减小。因此，绕组 1—2 上产生感应电动势（极性为“1 负 2 正”），T_3 反馈绕组 3—4 上感应电动势的极性为“3 负 4 正”，T_3 次级绕组 1—3 上也产生感应电动势（极性为“1 正 3 负”）。由于 IC_3 的 1 脚、2 脚无电流流过，IC_3 的 3 脚、4 脚截止，Q_1 因得不到启动电流而截止。C_{02} 经 R_{06}、R_{003} 及 T_3 反馈绕组开始放电，随着 C_{02} 放电的进行，Q_{03} 的基极电压逐渐升高，当基极电压增大至 Q_{03} 的导通电压时，Q_{03} 又开始导通，在正反馈的作用下 Q_{03} 迅速由截止状态转入饱和导通状态。Q_{03} 的工作状态不断重复以上变化，电路又进入下一个周期的振荡。如此循环往复，构成一个自激多谐振荡器。

Q_{03} 饱和期间，T_3 次级绕组输出端的感应电动势为负，整流二极管 D_9 和 D_{50} 截止，流经初级绕组的导通电流以磁能的形式储存在辅助电源变压器 T_3 中。当 Q_{03} 由饱和状态转向截止状态时，次级绕组两个输出端的感应电动势为正，T_3 储存的磁能转化为电能经 D_9、D_{50} 整流输出。其中 D_{50} 整流输出电压经 IC_6 三端稳压器 7805 稳压，再经电感 L_7 滤波后输出＋5 VSB。若该电压丢失，主板就不会自动唤醒 ATX 电源工作。D_9 整流输出电压供给 IC_2（脉宽调制集成电路 KA7500B）的 12 脚（电源输入端），经 IC_2 内部稳压，从第 14 脚输出稳压＋5 V，给 ATX 开关电源控制电路中相关元器件提供工作电压。

（2）保险丝未熔断

如电源无输出，而保险丝完好，则应检查电源控制线路中是否有开路、短路现象，以及过压、过流保护电路是否动作，辅助电源是否完好等。

辅助电源无＋5 V 电压输出。应重点检查辅助电源电路中的相关元器件是否有故障，如辅助电源电路 Q_{03} 振荡管是否损坏，D_8 二极管是否击穿短路，限流电阻 R_{001} 或启动电阻 R_{002} 是否断路，脉宽调制芯片 KA7500B 是否损坏，电压比较器 LM339N 是否损坏等。另外如 R_{41} 开路，会使 LM339N 的 4 脚电压为高电平，而处于待机状态；直流输出端短路，此时短路保护会起作用。其现象是开机瞬间电源指示灯亮，然后马上又熄灭。应仔细检查±5 V、±12 V 线路是否有破损或电路板上是否有击穿的器件。一般最为常见的是＋5 V 直流回路的肖特基二极管被击穿；若直流输出过压，此时过压保护会起作用，应检查＋5 V、＋12 V 自动稳压控制电路是否损坏而使自动稳压控制失效。

做一做

故障维修：无输出。

开机后测量整流输出 300 V 正常，测量插头 9 脚发现无＋5 VSB 电压，因此可以判断辅助电源没有工作。如图 2-30 所示，测量 7805 三端稳压器输入端和输出端均无电压，但有时输入端有 20 V 电压，输出端有 5 V 电压，此时短接 13 脚、14 脚，电压输出正常，但把短接线断开再次接通时又无电压输出。测量辅助电源集电极电压，从万用表的指示中发现已起振，因此怀疑故障出在变压器的二次绕组端。更换电容 C_{04}、断开 7805 的输入端，二次绕组仍无电压，再次按照电源未起振的故障来从初次绕组端查找故障，后发现，当用万用表测量开关管的集电极时，电压有时能恢复正常，因此增强了按未起振来查找故障的信心。测量发现 R_{02} 电阻已变为无穷大，此电阻的作用是将市电整流滤波后的电压引入开关管的基极，正是开关电源起振的前提条件，用一个 10 kΩ 的电阻更换 R_{02}，故障排除。

2.4.8 PS-ON 和 P.G 信号产生电路故障维修

(1)PS-ON 和 P.G 信号产生电路以及脉宽调制控制电路

如图 2-31 所示，PC 通电后，由主板送来的 PS-ON 信号控制 IC_2 的 4 脚(脉宽调制控制端)电压。KA7500B 的内部框图可参见图 2-17(TL494)，LM339N 的内部结构见图 2-19。LM339N 中的比较器按顺序分别命名为 A、B、C、D，如 4 脚、5 脚、2 脚所对应的比较器是 A。若主机未开机，PS-ON 信号为高电平，经 R_{37} 使 LM339N 的 B 比较器 6 脚亦为高电平，因电阻 R_{37} 小于 R_{44}，6 脚电平高于 7 脚电平，B 比较器输出端 1 脚输出低电平，经 D_{36} 的钳位作用，A 比较器的反相端 4 脚亦为低电平，其电平低于同相端 5 脚的电平，输出端 2 脚呈高电平，经 R_{41} 使 KA7500B 的 4 脚为高电平，故 KA7500B 内部的死区时间比较器 A 输出低电平，“与”门 1 也因此输出低电平进而使“与”门 2 和“与”门 3 输出低电平，封锁了振荡器的输出，8 脚、11 脚无脉冲输出，ATX 电源无±5 V、±12 V、+3.3 V 电源输出，主机处于待机状态。因+5 V、+12 V 电源输出为零，经图 2-28 中电阻 R_{15}、R_{16} 使 KA7500B 的 1 脚电平亦为零，KA7500B 的 C 比较器的输出端 3 脚输出亦为零，经 R_{48} 使 LM339N 的 9 脚亦为零电平，故 LM339N 的 C 比较器的输出端 14 脚为零电平。另外，LM339N 的 1 脚低电平信号因 D_{36} 的钳位作用，也使 14 脚为低电平，经 R_{50} 和 R_{63} 使 11 脚亦为低电平。因此 D 比较器的输出端 13 脚为低电平，也就是 P.G 信号为低电平，主机不会工作。开启主机时，通过人工或遥控操作闭合了与 PS-ON 相关的开关，PS-ON 呈低电平，经 R_{37} 使 LM339N 的反相端 6 脚为低电平，B 比较器 1 脚输出高电平，D_{35}、D_{36} 反偏截止，A 比较器的输出电平则由 5 脚与 4 脚的电平决定。正常工作时，5 脚电平低于 4 脚电平，2 脚输出低电平，经 R_{41} 送到 KA7500B 的 4 脚，使 4 脚的电平变为低电平，锯齿波振荡信号通过死区时间比较器 A 输出脉冲信号，另一方面，振荡信号送到了 PWM 比较器 B 的同相输入端，PWM 比较器 B 输出的脉冲信号的宽度，则是由 KA7500B 的 1 脚的电平(也就是负载的大小)与 16 脚的电平来决定的。PWM 比较器输出的脉冲信号，最后经缓冲放大器放大后，从 8 脚、11 脚输出相位差为 180°的脉宽调制信号，输出频率为 KA7500B 的 5 脚、6 脚外接定时阻容元器件 R_{30}、C_{30} 的振荡频率的一半，控制推动三极管 Q_3、Q_4 的 c 极相连接的 T_2 次级绕组激励振荡。在图 2-28 中 T_2 初级他激振荡产生的感应电动势作用于 T_1 主电源开关变压器的初级绕组，从 T_1 次级绕组的感应电动势整流输出+3.3 V、±5 V、±12 V 等各路输出电压。此过程因 C_{35} 的充电有数百毫秒的延时，但对主机开机并无影响。KA7500B 的 1 脚从+5 V、+12 V 电源经取样电阻 R_{15}、R_{16} 得到电压，其电平略高于 2 脚电平，3 脚输出高电平，经 R_{48} 使 LM339N 的 9 脚得到高电平，其电平高于 8 脚电平，因而 14 脚输出高电平，此电平经 R_{50} 与基准+5 V 电源通过 R_{64} 共同对 C_{39} 充电，经数百毫秒后，11 脚电平升到高于 10 脚电平时，D 比较器 13 脚输出高电平，此电平经 R_{49} 反馈至 11 脚，维持 11 脚处于高电平状态，故 13 脚输出稳定的高电平 P.G 信号，主机检测到此信号后即开始正常工作。

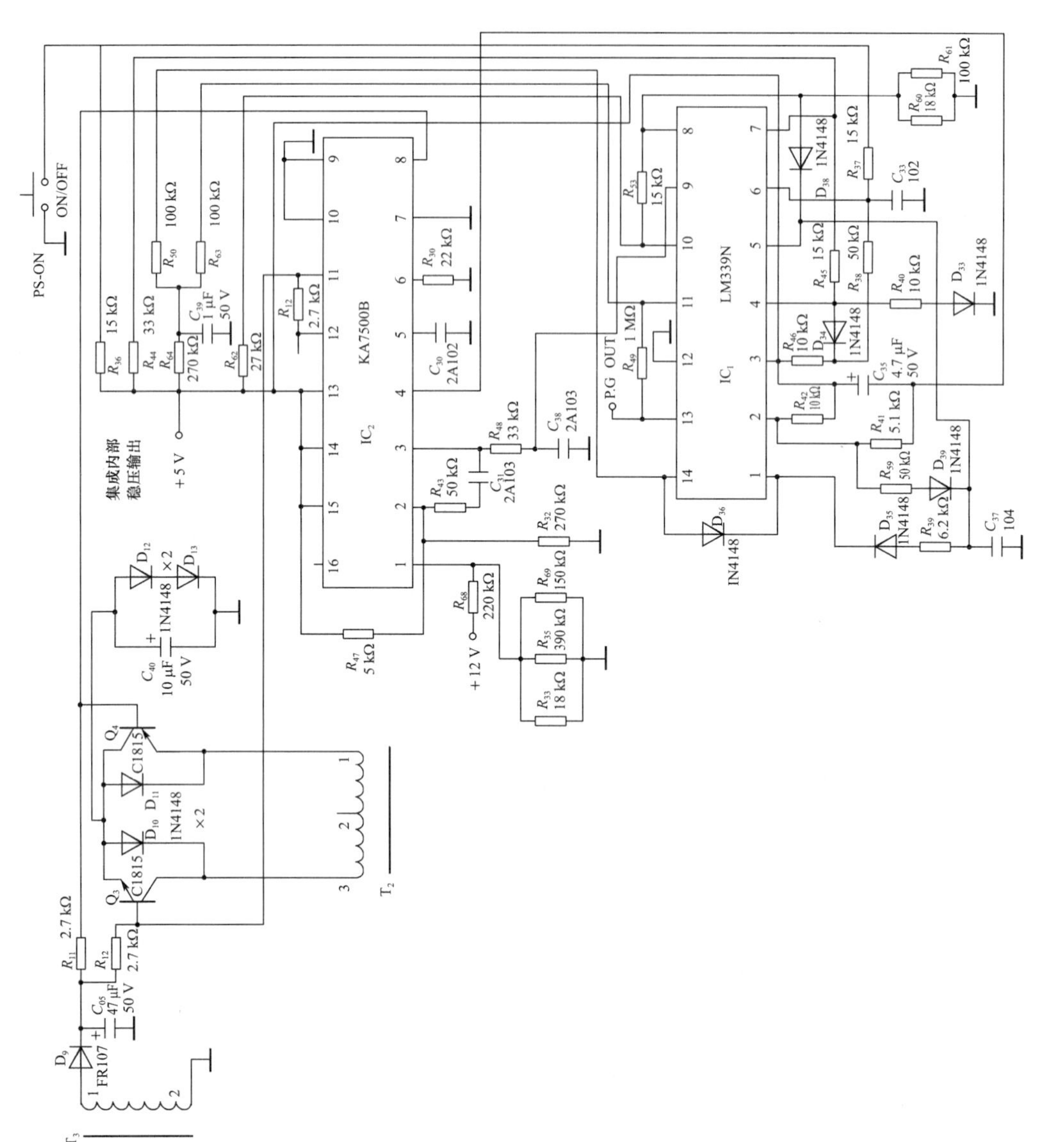

图 2-31 PS-ON、P.G信号产生电路以及脉宽调制控制电路

D_{12}、D_{13} 以及 C_{40} 用于抬高推动管 Q_3、Q_4 的 e 极电平，使 Q_3、Q_4 的 b 极有低电平脉冲时能可靠截止。C_{35} 用于通电瞬间使 IC_2 的 8 脚、11 脚的脉宽调制信号脉冲输出停止。ATX 电源通电瞬间，由于 C_{35} 两端电压不能突变，IC_2 的 4 脚输出高电平，8 脚、11 脚无驱动脉冲信号输出。随着 C_{35} 的充电，IC_2 的启动由 PS-ON 信号电平高低来加以控制，PS-ON 信号电平为高电平时 IC_2 关闭，为低电平时 IC_2 启动并开始工作。

P.G 产生电路由 IC_1（电压比较器 LM339N）、R_{48}、C_{38} 及其周围元器件构成。待机时 IC_2 的 3 脚（反馈控制端）为零电平，经 R_{48} 使 IC_1 的 9 脚正端输入低电平，比较器 14 脚输出低电平，经 R_{50}、R_{63} 使 IC_1 的 11 脚输出低电平，经比较器后 13 脚（P.G 信号输出端）输出低电平，P.G 向主机输出零电平的电源自检信号，主机停止工作处于待机状态。受控启动后 IC_2 的 3 脚电位上升，IC_1 的 9 脚控制电平也逐渐上升，比较器 14 脚输出高电平，经 R_{50}、R_{63} 使 IC_1 的 11 脚输出高电平，经正反馈的迟滞比较器后 13 脚（P.G 信号输出端）输出高电平，13 脚输出的 P.G 信号在开关电源输出电压稳定后再延迟几百毫秒由零电平起跳到 +5 V，主机检测到 P.G 电源完好的信号后启动系统，在主机运行过程中若遇市电停电或用户执行关机操作时，ATX 开关电源 +5 V 输出电压必然下降，这种幅值变小的反馈信号被送到 IC_2 的 1 脚（电压取样比较器同相输入端），使 IC_2 的 3 脚电位下降，经 R_{48} 使 IC_1 的 9 脚电位迅速下降，当 9 脚电位小于 11 脚的固定分压电平时，IC_1 的 13 脚将立即从 +5 V 下跳到零电平，关机时 P.G 输出信号比 ATX 开关电源 +5 V 输出电压提前几百毫秒消失，通知主机触发系统在电源断电前自动关闭，防止突然掉电时硬盘的磁头来不及归位而划伤硬盘。

ATX 电源接通市电后，辅助电源立即工作。一方面输出 +5 VSB 电源，另一方面向 KA7500B 的 12 脚提供十几伏到二十几伏的直流电源。KA7500B 从 14 脚输出 +5 V 基准电源，锯齿波振荡器也起振工作。

（2）电源有输出，但开机不自检

这主要是电源的 PW-OK 信号延迟时间不够或无输出造成的。开机后，用电压表测量 PW-OK 的输出端（电源插头的 8 脚）有无 +5 V。此时应检查比较器 LM339N 是否损坏。如因延时不够，则应检查延时电路中的电阻 R_{41}、R_{42} 和电容 C_{35}。

做一做

故障维修：开机出现“三无”现象。

先用替换法确认该电源已烧坏，然后打开外壳，直观检查发现保险丝烧黑，用万用表测量主电源开关三极管 Q_{01}、Q_{02}（两者型号均为 C4106）发现其击穿短路，整流电路部分印制电路板烧黑。将 Q_{01}、Q_{02} 用同型号三极管更换（注：两者必须同型号，否则将导致带载能力变弱，输出电压不稳定，从而引起主电源开关管再次击穿。如推动三极管 Q_3、Q_4 损坏，其更换方法类似），并将印制电路板烧黑部分用小刀剥开划断，再用导线按原线路接好（必须做好这一步，因印制电路板烧黑炭化后易导电）。由于保险管焊在电路板上，拆下坏管，用一个新的 4 A/250 V 保险管换上。

经检查无误后通电开机，电源风扇旋转，各路输出电压正常。接入主板开机时，CPU 风扇旋转，但显示器黑屏。怀疑 PS-ON 信号异常，图 2-31 中，测 +5 V、+12 V 端电压，发现其在规定电压范围内波动，不稳定。仔细观察，发现电源风扇转速过快，测 IC_2（KA7500B）的 12 脚（V_{CC} 电源端）电压高达 23 V（正常时一般为 19 V）且抖动，测 13 脚、14 脚、15 脚有正常的 +5 V 电压输出。怀疑 IC_2 内部不良，更换 IC_2，再开机，显示器点亮，各路输出电压正常，故障排除。

故障维修：电源有输出，但开机无显示。

此故障的可能原因是 P.G 输入的 Reset 信号延迟时间不够，或 P.G 无输出。开机后，用电压表测量 P.G 的输出端（IC_1 的 13 脚），有 +5 V 输出，再检查 C_{38} 延时元器件，由于 C_{38} 的容量较小，不易测量出来，则更换 C_{38} 延时电容后，故障排除。

2.4.9　主电源电路故障维修

（1）主电源电路及多路直流稳压输出电路

如图 2-32 所示，T_2 为主电源激励变压器，当副电源开关管 Q_3 导通时，I_c 流经 T_3 初级 1—2 绕组，使 T_3 的 3—4 反馈绕组上产生感应电动势（上正下负），并作用于 T_2 初级 2—3 绕组，产生感应电动势（上负下正），经 D_5、D_6、C_8、R_5 给 Q_{02} 的 b 极提供启动电流，使主电源开关管 Q_{02} 导通，在回路中产生电流，保证了整个电路的正常工作；同时，在 T_2 初级 1—4 反馈绕组产生感应电动势（上正下负），D_3、D_4 截止，主电源开关管 Q_{01} 处于截止状态。在电源开关管 Q_3 截止期间，工作原理与上述过程相反，即 Q_{02} 截止，Q_{01} 工作。其中，D_1、D_2 为续流二极管，在开关管 Q_{01} 和 Q_{02} 处于截止和导通期间能提供持续的电流。这样就形成了主开关电源他激式多谐振电路，保证了 T_2 初级绕组电路部分得以正常工作，从而在 T_2 次级绕组上产生感应电动势送至推动三极管 Q_3、Q_4 的 c 极，保证整个激励电路能持续稳定地工作，同时，又通过 T_2 初级绕组反作用于 T_1 主开关电源变压器，使主电源电路开始工作，为负载提供 +3.3 V、±5 V、±12 V 工作电压。

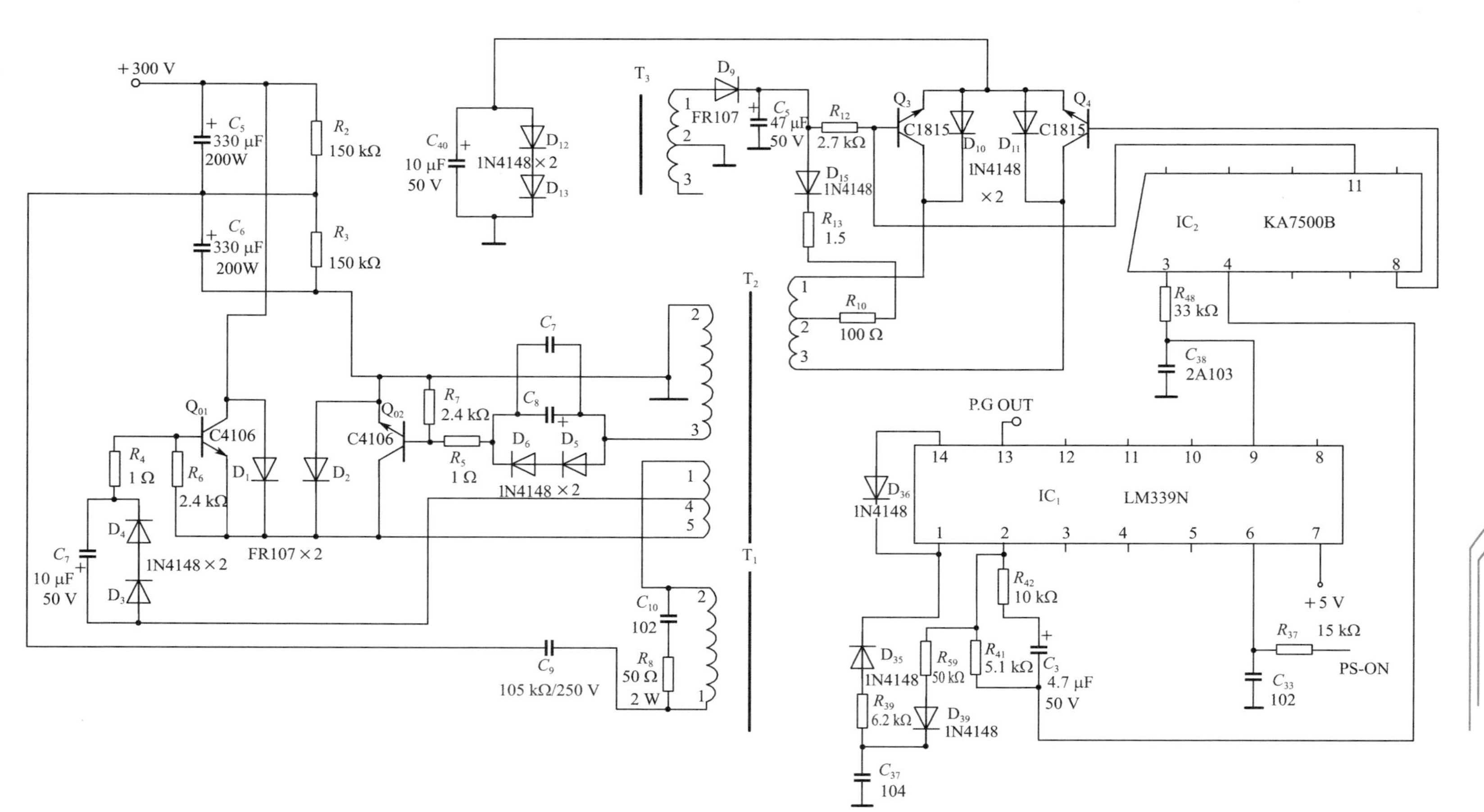
+300 V
C5 330 μF 200W
C6 330 μF 200W
R2 150 kΩ
R3 150 kΩ
C40 10 μF 50 V
D12 1N4148×2 D13
T3
D9 FR107
C5 47 μF 50 V
R12 2.7 kΩ
D15 1N4148
R13 1.5
Q3 C1815
Q4 C1815
D10 D11 1N4148 ×2
R10 100 Ω
T2
T1
IC2 KA7500B
R48 33 kΩ
C38 2A103
C7
C8
D6 D5
1N4148 ×2
R7 2.4 kΩ
R5 1 Ω
Q02 C4106
Q01 C4106
R4 1 Ω
R6 2.4 kΩ
D1 D2
FR107 ×2
D4 D3 1N4148 ×2
C7 10 μF 50 V
C10 102
R8 50 Ω 2 W
C9 105 kΩ/250 V
P.G OUT
IC1 LM339N
D36 1N4148
R42 10 kΩ
D35 1N4148
R59 50 kΩ
R41 5.1 kΩ
C3 4.7 μF 50 V
R39 6.2 kΩ
D39 1N4148
C37 104
+5 V
R37 15 kΩ
PS-ON
C33 102

图 2-32 主电源电路

假设PC主板送来的信号PS-ON为低电平，即启动IC_2(KA7500B)工作，其8脚、11脚分别输出相位相反、幅度相等的脉宽调制信号，分别控制Q_4、Q_3工作；当Q_3导通、Q_4截止时，由D_9整流出来的电压经D_{15}、R_{13}、R_{10}、T_2次级绕组1－3、Q_3的ce极、D_{12}、D_{13}最后到地。此时，T_2次级绕组中的电流方向为：由1端流向3端；T_2初级绕组此时的感应电压极性如果是“2负3正”，则此感应电动势经D_5、D_6、R_5、R_7给开关管Q_2提供了偏置电压，Q_2因此导通。此时，由R_2、R_3分压出的电压150 V经C_9、T_1初级绕组1－2、T_2次级绕组1－5、Q_2的ce极最后到地。由此电流通路可知，T_1初级绕组1－2中电流方向为：由1端流向2端。当Q_3截止、Q_4导通时，同理可以分析得出T_1初级绕组1－2中电流方向为：由2端流向1端。由于T_1初级绕组1－2中流过的电流方向及大小均有变化，所以在T_1的次级各绕组上均有感应电动势产生。如图2-33所示，从T_1次级绕组1－2产生的感应电动势经D_{20}、D_{28}整流，L_2(功率因数校正变压器，也称低电压扼流线圈。以它为主来构成功率因数校正电路，简称PFC电路，起到自动调节负载功率大小的作用。当负载要求功率很大时，PFC电路就经过L_2来校正功率大小，为负载输送较大的功率；当负载处于节能状态时，要求的功率很小，PFC电路通过L_2校正后为负载送出较小的功率，从而达到节能的作用)第④绕组以及C_{23}滤波后输出－12 V电压；从T_1次级绕组3－4－5产生的感应电动势经D_{24}、D_{27}整流，L_2第①绕组及C_{24}滤波后输出－5 V电压；从T_1次级绕组3－4－5产生的感应电动势经D_{21}、L_2第②③绕组以及C_{25}、C_{26}、C_{27}滤波后输出＋5 V电压；从T_1次级绕组3－5产生的感应电动势经L_6、L_7、D_{23}、L_1以及C_{28}滤波后输出＋3.3 V电压；从T_1次级绕组6－7产生的感应电动势经D_{22}、L_2第⑤绕组以及C_{29}滤波后输出＋12 V电压。其中，每两个绕组之间的R(5 Ω，1/2 W)、C(103)组成尖峰消除网络，以减小绕组之间的反峰电压，保证电路能够持续稳定地工作。

(2)受控启动后直流电源无输出

图2-32中，T_2初级绕组一侧的Q_3、Q_4推动管损坏，R_{10}电阻阻值变大；半桥功率变换电路开关管Q_1、Q_2至少有一个开路；防偏磁电容C_7、C_8容量变小或开路。

(3)电源带负载能力差

电源带负载能力差主要表现为：电源在轻负载情况下，如只向系统板、软驱供电时，能正常工作，而在配上大硬盘、扩充其他设备时，往往电源工作就不正常了。这种情况一般是功率变换电路的开关管VT_1、VT_2性能不好，滤波电容器C_5、C_6容量不足导致的。更换滤波电容时应注意两个电容的容量和耐压值必须一致。

做一做

故障维修：PC电脑开机出现“三无”现象。

开机检查电源输入电路，输出300 V电压正常。在如图2-33所示的电路中，待机、启动时，测量PS-ON、PW-OK均为低电平，检查IC_2脉宽调制芯片KA7500B的12脚有电

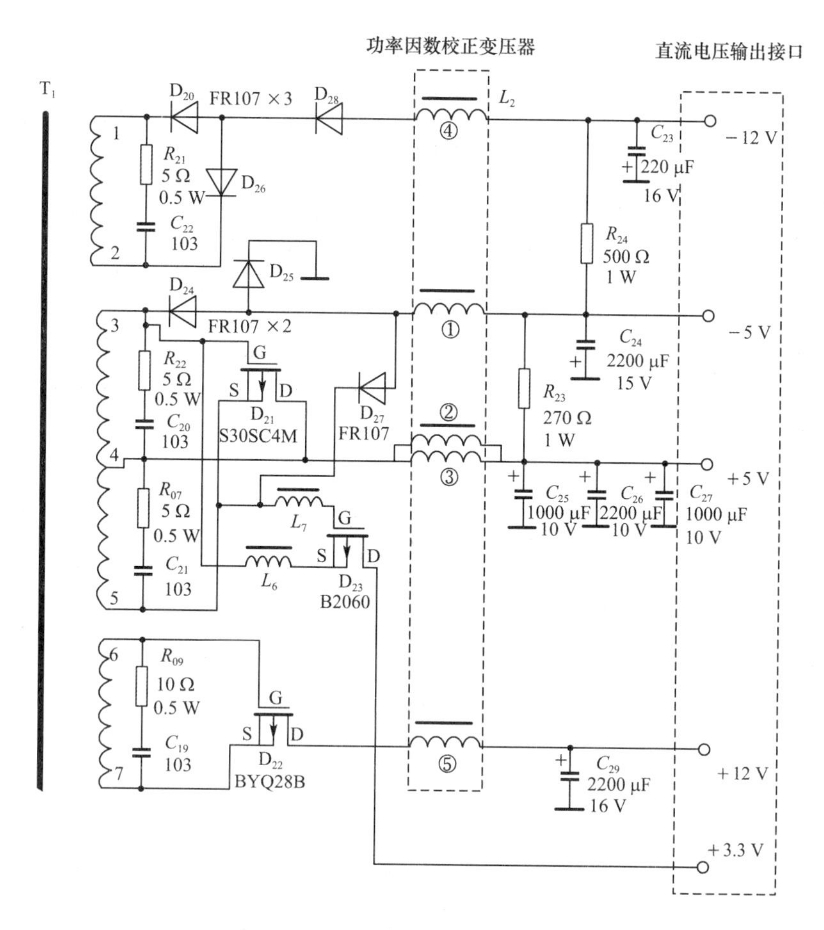

图 2-33　多路直流稳压输出电路

压输入，14 脚无稳压＋5 V 输出，断电后在线测 14 脚对地阻值几乎为零，用吸锡器和电烙铁拆下 KA7500B 后测电路板 IC_2 的 14 脚对地阻值在 3 kΩ 以上，正常。焊上 16 脚插座，用另一片 KA7500B 替代时，带电受控启动后风扇转了一下即停止。启动后开关电源风扇能微动，说明交流输入整流滤波电路、辅助电源电路正常，故障一般在脉宽调制控制电路及推动级、自动稳压与保护控制电路。检测发现 IC_2 周围元器件正常，手摸 IC_2 芯片发现其发烫，再测 14 脚对地电位发现其又短路，更换 KA7500B，带电测量正常，故障修复。

2.4.10　自动稳压稳流控制电路故障维修

(1)＋3.3 V 自动稳压电路

IC_5（精密稳压电路 TL431）、Q_2、R_{25}、R_{26}、R_{27}、R_{28}、R_{18}、R_{19}、R_{20}、D_{30}、D_{31}、D_{23}（场效应管）、R_{08}、C_{28}、C_{34} 等组成＋3.3 V 自动稳压电路，如图 2-34 所示。

当输出电压(＋3.3 V)升高时，由 R_{25}、R_{26}、R_{27} 将取得的增大的采样电压送到 IC_5 的 G 端，使 U_G 电位上升，U_K 电位下降，从而使 Q_2 导通，增大的＋3.3 V 电压通过 Q_2 的 e、c

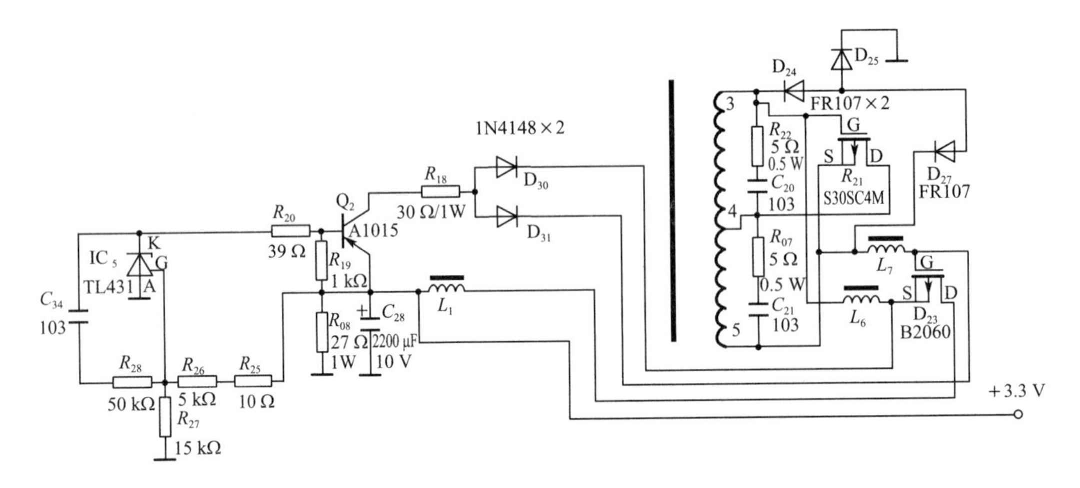

图 2-34　+3.3 V 自动稳压电路

极，R_{18}，D_{30}，D_{31} 送至 D_{23} 的 S 极和 G 极，使 D_{23} 提前导通，控制 D_{23} 的 D 极输出电压减小，经 L_1 使输出电压稳定在标准值(+3.3 V)左右，反之，稳压控制过程相反。

(2)+5 V、+12 V 自动稳压电路

IC_2 的 1 脚、2 脚电压取样比较器正、负输入端以及取样电阻 R_{15}、R_{16}、R_{33}、R_{35}、R_{68}、R_{69}、R_{47}、R_{32} 构成+5 V、+12 V 自动稳压电路。如图 2-35 所示。

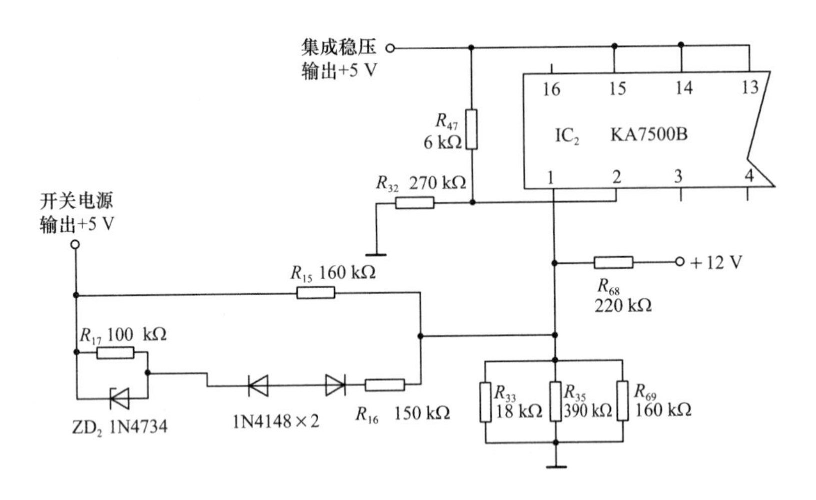

图 2-35　+5 V、+12 V 自动稳压电路

如图 2-35 所示，KA7500B 的 2 脚经 R_{47} 与基准电压+5 V 相连，维持较好的稳定电压，而 1 脚则经取样电阻 R_{15}、R_{16} 与+5 V 相连接，+12 V 通过 R_{68} 与 1 脚相连。正常的情况下，1 脚电平与 2 脚电平相等或略高。当输出电压升高时(无论是+5 V 还是+12 V)，1 脚电平高于 2 脚电平，1 脚、2 脚所接的 C 比较器输出误差电压与锯齿波振荡脉冲在 PWM 比较器 B 进行比较使输出脉冲宽度变窄，输出电压回落到标准值，反之则促使振荡脉冲宽度增加，输出电压回升。由于 KA7500B 内的放大器增益很高，故稳压精度很好。

(3)+3.3 V、+5 V、+12 V 自动稳压电路

IC_4(精密稳压电路 TL431)、IC_3、Q_1、R_{01}、R_{02}、R_{03}、R_{04}、R_{05}、R_{005}、D_7、C_{09}、C_{41} 等组成+3.3 V、+5 V、+12 V 自动稳压电路。如图 2-36 所示。

当输出电压增大时,T_3 次级绕组产生的感应电动势经 D_{50}、C_{04} 整流滤波后一路经 R_{01} 限流送至 IC_3 的 1 脚,另一路经 R_{02}、R_{03} 获得增大的取样电压送至 IC_4 的 G 端,使 U_G 电位上升,U_K 电位下降,从而使 IC_4 内发光二极管流过的电流增大,使光敏三极管导通,从而使 Q_1 导通,同时经负反馈支路 R_{005}、C_{41} 使开关三极管 Q_3 的 e 极电位上升,使得 Q_3 的 b 极分流增加,导致 Q_3 的脉冲宽度变窄,导通时间缩短,最终使输出电压减小,稳定在规定范围之内。反之,当输出电压减小时,稳压控制过程相反。

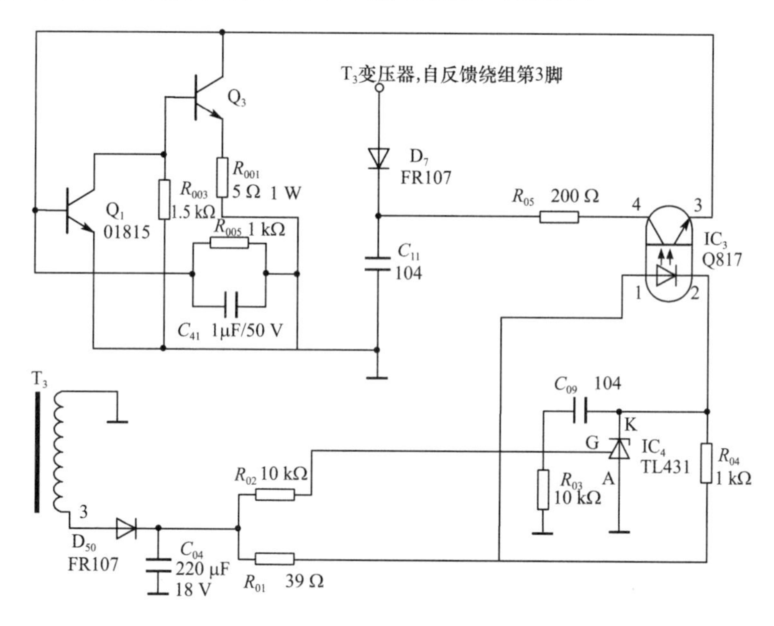

图 2-36 +3.3 V、+5 V、+12 V 自动稳压电路

(4)过流过压保护电路

IC_2 的 15 脚、16 脚电流取样比较器正、负输入端以及取样电阻 R_{51}、R_{56}、R_{57} 构成过流过压保护电路,如图 2-37 所示。过流保护的原理是负载愈大,Q_3、Q_4 集电极的脉冲电压也愈高,即 R_{13}(1.5 kΩ)上的电压也愈高,从这里采样经 D_{14} 整流和 C_{36} 滤波,再经 R_{54}、R_{55} 并联电阻与 R_{51}、R_{56}、R_{57} 等组成的分压电路送到 KA7500B 的 16 脚。随着负载的加重,16 脚的电平也随之上升,当超过 15 脚的电平时,误差放大器输出的误差电压促使调制脉冲的宽度变窄从而使负载电流减小。另外,从 R_{56}、R_{57} 并联电阻获得的分压再经 R_{52} 送到 LM339N 的 5 脚,当 5 脚的电平超过 4 脚时,2 脚即输出高电平送到 KA7500B 的 4 脚,KA7500B 停止输出脉冲信号,终止±5 V、±12 V、+3.3 V 电源的输出,达到过流及短路保护的目的。需要说明的是:KA7500B 的 16 脚电平的高低只能改变输出脉冲的宽度,但不影响 KA7500B 的 4 脚电平状态,而 LM339N 的 5 脚电平一旦超过

4 脚电平，LM339N 的 2 脚就送出高电平去封锁 KA7500B 的脉冲输出，终止±5 V、±12 V、+3.3 V 电源的输出，同时 2 脚的高电平经 R_{59} 和二极管 D_{39} 反馈到 5 脚，维持 5 脚处于高电平状态，此时若过载或短路状态消失，KA7500B 的 4 脚仍维持高电平，±5 V 与±12 V、+3.3 V 电源仍不能输出，只有切断交流市电的输入，再重新接通交流电，方可再次开机。

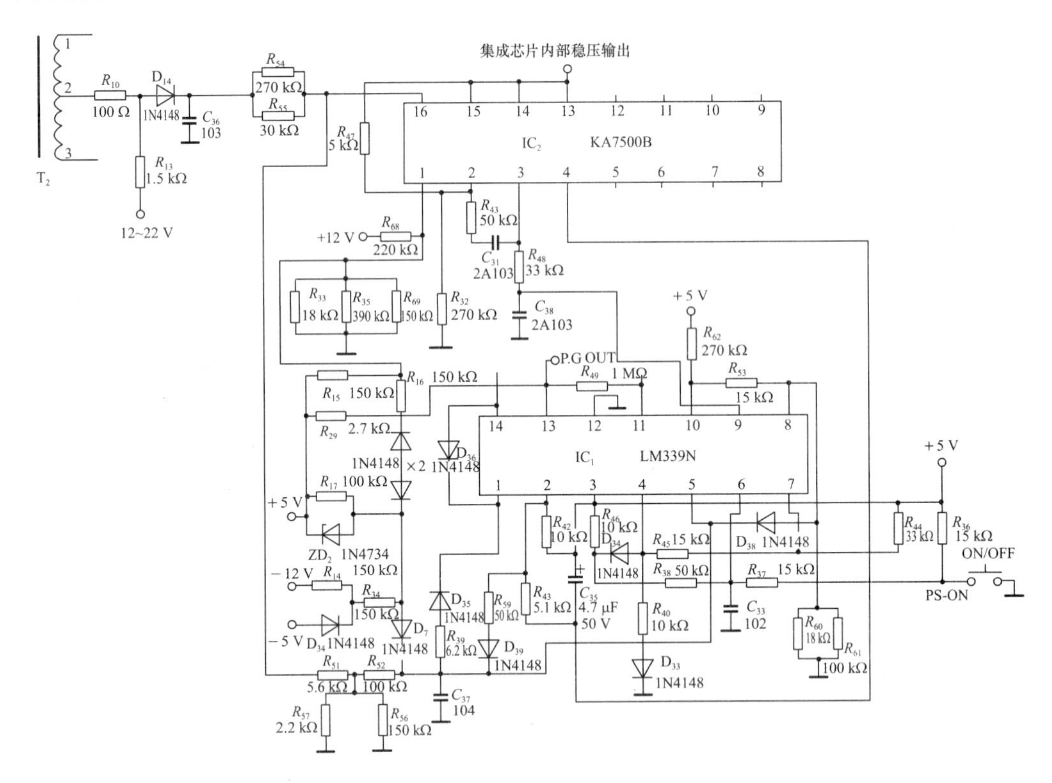

图 2-37　过流过压保护电路

（5）欠压保护

如图 2-37 所示，欠压保护从−5 V 的 D_{34} 及−12 V 处的 R_{14} 取样，经 R_{34} 和 D_7 送到 LM339N 的 5 脚。若因某种原因使输出电压过低，−12 V 及−5 V 电压的负值也会随之减小，也就是电压值增大，经 R_{34} 及 D_7 送往 LM339N 的 5 脚，使电平上升，LM339N 的 2 脚送出高电平到 KA7500B 的 4 脚，从而封锁 KA7500B 脉冲的输出，实现欠压保护。二极管 D_{34} 在导通时，其电压降与通过的电流基本无关，保持在 0.6～0.7 V，于是−5 V 电压的减少量会全部传送到 D_{34} 的负端，提高了欠压保护的灵敏度。

（6）过压保护

如图 2-37 所示，过压保护由 R_{17} 和稳压管 ZD_2 并联电路从+5 V 采样，经 D_7 送到 LM339N 的 5 脚。若+5 V 电源电压由于某种原因增大，LM339N 的 5 脚电平也会随之升高，当超过 4 脚电平时，2 脚即送出高电平到 KA7500B 的 4 脚，封锁±5 V、±12 V、+3.3 V

电压的输出，达到过压保护的目的。正常工作时，R_{17} 上的压降不大，ZD_2 截止，送到 5 脚的电压较小，若＋5 V 电源电压增大，使 R_{17} 上的压降超过 ZD_2 的稳压值，ZD_2 导通，＋5 V 电源电压增大后的电压值全部加到 LM339N 的 5 脚上，促使其快速封锁 KA7500B 脉冲的输出，以保护电源。

(7)电源输出电压不准

如果只有一路电压偏离额定值，而其他各路电压均正常，则是该路电压的集成稳压电路或整流二极管损坏。如全部偏离额定值，则是 IC_1 的 1 脚、2 脚误差放大器，R_{39}、C_{37} 误差放大器负反馈回路以及取样电阻 R_{33}、R_{35}、R_{69} 构成的＋5 V、＋12 V 自动稳压控制电路有故障。

在更换电源电路中的二极管时要注意，因为逆变器工作频率较高，一般大于 20 kHz，另外负载电流也较大，故电源中＋5 V 端采用肖特基高频整流二极管(SBD)，其余各端也采用具有恢复特性的高频整流二极管(FRD)。所以在更换时要尽可能找到相同类型的整流二极管，以免再次损坏。

做一做

故障维修：PC 电源开机后电源无输出。

开机后发现电源风扇时转时不转。怀疑电路中有虚焊，将整个电路重新加焊一遍后，通电故障如初，怀疑稳压电路有故障。

其原因是当输出电压(＋5 V 或＋12 V)升高时，由 R_{68} 取得采样电压送到 IC_2 的 1 脚，并与 IC_1 内部基准电压相比较，输出误差电压与 IC_1 内部锯齿波产生电路的振荡脉冲在 PWM(比较器)中进行比较放大，使 8 脚、11 脚输出脉冲宽度减小，输出电压回落至标准值的范围内。当输出电压降低时，稳压控制过程相反，从而使开关电源输出电压保持稳定。

如图 2-35 所示，查 IC_2 的 1 脚、2 脚电压取样比较器正、负输入端的取样电阻 R_{15}、R_{16}、R_{33}、R_{35}、R_{68}、R_{69}、R_{47}、R_{32} 阻值正常，在线检测 IC_2(KA7500B)的 1 脚、2 脚电阻值，发现与正常值相比差别很大。试用另一只 KA7500B 集成电路代换，经查无误后通电试机，测得各路输出电压值正常，风扇转速正常。接入主机内，通电试机一切正常。检修过程结束。

看一看

[知识拓展]

计算机系统的电源如果出现故障，首先要从 CMOS 设置、Windows 中 ACPI 的设置及电源和主板等几个方面进行全面的分析。为了区别故障是在负载上还是在电源本身，可以将电源拆卸下来，用一个废旧设备(例如灯泡等)作为假负载，以免出现空载保护，在

PS-ON 信号线(绿色线)与地线之间接入一只 100～150 Ω 的电阻,使该信号变为低电平,如果电源可以工作,则说明故障点在主板或电源按钮(Power Button),否则故障就在电源自身。下面介绍几种常见电源故障的分析及处理方法。

(1)无法开机

用万用表测量+5 VSB,如果该电压值正常且稳定,而主板反馈信号 PS-ON 始终为高电平,则这可能是主板上的开机电路损坏,或电源按钮损坏;如果上述两者均正常而主电源仍无输出,则可能是开关电源主回路损坏,或因负载短路或因空载而进入保护状态。

(2)无法关机

主机无法关闭,有以下几种现象和原因:

①BIOS 中设定关机时有一定的延迟时间(Delay Time),关机时需要按住电源按钮,保持数秒钟,才能将机器关闭。不能实现瞬间关机是正常现象,不是故障。

②电源按钮故障。这种情况下,不仅不能关闭主机,开机也会有问题。

③主板上的电源监控电路故障,PS-ON 信号恒为高电平。

④键盘电源(键盘的 NumLock 指示灯在主机关闭后是亮的)无法关闭。有些机器允许使用密码通过键盘开机,键盘上的 NumLock 灯在关机后仍亮着,是正常现象。

⑤显示器无法关闭。如果显卡或显示器不支持 DPMS(显示器电源管理系统)规范,在主机关闭后显示器指示灯亮,屏幕上仍有白色光栅,也属正常现象。

(3)自行开机

自行开机故障有以下两类:

第一类是在 BIOS 中将定时开机功能设为“Enabled”,这样机器会在设定的某个时间自动开机。此外,某些机器的 BIOS 中具有来电自动开机功能设置,如果选择了来电开机,则在接通交流电源后,机器就会自动启动。出现这类问题,并不是故障,而是用户不了解 BIOS 的设置所造成的。

第二类是在 BIOS 中关闭了定时开机和来电自动开机功能,机器只要接通交流电源还会自行开机,这无疑是硬件故障了。造成这类硬件故障有三种原因:第一种是电源本身的抗干扰能力较差,交流电源接通瞬间产生的干扰使其主回路开始工作;第二种是+5 VSB 电压低,使主板无法输出应有的高电平,总是低电平,这样机器不仅会自行开机,而且还会无法关机;第三种是来自主板的 PS-ON 信号质量较差,特别在通电瞬间,该信号由低电平变为高电平的延时过长,直到主电源电压输出正常,该信号仍未变为高电平,使 ATX 电源主回路误导通。

(4)休眠与唤醒功能异常

休眠与唤醒功能异常表现为:不能进入休眠状态,或进入休眠状态后不能被唤醒。出现这类问题时,首先要检查硬件的连接(包括休眠开关的连接是否正确,开关是否失灵等)和 PS-ON 信号的电压值。进入休眠状态时,PS-ON 信号应为低电平(0.8 V 以下);唤醒后，PS-ON 信号应为高电平（+2.2 V 以上）。如果 PS-ON 信号正常，而休眠和唤醒功能仍不正常，则为 ATX 电源故障。

需要注意的是，进入夏季后，为了预防雷击，对 ATX 结构的计算机，如果用户长时间不使用，又不想进行远程控制，建议将交流输入线拔下，以切断交流输入。

(5)零部件异常

有经验的维修人员，在遇到主板、内存、CPU、板卡、硬盘等部件工作异常或损坏故障时，通常要先测量电源电压。正常的电源电压是电脑可靠工作的基本保证，而很多奇怪的故障都是电源"惹的祸"。

如交流保险管烧黑炸裂，应检测 D_1 至 D_4 四个整流二极管，辅助电源电路开关三极管 Q_{003}，二极管 D_7、D_8，限流电阻 R_{06}、R_{001} 等；常见故障是 IC_1 的 12 脚、14 脚对地短路，12 脚、11 脚击穿短路，IC_1 损坏等；辅助电源电路 T_3 变压器次级整流二极管 D_9、D_{50} 击穿短路，IC_1 损坏等；IC_1 的 11 脚、12 脚、14 脚对地短路，脉冲半桥功率变换电路 T_2 推动变压器一次绕组振荡管 Q_3、Q_4 的 b、e 极击穿短路，辅助电源变压器 T_3 次级滤波电容 C_{40} 炸裂等。ATX 电源刚接入市电，未经启动，风扇有时转动一下即停，瞬间有直流稳压输出。接通市电，待机状态在线测 IC_4 精密稳压电路 TL431，U_K 电位时高时低不稳，导致 PS-ON 控制信号异常，C_{09}、IC_4 损坏等。

产品维修现场(2)

任务 2.5　PC 电源的维修训练（电源无输出电压故障）

一台台式计算机的 LWT2005 型长城电源无输出电压，送来维修。根据维修接待和检测结果，确认是综合故障。为了诊断与维修 LWT2005 型长城电源的故障，对 LWT2005 型长城电源无输出电压进行检查与维修，直到排除故障。

2.5.1　维修接待

通过询问客户了解电子产品发生故障的情况，填写表 2-17 的电子产品维修客户接待单。具体要问清以下几点：

(1)使用了多久，便于判断是早期、中期或晚期故障。

(2)产生的原因，便于了解在何种状态下产生。

(3)何种现象，便于准确把握故障现象。

(4)出现的频率、时间和环境等要素。

表 2-17　　电子产品维修客户接待单

电子产品维修客户接待单

产品名________　型号________　登记号________
送修人________　电话________　送修日期________

<table>
<tr><td colspan="8">送修人自述：该机使用 3 年，没发生过故障，昨天突然停电，导致不能开机。</td></tr>
<tr><td colspan="8">外观登记：外部左下螺孔已毛（拧不紧或拧不出）。</td></tr>
<tr><td colspan="8">接修员建议：开机综合维修。</td></tr>
<tr><td colspan="8">确认上述内容。
送修时送修人（签字）________</td></tr>
<tr><td colspan="8">修理员记录：
1. 故障现象：
2. 故障原因：
3. 修好时间：
4. 保用期限：
修理人（签字）________
年　月　日</td></tr>
<tr><td>材料名称</td><td>数量</td><td>单价</td><td>金额</td><td>修理项目</td><td>工时</td><td>单价</td><td>金额</td></tr>
<tr><td></td><td></td><td></td><td></td><td></td><td></td><td></td><td></td></tr>
<tr><td></td><td></td><td></td><td></td><td></td><td></td><td></td><td></td></tr>
<tr><td></td><td></td><td></td><td></td><td></td><td></td><td></td><td></td></tr>
<tr><td></td><td></td><td></td><td></td><td></td><td></td><td></td><td></td></tr>
<tr><td colspan="3">材料费合计</td><td></td><td colspan="3">工时费合计</td><td></td></tr>
<tr><td colspan="8">修理单位（盖章）</td></tr>
<tr><td colspan="8">备注：</td></tr>
</table>

注：1. 产品维修后，维修者应出具维修保用凭证，写明维修产品的故障现象、原因、修好时间、更换零配件的名称、维修费用、保用期限等事项。
2. 本单一式两联，顾客一联，单位留存一联。

取机时送修人（签字）________
年　月　日

2.5.2 信息收集与处理

通过收集该电子产品的常用信息，准确填写信息收集与处理单，见表 2-18。

表 2-18　　信息收集与处理单

LWT2005 型微机 ATX 电源外形图

LWT2005 型微机 ATX 电源内部结构图

序号	收集资料名称	作用
1	使用说明书	便于使用操作，查找性能指标
2	电路图	分析工作原理
3	印制板图	查找元器件
4	关键点电压	便于判断电路工作是否正常
5	芯片资料	分析工作状态与判断芯片工作情况

1. 收集哪些资料：

2. 如何收集资料：

维修的准备

①必要的技术资料。包括待修计算机的使用说明书、电路工作原理图、检修用的印制板图、较复杂元器件的引脚功能图、正常工作时元器件各引脚的电气技术参数资料。

②备件。检修计算机时，首先要进行故障的分析和判断，一些比较简单的机械性元器件（如接插件、簧片等）还有修复的可能。但对于一些电子类元器件如晶体管、集成电路、显像管等，则要更换。而且对于一些低值易损元器件应有足够数量的备份，这也是快速检修计算机故障应具备的物质条件之一。

③必需的检修工具。如恒温电烙铁、吸锡器、手指钳、各种规格类型的公制或英制螺丝刀，特殊情况下应使用专用工具，如无感螺丝刀、基板工具、防爆镜等。

④必要的检测仪器。只凭人的视听感受往往要花费较多时间和精力最终还不一定能很好地解决故障。万用表是一种最常用的测量仪表，另外还需备有较高精确度和低纹波的稳压直流电源、隔离变压器。条件允许时，配备一台示波器和扫频仪，熟练使用会大大提高维修的效率。

2.5.3　分析故障

为了确定故障原因，要根据电路工作原理进行分析，并准确填写电子产品故障分析单，见表 2-19。

表 2-19　　电子产品故障分析单

电子产品故障分析单

产品名＿＿＿＿＿　型号＿＿＿＿＿　登记号＿＿＿＿＿

送修人＿＿＿＿＿　电话＿＿＿＿＿　送修日期＿＿＿＿＿

1. 客户自述故障：该机使用 3 年，没发生过故障，昨天突然停电，导致不能开机。

2. 修理员分析：可能是器件烧坏。

分析：

原因	故障部位	理由	检查方法
器件损坏	220 V 输入电路 自激振荡电路	突然停电，瞬间大电压烧坏器件	用万用表直接检查大功率器件
PS-ON 信号强	负载	负载太重，或负载“电源检测模块”损坏	ATX 电源和主板之间是通过一个 20 脚长方形双排综合插件连接的，测量 14 脚（绿色线）PS-ON 信号和地线（黑色线）的电压，若为 0 V，即可判断是负载故障
电源输出器件损坏	电源输出电路	输出整流电路的器件也较易损坏	测开关变压器的输出端电压
停振	自激振荡电路	振荡电路的器件也易损坏	测振荡管 b、e 之间的电压，若为弱偏或反偏，正常，否则损坏
过压、过流保护	过压、过流保护电路	其他器件异常	综合检查

综合结论：开盖检查。

2.5.4 维修故障

1. 开关电源的安全操作原则

安全操作主要包括两个方面：一是维修人员的人身安全；二是开关电源和检修仪器的安全。所以在检修过程中应注意：

(1)使用隔离变压器。一般在220 V市电与开关电源之间串接一个1∶1的隔离变压器，将它们隔离。但在使用隔离变压器时，要注意其功率应大于负载(电视机)功耗。

(2)当行振荡电路停振时，整机电流显著减小，电源电压将因此上升。这时应将电源电压调小或接上假负载，再进行检修，以免烧坏元器件。

(3)在发现开机烧坏保险丝，而未查明原因时，不应急于换上保险丝通电(特别不能用比原来规格大的保险丝或钢丝替代)，否则，可能会使尚未损坏的元器件(如电源调整管、行输出管、基色输出管等)烧坏。如果不通电无法发现故障，则可用规格相同的保险丝换上去再试一下，此刻要掌握时机，观察故障现象。最好先断开稳压电源与其负载的连接，然后检查稳压电源。

(4)在稳压电源失控、输出电压过大而又没有采取措施的情况下，不要长时间开机检查，否则许多元器件会因耐压不够而损坏。此时应断开负载电路，迅速检查电源电路。但不可将开关电源全部负载断开，也不可全部断开行偏转、行逆程电容，或拆除保护电路，以防击穿开关电源管和行输出管。

(5)在带电测量时，一定要防止测试探头或表笔与相邻焊点相碰，以免造成新的故障。

2. 在维修开关电源之前，认真阅读以下注意事项

(1)不得在不明情况下随意加电，以免造成更多故障，或危及人身安全。

(2)注意用电安全，特别要区分“热地”和“冷地”。

(3)测量静态电压用模拟万用表，测量动态电压用数字万用表；测量数字电路和振荡电路用数字万用表；测量半导体器件好坏用数字万用表的“二极管”挡。

(4)加电测量电压时，注意表笔不能短路其他引脚或其他金属外壳。

3. 检查维修步骤

通过分析故障，确定维修故障的步骤，填写检查维修步骤单，见表2-20。

表2-20 检查维修步骤单

检查维修步骤单	
1. 待修机信息描述	LWT2005型ATX电源
2. 故障描述	无电源输出

续表

	检查内容	检查原因	记录数据	判断结论
3.检查步骤	外观检查	查看输入、输出端口及其他操作键		
	开盖目测	是否有烧坏、脱焊或电容鼓包等异常		
	查功率器件	是否烧坏		
	加电检查	是否有明显异常器件		
	查 Q_{03} 集电极电压	判断整流、滤波电路是否异常		
	查+5 VSB 电压	查辅助电源是否正常		
	查 IC_2 的 8 脚电压	查辅助电源是否正常		
	查 PS-ON 信号	查负载的“电源检测模块”是否有反馈电压		
	查 T_2 的 6 脚、8 脚	主振荡电路是否工作		
	查多路输出电路	查多路输出电路工作情况		
	查过压过流保护电路	查过压过流保护电路是否工作		
检查与维修结论				

(1)目测检查

通电前检查:检查按键、开关、旋钮放置是否正确;电缆、电线插头有无松动;印制电路板铜箔有无断裂、短路、霉烂、断路、虚焊、打火痕迹;元器件有无变形、脱焊、互碰、烧焦、漏液、胀裂等现象;保险丝是否熔断或松动,电机、变压器、导线等有无焦味、断线、打火痕迹;继电器线圈是否良好、触点是否烧蚀等。

(2)查功率器件

将本机易损坏器件填入易损坏功率器件单,见表 2-21。

表 2-21　　易损坏功率器件单

元器件名称	元器件标号	阻值/单位	元器件名称	元器件标号	阻值/单位

(3)加电检查

在测量功率器件无故障后,可通电检查表 2-22 各项。通电检查时,在开机的瞬间应特别注意机内是否冒烟、打火等,断电后摸电机外壳、变压器、集成电路等是否发烫。若均正常,即可进行测量检查。

表 2-22　　测试点

关键点电压测量	目 的	标准电压	实测电压	结论	注意事项
Q_{03} 集电极电压	判断故障是否在整流部分				
+5 VSB 电压	判断是否有辅助电源				

续表

关键点电压测量	目 的	标准电压	实测电压	结论	注意事项
PS-ON 电压	判断是否电脑开机或有被唤醒电压				
IC_2 的 8 脚电压	判断是否有调制脉宽电压输出				
T_2 的 6 脚、8 脚电压	判断主变压器是否有电压输出				
多路输出电路	检查每组电压输出是否正常				

PC 电源不仅输出电压，还与主板有信号联系，两者在时间次序上有一定的关系，这就叫作时序。时序是电源与主板良好配合的重要条件，也是导致电脑无法正常开关机，以及电源与主板不兼容的最常见因素。时序中最重要的是电源输出电压(通常以+5 V 为代表)与 P.G 信号以及 PS-ON 信号之间的关系。P.G 信号由电源控制，代表电源是否准备好，PS-ON 信号则由主板控制，表示是否要开机。两个信号都是通过 20 芯的主板电源线来连接的，电脑开关机的工作过程是这样的：电源在交流线通电后，输出一个电压+5 VSB 到主板，主板上的少部分线路开始工作，并等待开机的操作，这叫作待机状态；按下主机开关后，主板就把 PS-ON 信号变成低电平，电源接到低电平后开始启动并产生所有的输出电压，在所有输出电压正常建立后的 0.1～0.5 s 内，电源会把 P.G 信号变成高电平传回给主板，表示电源已经准备好，然后主板开始启动和运行。正常关机时，主板在完成所有关机操作后，把 PS-ON 信号恢复成高电平，电源关闭所有输出电压和 P.G 信号，只保留+5 VSB 输出，整个主机又恢复到待机状态。当非正常关机时，主板无法给出关机信号，此时电源会探测到交流断电，并把 P.G 信号变为低电平通知主板，主板立刻进行硬件的紧急复位，以保护硬件不会受损。这种情况下电源通知主板断电后，至少还要保持千分之一秒的正常输出电压，供主板进行复位，否则有可能造成某些硬件的损坏。

ATX 电源中没有+5 VSB 和 PS-ON 信号，因此只有 P.G 信号与电源输出电压间的配合关系。因为信号相对简单，所以很少出现异常和不兼容的现象。

在实际应用中，除了时序问题，还要注意信号的驱动能力是否匹配。ATX 电源的 P.G 信号线一般为灰色，高电平时应为 2.4～5.25 V，低电平时应为 0～0.4 V。PS-ON 信号线则一般为绿色，高电平时应为 2～5.25 V，低电平时应为 0～0.8 V。

4. 故障处理

根据故障情况，采用不同的处理方法。可参考项目 1 内容。

2.5.5 修复检验与故障检修记录单

修复故障机后，对机器应该依据要求进行检查。

(1)检查已修复的故障是否真正修复了。

(2)检查是否还有没有修复的故障。

(3)修复后的电子产品，技术指标是否达到了所规定的标准。

只有进行全面检查后，才可以装机，装机后还要再进行一次检查，确保修复成功。

表 2-23 为故障检修记录单。

表 2-23　　　　故障检修记录单

故障检修记录单：

项目编号：________

《　　　　　　　　》记录单

故障检修人(签名)：________

故障审定人(签名)：________

项目名称：PC 电源维修

项目编号：NO. 2

故障现象：电源无输出电压

第　　页

故障原因分析：

第　　页

故障检修步骤：

故障检修心得：

第　　页

2.5.6 自我评价

根据维修过程与结果，正确评价自己的表现，填写表 2-24 的自我评价表，以便教师参考。

表 2-24 自我评价表

评价内容	检验指标	权重	自评	互评	总评
检查任务完成情况	1.完成任务过程情况				
	2.任务完成质量				
	3.在小组完成任务过程中所起作用				
专业知识	1.能描述开关电源的组成、工作原理				
	2.根据故障现象分析故障原因情况				
	3.检查维修情况				
	4.器件代换情况				
	5.会描述安全事项				
职业素养	1.学习态度:积极主动参与学习				
	2.团队合作:与小组成员一起分工合作,不影响学习进度				
	3.现场管理:服从工位安排、执行实训室“5S”管理规定				
综合评议与建议					

评价指标	检验说明	检验记录
维护检查项目	➢ 多路输出电压 ➢ 开机启动情况 ➢ 纹波系数 ➢ 稳压情况 ➢ 其他	
开关电源运行情况		

2.5.7 拓展故障实例

故障现象:无输出。

一台 LWT2005 型电源中 ATX 电源的输出电压偏低。空载下,+5 V 电源的电压只有+1.8 V,其他各路电压也按比例同样减小。电源是采用 KA7500B 及 LM339N 集成电路的典型 ATX 电路。检查发现 KA7500B 的 4 脚电压为+2.6 V,电路似乎处于保护状态。但保护状态时各路输出的电压应均为零,而现在却是正常电压的三分之一,令人费解。试着把 KA7500B 的第 4 脚接地,电源立即输出正常。4 脚接地就正常工作,说明 KA7500B 并未损坏,问题可能出在 LM339N 以及有关的电路。用万用表查 LM339N 引脚的电压,当查到第 4 脚及第 7 脚时,各路电源均正常了。只用一根表笔去接触 7 脚或 4 脚,也可使电源恢复正常工作。这等于在 4 脚或 7 脚上加了一条“天线”,“天线”接收了外来信号,电源就工作正常了。试了试“天线”的长度,40 厘米以下对电源不起作用,长度增加了,输出电压也随之增大,达到 1 米左右时,输出电压就正常了,KA7500B 的 4 脚电压也恢复到 0 V

了。但电源要用"天线"才能工作，说明还有故障未找到。再检查 LM339N 的 4 脚与 5 脚的电压，5 脚电压为 2.4 V，4 脚电压为 1.2 V，输出端 2 脚的电压为 2.9 V。这部分电路如图 2-38 所示。但是 LM339N 2 脚的高电位，必须在 5 脚电位高于 4 脚电位时才能产生，那 5 脚最初的高电位是怎么产生的？把与 5 脚相连的各支路断开试一试。在断开 c 支路以后，电源就正常了；沿着 D_2 往下找，最后在＋3.3 V 电源处对地接一个 1000 μF 的电容时，电源就正常了。再检查＋3.3 V 电源原来的滤波电容，发现已经失效。更换电容后 KA7500B 的 4 脚电压恢复正常，用表笔去碰触 LM339N 的 4 脚或 7 脚也没有变化，问题得到了解决。

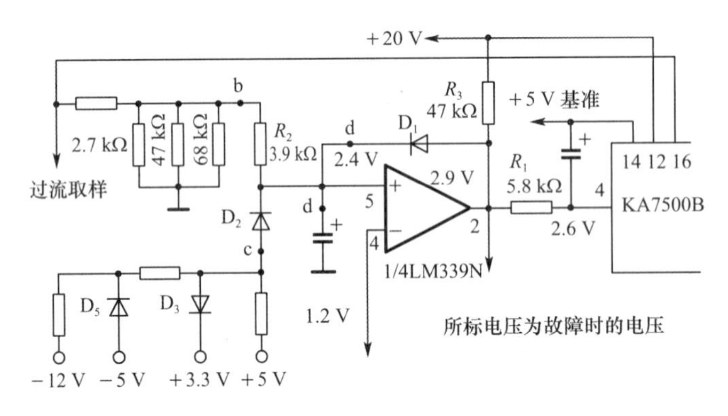

图 2-38　自激保护部分电路原理

为什么＋3.3 V 电源的滤波电容失效会造成输出电压偏低？＋3.3 V 电源在没有电容滤波时，输出的直流电源中含有很强的由逆变功率管输出的脉冲成分，通过 D_3 及 D_2 送到 LM339N 的 5 脚，使 5 脚的电平高于 4 脚的电平，电源进入了保护状态。在＋20 V 电源经 R_3、D_1、R_2 和三个并联电阻到接地的支路中，三个电阻并联后的电阻值是 2.43 kΩ，再略去其他支路的影响，可以估算出 5 脚的电压大约是 2.3 V，因二极管 D_1 的钳位作用，2 脚输出电压只能在 2.9 V 左右，经 R_1 送到 KA7500B 的 4 脚，减去电阻 R_1 的降压，KA7500B 的 4 脚电压就是 2.6 V 了。在此电压下，KA7500B 会输出较窄的脉冲，于是在空载下，＋5 V 电源有约 1.8 V 的电压输出。解决的办法是，在 d 支路中串联一个 47 kΩ 的电阻，并把 R_2 由 3.9 kΩ 换成 100 kΩ。经这样处理后，不论是正常工作还是处于保护状态，各路电源的输出电压和各引脚的电压均正常了。而 R_2 电阻的改动，也不会影响电源的过载保护性能。至此，电源的故障才完全得到了解决。

为什么 LM339N 的 4 脚加了"天线"会正常工作呢？这是因为 4 脚经 D_1 反馈到 5 脚后，产生了轻微的高频寄生振荡。4 脚或 7 脚接了"天线"以后，破坏了电路的振荡条件，使 4 脚的电压升高，当超过 5 脚的电压时，2 脚送出 0 V 的低电平信号到 KA7500B 的 4 脚，电源就工作正常了。同样，在 D_1 支路中串联了 47 kΩ 的电阻后，增大了阻尼因数，破坏了电路的振荡条件，电源也就正常了。此时若取下＋3.3 V 电源处新加的电解电容，通电后，电源会立即进入保护状态，各路电源都没有输出。

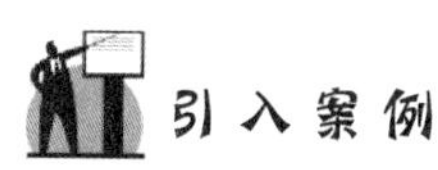

引入案例

案例故障回顾：一台宏图PC机，出现不能开机、电源指示灯不亮的故障，经询问得知在使用过程中，突然出现断电死机。

案例维修处理：

先采用替换法(用一个好的ATX开关电源替换原主机箱内的ATX开关电源)确认LWT2005电源的开关电源已损坏。然后拆开故障电源外壳，直观检查，发现机板上辅助电源电路部分的R_{001}、R_{003}、R_{05}呈开路性损坏，Q_1(C1815)、开关管Q_{03}(BUT11A)呈短路性损坏，如图2-39所示。且R_{003}烧焦，Q_1的c、e极炸断，保险管(5 A/250 V)发黑熔断。更换上述损坏元器件后，采用人工启动电源的方法：用一根导线将ATX插头14脚与15脚(两脚相邻，便于连接)相连，并在+12 V端接一个电源风扇。检查无误后通电，发现两个电源风扇(开关电源自带一个+12 V散热风扇)转速过快，且发出很强的“呜”音，迅速测得+12 V上升为+14 V，且辅助电源电路部分发出一股逐渐浓烈的焦味，立即断电。分析认为，输出电压升高，一般是稳压电路有问题。细查为IC_4、IC_3构成的稳压电路部分的IC_3(光电耦合器P817)不良。由于IC_3不良，当输出电压增大时，IC_3内部的光敏三极管不能及时导通，从而没有反馈电流进入开关管Q_{03}的e极，不能及时缩短Q_{03}的导通时间，导致Q_{03}导通时间过长，输出电压增大。如不及时关断电源(从发出的焦味来看，Q_{03}很可能因导通时间过长，功耗过大而损坏)，又将大面积地烧坏元器件。

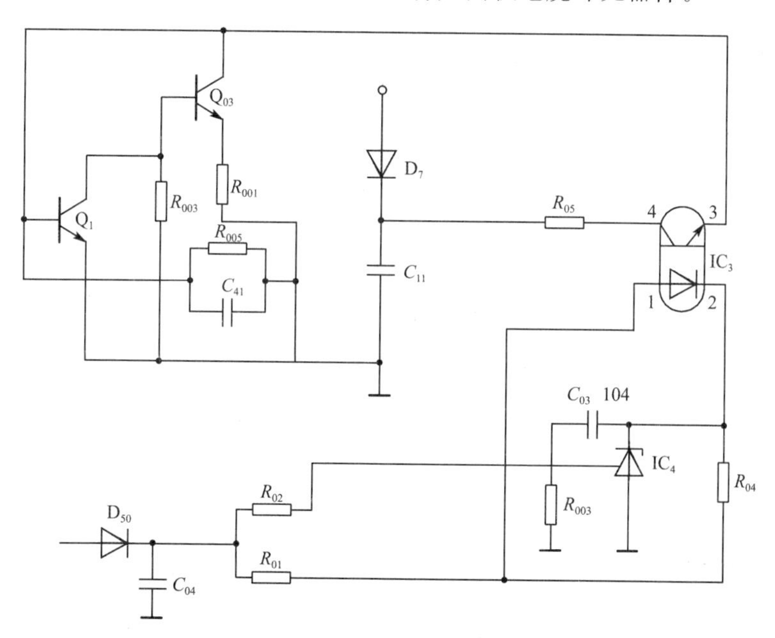

图2-39　稳压部分电路原理

将IC_3更换后，重新检查、测量刚才更换过的元器件，确认完好后通电。测各路输出电压后发现一切正常，风扇转速正常(几乎听不到转动声)。通电观察半小时无异常现象。

再接入主机内的主板上，通电试机 2 小时一直正常，故障修复。

你学会了吗？

知识小结

●开关电源由整流电路、开关电路及高频交流整流电路三部分组成。

●开关电源分为“热地”与“冷地”。如果是串联型开关电源，则所有的“地”全为“热地”；若是并联型开关电源，则只有部分“地”为“热地”(一般在印制板上用粗白线框标出)，其他“地”为“冷地”。“热地”开关电源带 220 V 的交流电压，测量时要注意安全。

●无电压输出，要分清电源故障类型，通过测量 PS-ON 电压可判断故障部位。若 PS-ON 无电压，则说明故障在开关电源本身；若 PS-ON 有电压，则可能是负载故障。

●开关电源无电压输出的故障应重点检查：

- 虚焊和假焊。
- 易损坏元器件。

●开关电源的稳压是由取样电路、基准电路、比较电路及脉宽频率控制电路组成的。

●开关管的“通”“断”控制有调宽制与调频制两种。调宽制的频率一般由行脉冲锁定；而调频制通常是指脉宽与频率同时改变。

●输出电压异常，是指有输出电压，但输出电压或者高于正常值，或者低于正常值，往往伴随屏幕太亮或太暗的现象。严重时会烧坏元器件，导致无电压输出。

●开关电源输出电压异常的故障应重点检查：

- 取样电路。
- 基准电路。
- 比较电路。
- 控制电路。

●开关电源的维修步骤：

- 目测电路中是否有断线或断印制线故障。
- 用万用表电阻挡测量易损坏元器件。
- 测量关键点电压分块，判断故障大致部位。
- 运用各种检查方法，查找损坏元器件。
- 更换损坏元器件。

思考与练习

2.1　常用的小功率直流稳压电源系统由哪几部分组成？试述各部分的作用。

2.2　衡量稳压电路的技术指标有哪几项，其含义是什么？

2.3　串联反馈式稳压电路由哪几部分组成，各部分的功能是什么？

2.4 稳压电源电路如图 2-40 所示。

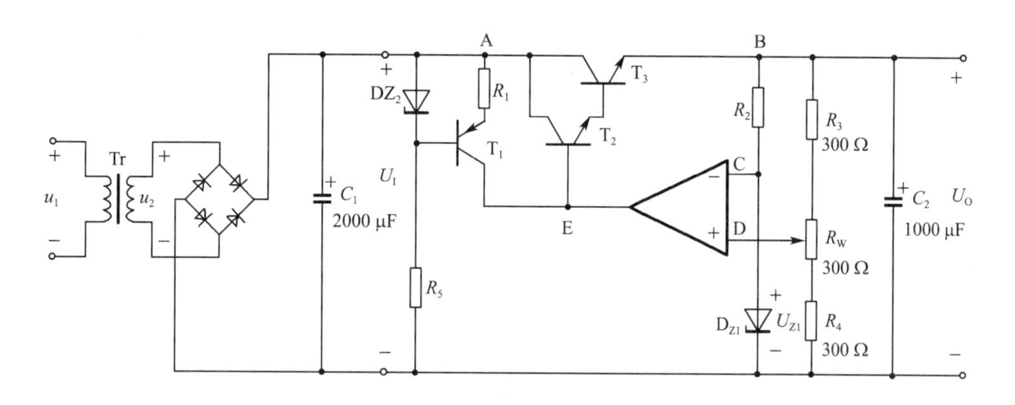

图 2-40 稳压电源电路

(1)在原有电路结构基础上(设 T_2、T_3 连接正确),改正图 2-40 中的错误;

(2)设变压器副边(次级)电压的有效值 $U_2=20$ V,求 $U_1=$? 说明电路中 T_1、R_1、DZ_2 的作用;

(3)$U_{Z1}=6$ V,$U_{BE}=0.7$ V,电位器 R_W 在中间位置,试计算 A、B、C、D、E 点的电位和 U_{CE3} 的值;

(4)计算输出电压的调节范围。

2.5 用示波器测量信号的幅值与频率时,如何保证测量精度?

2.6 已知示波器显示一个正弦信号波形,灵敏度旋钮“V/div”位置在 0.02 V/div 挡,扫描速度旋钮“t/div”的位置在 20 μs 挡时,测得 $H=3$ div,$D=2$ div。计算该正弦信号的幅度和频率。

2.7 叙述开关电源的工作原理。

2.8 叙述 PC 开关电源无电压输出的故障维修流程。

2.9 分析烧毁保险丝的检修方法。

2.10 如果开关电源整流滤波电容干涸,将会产生什么故障?

2.11 若开关电源保险丝开路,开关电源将出现何种故障? 怎样维修?

2.12 为什么在测量电源电压时要区分“热地”和“冷地”?

2.13 烧坏保险丝后,是否更换保险丝就可以了,为什么?

2.14 为什么修理开关电源最好使用数字万用表?

2.15 画出串联稳压电源的框图。

2.16 修理开关电源时,必须准备哪些资料?

2.17 叙述开关电源维修的一些经验。

2.18 开关电源有哪些关键点? 对判断故障有什么用处?

2.19 简述 PC 电源的时序逻辑关系。

2.20 什么是 PS-ON 信号? PS-ON 信号变小时,是如何控制主电源工作的?

2.21　P.G 信号有什么作用，是如何形成的？

2.22　简述主电源的工作过程？

2.23　总结一下 PC 开关电源维修的步骤。

2.24　分析一下 PC 开关电源常见故障的特征。

2.25　若过流保护电路有故障，应如何查找？

2.26　若无电源输出，怎样判断是主电源故障，还是 PS-ON 信号的故障？

2.27　简述 PC 辅助电源的工作过程。

2.28　若印制板之间有霉点，应如何检查？

2.29　整理好在此项目中修理机器的故障经验。

2.30　谈谈修理开关电源的感想。

项目 3　液晶电视机调试与故障维修

学习目标

◇ 能理解液晶电视机的工作原理、信号流程、典型故障特征；
◇ 会使用仪器、仪表测量液晶电视机的电压、波形和其他参数；
◇ 能判断液晶电视机故障现象；
◇ 能运用液晶电视机原理分析其故障原因；
◇ 能理解液晶电视机常见故障的维修步骤；
◇ 能维修液晶电视机的故障；
◇ 能严格遵守电器产品的维修操作规程；
◇ 能对相似的液晶电视机进行维修。

工作任务

◇ 叙述液晶电视机的基本工作原理、信号流程、维修步骤和典型故障特征；
◇ 了解液晶电视机的基本故障；
◇ 对常见的各品牌家用液晶电视机进行维修。

数字电视的清晰度都较高，终端需要高清晰度的显示设备才能体现其优点。目前高清晰度显示器有液晶显示器(LCD)和等离子显示器(PDP)，通常将它们组成的电视机称为平板电视机。平板电视机的显示器有厚度薄、重量轻、低功耗和无 X 射线辐射等优点。

本项目从介绍液晶电视机的原理出发，讲述液晶电视机的故障分析方法，并以创维 8T 系列机芯的液晶电视机为例来介绍液晶电视机的故障维修。

引入案例

一台创维 15AAB/8TT1 机芯液晶彩色电视机出现白屏但有声音的故障，询问用户得知，一开机使用就出现此现象，没有不正确的操作。

对这种液晶电视机的故障应如何修理呢？不用着急，完成下面五个任务后，你就学会了！

任务 3.1　液晶电视机的组成、拆卸及显示原理

学习目标

◇ 能理解液晶电视机的组成、原理和特点；
◇ 能正确拆卸液晶电视机。

工作任务

✧ 简述液晶电视机的组成；
✧ 对液晶电视机进行拆卸。

读一读

3.1.1 液晶电视机的组成

1. 液晶电视机的组成原理

LCD 电视机的原理框图如图 3-1 所示，主要由以下几个部分组成：

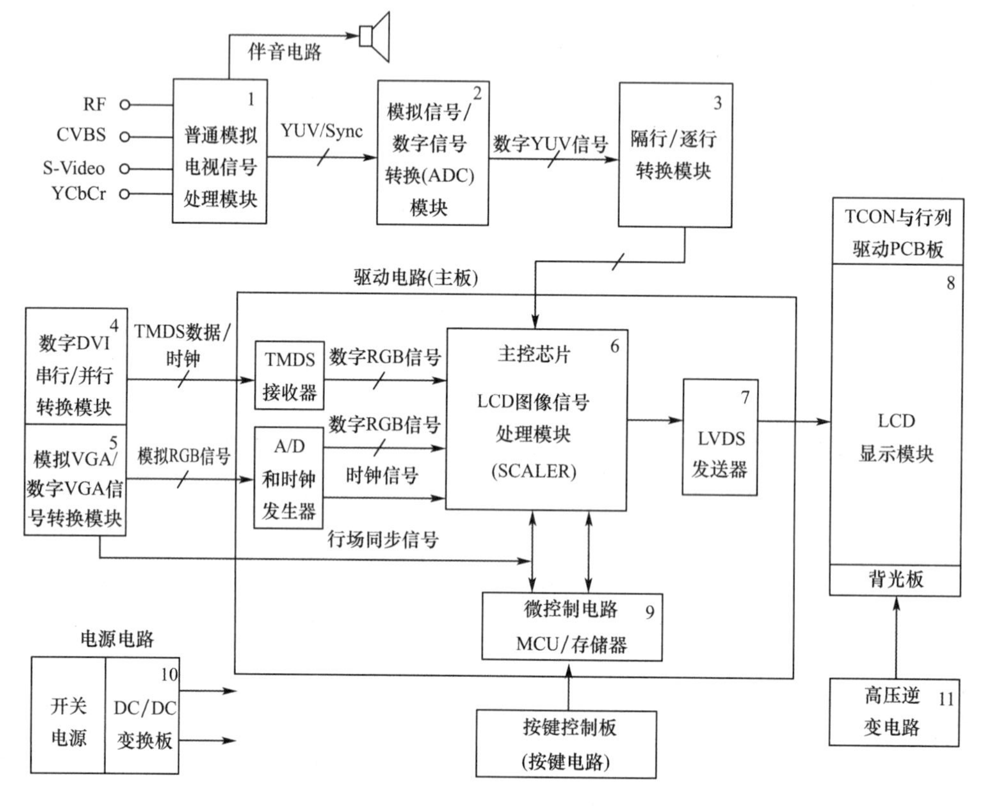

图 3-1 LCD 电视机的原理框图

(1)普通模拟电视信号处理模块。该模块与普通电视机中的电视信号处理部分功能相同，其可接收多种格式输入信号，如 RF 电视射频信号、CVBS 复合电视信号、S-Video 信号、色差分量信号等。RF 电视射频信号的接收一般使用一体化二合一高频头进行处理，处理后可直接输出复合电视信号和解调的伴音信号。同时，高频头也可输出第二伴音中频信号 SIF 提供给带丽音解码的机型使用。高频头输出的复合电视信号经视频解码 IC 处理后，输出模拟 YUV(或 RGB)信号及行场同步信号供模拟信号/数字信号转换模块进行处理使用。

(2)模拟信号/数字信号转换模块。该模块把三通道模拟 YUV(或 RGB)信号，通过 A/D

转换器处理后，转变为24路数字YUV（或RGB）信号提供给隔行/逐行转换模块使用。

（3）隔行/逐行转换模块。该模块把隔行格式的数字YUV（或RGB）信号进行逐行处理后输出一标准逐行格式的数字YUV（或RGB）信号。

（4）数字DVI串行/并行转换模块。这部分模块的功能主要由DVI接收器来实现。其接收PC输出的标准串行数字视频DVI信号，然后将其转变为24位（或48位）并行数字视频信号。

（5）模拟VGA/数字VGA信号转换模块。该模块主要用于把PC输出的标准模拟VGA视频信号转变成24位的并行数字VGA视频信号。

（6）LCD图像信号处理模块（SCALER）。该模块的核心是一个高性能的平板图像处理器，可对前端进来的多种格式数字视频信号进行处理，输出平板显示模块可接收的平板图像显示数据格式。其主要功能有：数字色度亮度处理、彩色γ校正、图像大小缩放、画质改善、运动补偿、边缘平滑等。

（7）LVDS发送器。LVDS（Low Voltage Differential Signaling，低压差分信号技术接口）是美国NS公司（美国国家半导体公司）为克服以TTL电平方式传输宽带高码率数据时功耗大、EMI电磁干扰大等缺点而研制的一种数字视频信号传输方式。LVDS输出接口利用非常低的电压摆幅（约350 mV）在两条PCB走线或一对平衡电缆上通过差分进行数据的传输，即低压差分信号传输。采用LVDS输出接口，可以使得信号在差分PCB走线或平衡电缆上以几百兆每秒的速率传输，由于采用低压和低电流驱动方式，所以，实现了低噪声和低功耗。目前，LVDS输出接口在17英寸及以上液晶显示器中得到了广泛的应用。

LVDS发送器将驱动板主控芯片输出的电平并行RGB数据信号和控制信号转换成低电压串行LVDS信号，然后通过驱动板与液晶面板之间的柔性电缆（排线）将信号传送到液晶面板侧的LVDS接收器，LVDS接收器再将串行信号转换为TTL电平的并行信号，送往液晶屏时序控制与行列驱动电路。

（8）LCD显示模块。该模块是LCD-TV的显示终端，其接收平板图像处理器输出的平板图像显示数据（或DVI格式的平板图像显示数据，与LCD显示模块的输入接口有关），经内部时序控制电路转换后驱动LCD屏显示出正确的视频图像。

（9）微控制电路。提供人机接口及对电路的各个功能模块进行功能设置和控制。

（10）电源电路。对电源接口输入的＋12 V和＋24 V直流电进行DC/DC转换后，提供系统需要的各种不同电压。

（11）高压逆变电路。液晶显示器的背光灯（CCFL）需要很高的交流电压才能够点亮，但是电源电路或外置电源适配器提供的电压最高也不过十几伏，因此就需要一个电压变换电路来把电源电压转换成适合CCFL正常工作所需要的电压，这个电路就是高压逆变电路。液晶显示器的高压逆变电路和CRT显示器的高压电路差不多，所不同的是LCD高压逆变电路多了亮度调节的控制接口，输出电压比较低（最高不过2 kV），采用的多是贴片元器件，体积非常小，最终输出的是高频正弦交流电，而非CRT显示器高压电路所需要的直流电。

你知道吗？ 液晶电视的发展

在1888年，奥地利植物学家莱尼茨尔合成了一种奇怪的有机化合物，它有两个熔点。它的固态晶体被加热到145℃时，便熔化成液体，只不过是浑浊的，而一切纯净物质熔化时却应是透明的。如果继续加热到175℃，它似乎再次熔化，变成清澈透明的液体。后来，德国物理学家发现这种白浊物质具有多种弯曲性质，认为这种物质是流动性结晶的一种，由此而取名为Liquid Crystal，即液晶。

在1961年，美国RCA公司普林斯顿实验室有一个年轻的学者F. Heimeier准备博士论文的答辩时，为了研究外部电场对晶体内部电场的作用，他想到了液晶。他将两片透明导电玻璃之间夹上掺有染料的向列液晶。当在液晶层的两面施以几伏的电压时，液晶层就由红色变成了透明态。出身于电子工程师的他立刻意识到，这不就是彩色平板电视嘛！RCA公司对他的研究极为重视，一直将其列为企业的重大机密项目，直到1968年，才在一次最新科技成果的广播报道中向世界报道。这一报道立刻引起了日本科技界、工业界的重视。

日本将当时正在兴起的大规模集成电路与液晶相结合，以“个人电子化”场为导向，很快开发了一系列商品化产品，打开了液晶显示实用化的局面，掌握了主动权，促成了日本微电子业的惊人发展。

美国RCA公司一些生产部门的负责人一方面局限于传统的半导体产品，一方面又过分强调初出茅庐的液晶显示器件的缺点，以市场还未开拓为借口，极力诋毁液晶显示的产业化。到70年代中期，液晶显示已经成为一个产业的时候，美国RCA公司在一次董事会上沉痛地总结：在RCA百年发展历史上液晶显示技术的流失是一次巨大的失误。

液晶作为一种特殊的功能材料，具有极其广泛的应用价值。我们可以发现，目前液晶的应用范围相当广泛，小到手表、手机，大到显示器、电视机，液晶行业已经深入到社会生活的各个角落了。

2. 液晶电视机整机的组成

将液晶电视机后盖打开，我们会发现液晶电视机的结构非常简单，它主要由液晶屏(包括液晶面板、驱动板、逆变器)、主信号处理板、电源板、按键板、遥控接收板等几块电路板组成，如图3-2所示。

(1)主信号处理板

主信号处理板是液晶电视机中进行信号处理的核心部分，它的任务是在系统控制电路的作用下，将外接输入信号转换为统一的液晶屏能识别的数字信号。

主信号处理板主要包括信号输入电路、信号切换电路(USB/HDMI/TV/PC/YUV等)、音频信号切换电路、模/数(A/D)转换电路、音视频信号处理电路、格式变换电路、微处理器(CPU或MCU)控制电路、LVDS信号形成电路、伴音功率放大电路、DC/DC变换电路等。

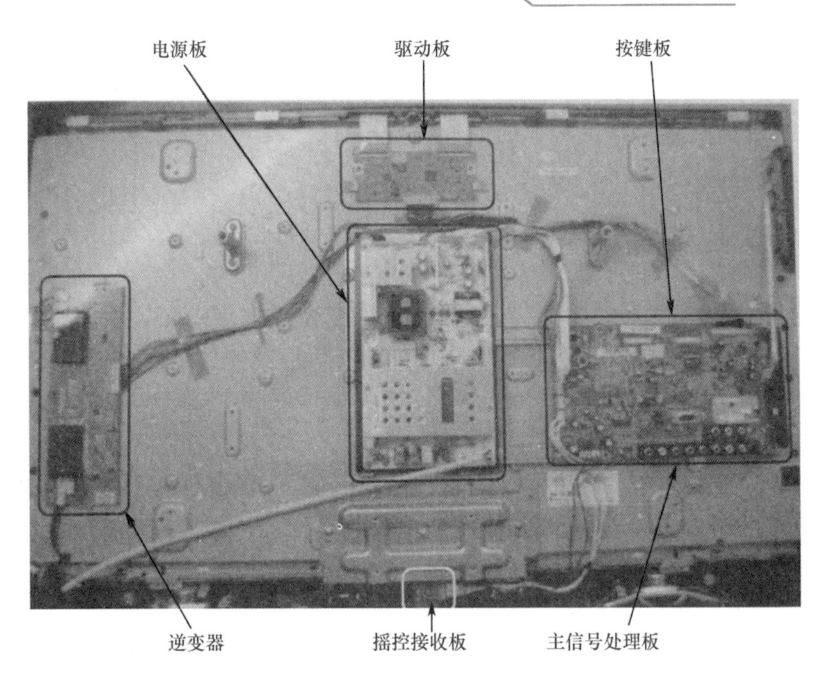

图 3-2 液晶电视机的组成部件实物图

(2)电源板

电源板主要产生各组电压为主信号处理板、驱动板、逆变器等电路供电。电源板输出的电压中+5 VSB供主板的CPU待机用,+5 V供主板小信号处理电路使用,+12 V或+24 V供主信号处理板伴音功放使用(注意:有些伴音功放供电为+24 V),+12 V或+24 V供驱动板和逆变器使用。

(3)逆变器

逆变器也称为背光板或inverter板,是一个DC/AC变换电路,其工作状态受主信号处理板输出的信号控制。其作用是将开关电源输出的低压直流电(+12 V或+24 V)或功率因数校正(PFC)电路产生的高压直流电(+400 V)转换为CCFL所需要的+800~+1500 V交流电压,为液晶屏的背光灯管供电,点亮液晶屏模块的背光单元,以使用户看到液晶屏上的图像。

(4)驱动板

驱动板也称为逻辑板或T-CON板,其作用是将从主信号处理板送来的LVDS信号(包括数据信号、同步信号、时钟信号、使能信号)转换成数据驱动器和扫描驱动器所需要的时序信号和视频数据信号,将上屏电压经过DC/DC变换成扫描驱动器(行驱动器或栅极驱动器)的开关电压V_{GH}、V_{GL},数据驱动器(列驱动器或源极驱动器)的工作电压V_{DA}及时序控制电路所需的工作电压V_{DD},从而驱动液晶屏正常工作并显像。

(5)按键板

用户通过按键板可以方便地对液晶电视机进行各种功能操作。

(6)遥控接收板

遥控接收板由一个遥控接收头和一个指示灯构成。用户使用遥控器发射信号,通过遥控接收板的接收可以方便地对液晶电视机进行功能操作以及知道液晶电视机所处的工作状态。

3.液晶电视机的结构

目前,市场上销售的主要是以下两种结构的液晶电视机。

(1)独立型电源和逆变器的液晶电视机

市场上销售的液晶电视机大多采用这种结构。主信号处理板(主板)接收到按键或遥控器发出的二次开机信号后,发出二次开机指令(PS-ON)到电源板,电源板输出+24 V、+12 V、+5 V等电压,为整机提供工作电压。

主板在得到正常工作电压后发出逆变器开机指令,打开逆变器,产生高频电压点亮背光源,为显示图像做准备。之后,主板输出上屏供电指令,产生上屏电压送到逻辑板。逻辑板加电后,将主板送来的LVDS信号转换成行、列电极所需要的时序信号和视频数据信号,从而在屏幕上显示出图像。

市场上销售的独立型电源和逆变器的液晶电视机中,还有一种超低待机功耗的液晶电视机。它在待机时只有待机电源板工作,为按键板、遥控接收板和主板相关电路提供电压。

用户使用遥控器(或按键)发出二次开机指令后,遥控开机信号或按键开机信号分两路:一路直接送到主板,主板发出开关控制信号到待机电源板,为待机电源板持续输出开机指令提供条件;另一路直接送到待机电源板,控制待机电源板上继电器的工作状态,从而控制电源板输出+24 V、+12 V、+5 V等电压,为整机提供工作电压。

(2)二合一电源(电源+逆变器)液晶电视机

市面上销售的液晶电视机,除了电源、逆变器是独立型的外,还有一类是电源和逆变器制作在一起的,称为二合一电源。

二合一电源是将逆变器上的相关电路整合到电源上,直接采用PFC部分产生的400 V电压作为逆变器的输入电压,通过DC/AC升压变换为液晶面板所需的1000 V以上的电压,驱动液晶面板的CCFL背光灯或EEFL背光灯发光。二合一电源可以降低电源功耗,维修的故障判定更为简单。

主板接收到遥控器或按键发出的二次开机信号后,发出二次开机指令(PS-ON)到二合一电源板,二合一电源板输出+24 V、+12 V、+5 V等电压,为整机提供工作电压。主板在得到正常工作电压后发出逆变部分开关指令,打开二合一电源板,产生高频电压点亮背光源,为显示图像做准备。随后,主板输出上屏供电指令,产生上屏电压到逻辑板。逻辑板加电后,将主板送来的LVDS信号转换成行、列电极所需要的时序信号和视频数据信号,从而在屏幕上显示出图像。

除了上面介绍的几种液晶电视机的内部结构外,还有一类液晶电视机将屏驱动板相关电路整合到主板上,即主板兼有驱动板的功能,直接输出RSDS信号到面板的行、列电极。

做一做

3.1.2 液晶电视机的拆卸

[工作任务]

液晶电视机的拆卸比较简单，下面以创维 26L16SW 液晶电视机为例（如图 3-3 和图 3-4 所示）进行简要说明。

①把液晶电视机平放在干净而柔软的平面上，从底座下方旋开如图 3-5 中标示的 6 颗螺钉，去掉底座。

②旋开如图 3-6 中标示的 16 颗螺钉，取下后盖。

③旋开如图 3-7 中标示的 6 颗螺钉，拔下与电源板（LED 驱动板）连接的线材，取下电源板，可方便地进行故障判定和维修。

④旋开如图 3-8 中标示的 4 颗螺钉，拔下与主板连接的线材，取下主板，可方便地进行故障判定和维修。

图 3-3 创维 26L16SW 液晶电视机正面

图 3-4 创维 26L16SW 液晶电视机背面

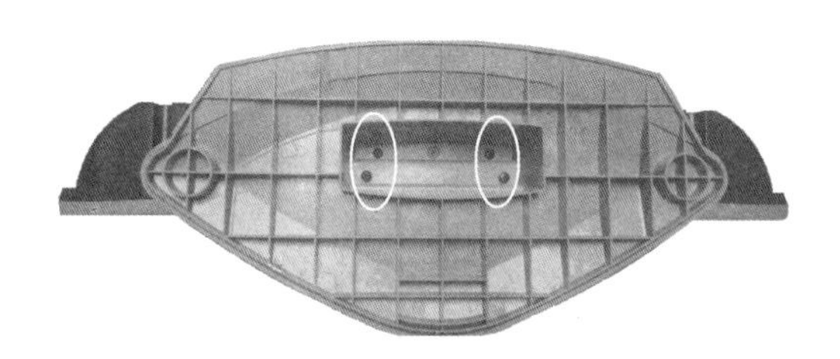

图 3-5 创维 26L16SW 液晶电视机下底座示意图

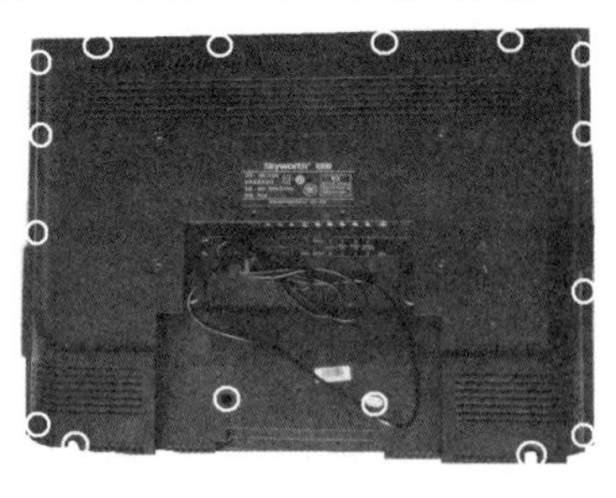

图 3-6 创维 26L16SW 液晶电视机背面后盖螺钉示意图

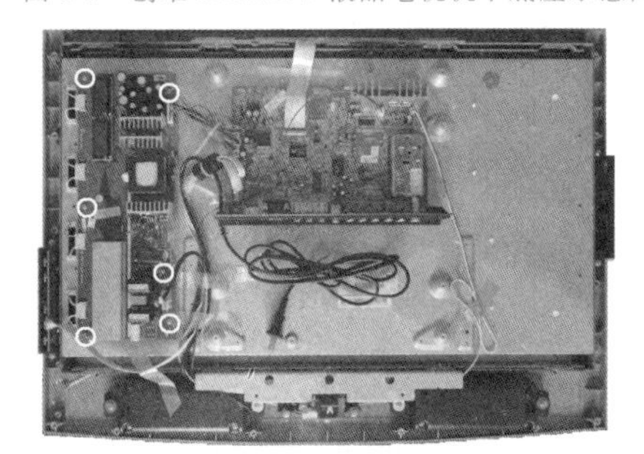

图 3-7 创维 26L16SW 液晶电视机电源板拆卸示意图

图 3-8 创维 26L16SW 液晶电视机主板拆卸示意图

你知道吗？ 液晶电视机的尺寸

液晶电视机的屏幕通常都是采用16：9的格式，那么我们通常所说的42吋、50吋、60吋液晶显示屏到底是多大呢？其实我们通常所说的尺寸是屏幕的对角线长度，我们来看看下面的表格：

对角线		宽/mm	高/mm	面积/m^2
英寸	毫米/mm			
15	381.00	332.07	186.79	0.06
19	482.60	420.62	236.60	0.10
25	635.00	553.45	311.32	0.17
29	736.60	642.00	361.13	0.23
34	863.60	752.69	423.39	0.32
38	965.20	841.24	473.20	0.40
42	1066.80	929.80	523.01	0.49
50	1270.00	1106.90	622.63	0.69
60	1524.00	1328.28	747.16	0.99
72	1828.80	1593.94	896.59	1.43
100	2540.00	2213.80	1245.26	2.76

看一看

[知识拓展]

3.1.3 液晶显示原理

液晶是在1888年由奥地利植物学家Friedrich Reinitzer发现的，是一种介于固体与液体之间，具有规则性分子排列的有机化合物。物质有固态、液态、气态三种形态。液体分子是长形的(或扁形的)，如果分子的排列没有规律性，那直接称其为液体，而分子排列具有方向性的液体则称之为“液态晶体”，又简称为“液晶”。

LCD(液晶显示器)是Liquid Crystal Display的简称。LCD的构造是：在两片平行的玻璃当中放置液态的晶体，两片玻璃中间有许多垂直和水平的细小电线，通过通电与否来控制杆状水晶分子改变方向，将光线折射出来产生画面。

LCD技术是把液晶灌入两个列有细槽的平面之间。这两个平面上的槽互相垂直(相交成90°)。也就是说，若一个平面上的分子南北向排列，则另一平面上的分子东西向排列，而位于两个平面之间的分子被强迫进入一种90°扭转的状态。由于光线顺着分子的排列方向传播，所以光线经过液晶时也被扭转90°。但当液晶上加一个电压时，分子便会重新垂直排列，使光线能直射出去，而不发生任何扭转。LCD是依赖极化滤光器(片)和光线本身来完成显示的。自然光线是朝四面八方随机发散的，极化滤光器实际上是一系列越来越细的平行线，这些线形成一张网，阻断不与这些线平行的所有光线。两个互相垂直的极化滤光器的线能完全阻断光线。只有两个滤光器的线完全平行，光线才能得以穿透。加电可以改变 LCD 中的液晶排列，使光线射出，而不加电时光线则被阻断。

从液晶显示器的结构来看，采用的 LCD 显示屏都是由不同部分组成的分层结构。LCD 由两块玻璃板构成，厚约 1 mm，被 5 μm 的液晶(LC)材料均匀间隔开。因为液晶材料本身并不发光，所以在显示幕两边都设有作为光源的灯管，而在液晶显示屏背面有一块背光板(或称匀光板)和反光膜，背光板是由荧光物质组成的可以发射光线，其作用主要是提供均匀的背景光源。背光板发出的光线在穿过第一层偏振过滤层之后进入包含成千上万个水晶液滴的液晶层。液晶层中的水晶液滴都被包含在细小的单格结构中，一个或多个单格构成荧幕上的一个图元。在玻璃板与液晶材料之间是透明的电极，电极分为行和列，在行与列的交叉点上，通过改变电压而改变液晶的旋光状态，液晶材料的作用类似于一个个小的光阀。在液晶材料周边是控制电路部分和驱动电路部分。当 LCD 中的电极产生电场时，液晶分子就会产生扭曲，从而将穿越其中的光线进行有规则的折射，然后经过第二层过滤层的过滤在荧幕上显示出来。

1.液晶的电光效应

液晶分子的某种排列状态在电场作用下变为另一种排列状态时，液晶的光学性质就跟着改变，形成电场调制光的电光效应。液晶的电光效应是由液晶的介电系数、电导率和折射率的各向异性引起的。液晶有多种电光效应，应用于液晶显示的主要有两类：

(1)电场效应

电场效应又分为扭曲向列(TN)效应和宾主(GH)效应。

扭曲向列型液晶盒的组成及工作原理如图 3-9 所示，在涂覆透明电极的两玻璃基片之间夹着厚度为 10 μm 的 P 型液晶分子扭曲排列的向列型液晶层。在液晶盒上、下两侧各有一偏振片，入射光侧的偏振片称为起偏器，出射光侧的偏振片称为检偏器。起偏器的偏振方向与该侧基片表面的液晶分子轴方向一致。检偏器的偏振方向与起偏器的偏振方向平行或垂直。液晶分子扭曲的螺距为 40 μm，远远大于可见光波长，因此，射入液晶的直线偏振光的偏振方向在通过液晶层时沿着液晶分子轴扭曲旋转 90°。在不加电场且检偏器的偏振方向与起偏器的偏振方向平行时，出射光的偏振方向与检偏器的偏振方向垂直，出射光被遮断，如图 3-9(a)所示。当起偏器和检偏器的偏振方向垂直时，出射光通过检偏器，液晶盒呈透明状。

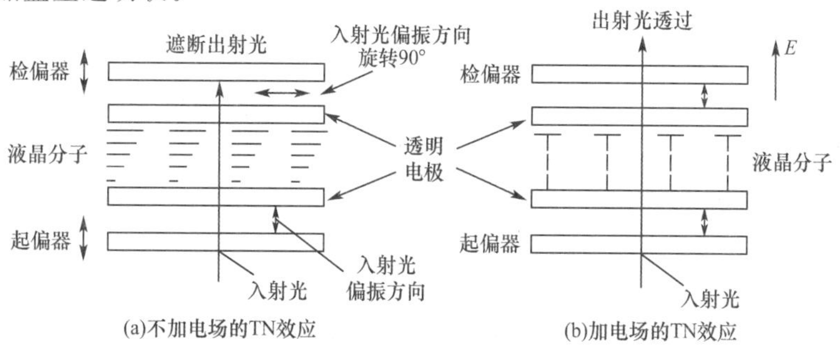

图 3-9 TN 电光效应原理

如果给液晶盒施加电场 E，且外加电压高于阀值电压时，液晶分子排列改变为分子轴与电场方向平行，如图 3-9(b)所示。分子轴与电场 E 方向相同，液晶的旋光性消失，入射光的偏振方向不旋转。当两侧偏振片的偏振方向平行时，出射光透过检偏器，若用于显示屏，则呈现黑底白像；当两侧偏振片的偏振方向互相垂直时，出射光被遮断，若用于显示屏，则呈现白底黑像。

目前，应用最广泛的液晶显示器件都是运用液晶的扭曲向列电光效应。在此基础上的液晶显示有扭曲向列型(TN)、超扭曲向列型(STN)和双层超扭曲向列型(DSTN)。

宾主效应是将长轴方向与短轴方向对可见光吸收率不同的二色染料棒状分子作为“宾”，溶解在作为“主”的按一定规则排列的液晶中，二色染料分子方向与液晶分子方向平行。当在电压作用下改变作为“主”的液晶分子的排列方向时，作为“宾”的染料分子的排列方向随着“主”分子的方向变化，从而改变了染料的可见光吸收特性，引起颜色变化。

另外，液晶在外加电场力作用下还会产生动态散射(DS)效应、电控双折射(ECB)效应、相变(PC)效应等。

(2)电热光效应

在加电场的同时改变液晶温度，会引起液晶的光学性质变化。例如有些混合液晶的电热光效应可用于激光热写入的大型动画显示。

2.液晶显示器的特点

液晶显示器件种类很多，根据不同的电光效应原理可分为：扭曲向列型、宾主型、电控双折射型、相变型、动态散射型、热光型、电热光型；根据液晶显示器件所显示光的类型不同可分为：透射型、反向型、投影型；根据液晶显示板上显示电极的形状不同可分为段显示和矩阵显示，段显示屏用于数学显示，矩阵显示屏可用于图形显示。但不管是何种类型，液晶显示的原理都是利用液晶的电光效应，通过施加电压改变液晶的光学特性，对入射光进行调制，用信号电压来控制液晶的透射光或反射光，以达到显示的目的。其特点主要表现在：

(1)液晶显示器件本身不发光，必须外加光源。光源可以是高照度的荧光灯、太阳光、环境光等。

(2)液晶显示器件驱动电压低，一般为 3 V 左右。驱动功率小，一般为 10 μW/cm，所以能用 MOS 集成电路驱动。

(3)液晶的光学特性对信号电压响应速度慢(TN 型液晶的响应时间 $\tau_r \approx 150$ ms，薄膜晶体管有源矩阵的 $\tau_r \approx 80$ ms)，所以液晶跟不上驱动电压快速上升的峰值变化，液晶只能响应驱动电压的有效值(方均根值)。

(4)直流电压驱动液晶屏会引起液晶分子电化学反应，缩短液晶寿命。通常使用无平均直流成分的交流电压驱动液晶屏。

(5)液晶显示屏的电光转换特性近似线性。

(6)液晶显示器件与电容器的结构相似，是容性负载。

3.液晶显示器的驱动方式

液晶电视机采用矩阵显示，矩阵显示器的驱动方式分为简单矩阵方式和有源矩阵方式。

(1)简单矩阵液晶屏的驱动

图 3-10(a)所示为简单矩阵驱动方式的液晶显示器的电极排列形式。x 为扫描电极,加扫描电压。y 为信号电极,加信号电压。一个 x、y 电极的交叉点是一个像素(x_i,y_j),等效电阻为 R、等效电容为 C。x、y 电极将所有 x、y 电极群的各个交叉点液晶像素的等效 RC 并联电路连接成一个立体电路,如图 3-10(b)所示。

矩阵显示的扫描方式分为点顺序扫描和行顺序扫描。

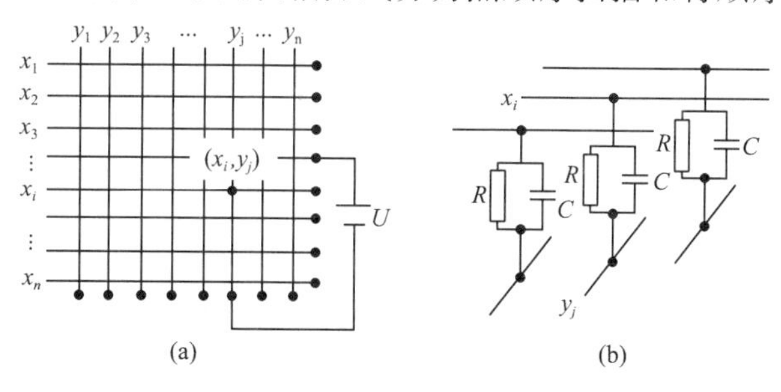

图 3-10　简单矩阵驱动方式的液晶显示器

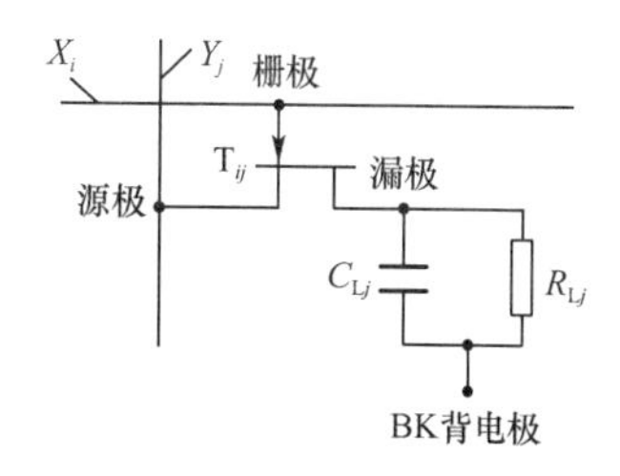

图 3-11　TFT 驱动的一个液晶像素

(2)有源矩阵液晶屏的驱动

简单矩阵液晶屏显示的电极间的交叉效应严重地降低图像的对比度,致使显示图像的分辨能力不高。有源矩阵液晶屏在扫描电极和信号电极的交叉处,安装透明的薄膜晶体管开关或非线性元器件与液晶像素串联,使液晶电极之间的交叉效应减小,使液晶像素的阈值特性变陡从而克服了上述缺点。

有源矩阵液晶屏分为晶体管驱动和非线性元器件驱动两种。图 3-11 所示为薄膜场效应晶体管(TFT)驱动的有源矩阵液晶屏的一个像素。X_i 为第 i 个扫描电极,Y_j 为第 j 个信号电极,BK 为背电极,T_{ij} 为 X_i 和 Y_j 交叉处的开关晶体管。C_{Lj} 为液晶像素电容,用来存储模拟信号的一个像素。R_{Lj} 为液晶像素的绝缘电阻,阻值很大可视为开路。

每个像素配置一个开关晶体管。由于晶体管的导通、截止状态近似理想开关,各个像素间的寻址相互独立,消除了液晶像素间的交叉串扰,极大地改善了液晶显示图像的对比度和清晰度。

非线性元器件驱动利用金属—绝缘体—金属(MIM)、二极管环(两个相反极性二极管的并联)、背对背二极管(两个二极管的负极连接在一起)等非线性开关元器件与液晶像素串联,使液晶的阈值特性曲线变陡,也可以有效地克服简单矩阵液晶屏像素间的交叉串扰。

4. 彩色液晶显示器

彩色液晶显示器是利用液状晶体在电压的作用下发光成像的原理制成的显示器。组成屏幕的液状晶体有红、绿、蓝三种基色,它们按照一定的顺序排列,通过电压来刺激这些液状晶体,就可以呈现出不同的颜色,不同比例的搭配可以呈现出千变万化的色彩。因此,精确到“点”的液晶电视机比“逐行扫描”的普通电视机又高出了一个层次。高清晰、高亮度、宽视角、影像逼真、画质细腻而富立体感是液晶电视机带给观者的第一印象;而轻薄、省电、无闪烁亦是液晶电视机傲视传统 CRT 彩电之处;同时,液晶电视机的接口也极为丰富,可接驳电脑、DVD 等音视频设备,现在一些厂家还将读取 Flash 卡的功能整合进了液晶电视机，这也让液晶电视机具备了更多的数码味道。

液晶器件的彩色显示方法有两种：相减混色法和相加混色法。在液晶彩色电视机中，通常采用镶嵌式三基色滤色片进行相加混色。

如图 3-12 所示是镶嵌式三基色滤色片型相加混色的彩色液晶显示屏的横剖面。起偏光片和检偏光片的偏振方向同为垂直方向。图中白色条 TN 液晶阀中掺有黑色染料分子，有利于关闭滤色片，使其不透光。不加电场时，液晶分子与上、下基片表面平行，但 TN 液晶分子在上、下基片之间连续扭转 90°，使入射液晶的直线偏振光的偏振方向通过液晶层时，沿液晶分子扭转 90°，出射光的偏振方向垂直于检偏光片的偏振方向，这样出射光被遮断。也就是说入射白光不能通过滤色片，在出射光端看不到滤色光。

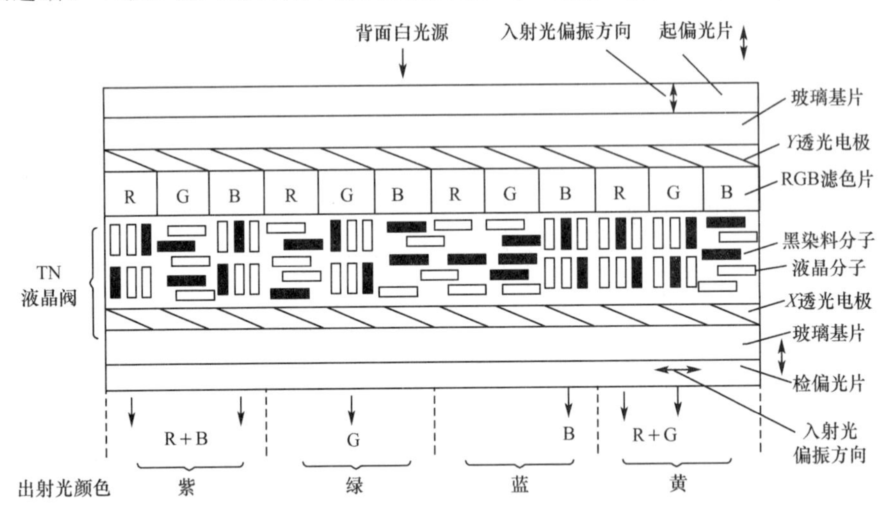

图 3-12 镶嵌式三基色滤色片型相加混色的彩色液晶显示屏的横剖面

当透明的 Y 电极与 X 电极间加大于液晶阈值电压的电压时，外加电场改变 TN 液晶分子的排列方向，液晶分子轴与电场方向平行，液晶的 90°旋光消失，使得入射白光经 R 滤色片透过检偏光片，出射 R 光，在出射端能看到红基色光。RGB 三个基色滤色片组成一个彩色像素，在一组 RGB 滤色片中有 1～3 个滤色片能使入射白光被滤色而透过检偏光片时，出射端就能看到 1～3 种基色光的相加混色。TN 液晶对基色光起控制阀门的作用。

X、Y 透明电极的交叉点间有一组 RGB 滤色片，形成一个彩色像素。每个像素有一个 A-Si TFT 晶体管开关有源矩阵，用来消除像素间的交叉串扰。彩色液晶屏通过电着色、真空蒸镀、彩色油墨印刷或感光等工艺，将 R、G、B 三种色素沉积在玻璃基板内表面，形成镶嵌式三基色滤色片系统。RGB 滤色片可以纵向排列、三角形排列或倾斜排列。图 3-12 中的彩色液晶显示屏是 RGB 滤色片纵向排列的电极结构，信号电极 Y 的数目是单色屏的 3 倍，而扫描电极 X 只需一套。

随着逐行扫描的进行，彩色液晶显示器上会显示出一幅由许许多多彩色像素组成的彩色液晶电视图像。

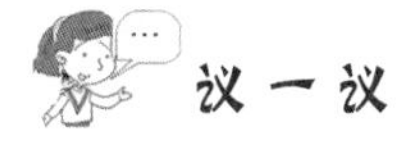

[小结]

(1)液晶彩色电视机主要由解码部分(普通模拟电视信号处理模块、模拟信号/数字信号转换模块、隔行/逐行转换模块、数字DVI串行/并行转换模块、模拟VGA/数字VGA信号转换模块、LCD图像信号处理模块、LVDS发送器、LCD显示模块)、微控制电路、电源电路和高压逆变电路组成。

(2)液晶电视机整机主要由液晶屏(包括液晶面板、驱动板、逆变器)、主信号处理板、电源板、遥控接收板、按键板等几块电路板组件组成。

(3)目前市场上的液晶电视机有电源、逆变器为独立型的和二合一电源(电源+逆变器)两种整机结构。

(4)LCD技术是把液晶灌入两列互相垂直(相交成90°)的细槽,阻止自然光线传播,当液晶上加一个电压时,分子便会扭曲排列,使光线能直射出来而显示。

[思考题]

(一)理论题:

(1)液晶电视机与CRT电视机的主要区别是什么?

____。

(2)液晶电视机整机主要由__________(包括__________、__________和__________)、__________、__________、__________和__________等几块电路板组成。其中各部分电路板的作用是什么?

(3)液晶电视机的逆变电路也称为__________或__________或__________,是一个DC/AC变换电路,用于给__________提供电源。

(4)液晶有多种电光效应,应用于液晶显示的主要有__________和__________两类。

(5)简述液晶显示的特点。

____。

(6)液晶显示器的驱动方式分为__________和__________两类。

(二)实践题:

将一台液晶电视机(任意品牌和型号)的底座和后盖按照正确的步骤拆卸下来,观察里面的电路板,识别各电路板分别是液晶电视机的哪一部分。

任务3.2 维修液晶电视机不开机故障

- ✧ 能理解液晶电视机电源的组成、原理和特点;
- ✧ 能正确分析液晶电视机电源的故障原因。

工作任务

✧ 测试液晶电视机电源；

✧ 对液晶电视机电源的各种故障进行维修。

读一读

F40 数字合成函数发生器

3.2.1 液晶电视机电源电路调试

1. 电源电路原理

创维 8T 系列机芯液晶电视机电源电路中的 DC/DC 转换电路由 PWM 发生器 AIC1578 和 P 沟道的 MOSFET 管 AP4435 组成，电路比较简单。AIC1578 的各引脚功能见表 3-1，AIC1578 的内部框图如图 3-13 所示。

表 3-1 AIC1578 的引脚功能

引脚号	功能
1	电压输入端
2	用来调整其振荡频率，当其和输入端直接相连时，其输出的 PWM 脉冲占空比为 71%，振荡频率为 225 kHz 左右。或者通过一个大电阻连接到电源输入端
3	Shut Down，高电平为正常工作，低电平是待机模式，这里输出的+5 V 是一个总电源，包括对 CPU 供电
4	电压反馈端，如图 3-14 所示，有输出端的电压通过 R_1、R_2 两电阻分压后从 4 脚输入和内部一个 1.22 V 基准电压进行比较，$U_{out}=1.22(R_1+R_2)/R_2$，取 R_1 为 47 kΩ，R_2 为 15 kΩ，所以得到电压为+5 V
5	地
6	PWM 脉冲输出
7、8	电流感应器，在其间加上一个非常精密的电阻(如 0.05 Ω)，常用来作为充电器使用，保持 1 A 左右的充电电流还可以用作过流保护，此机悬空没用

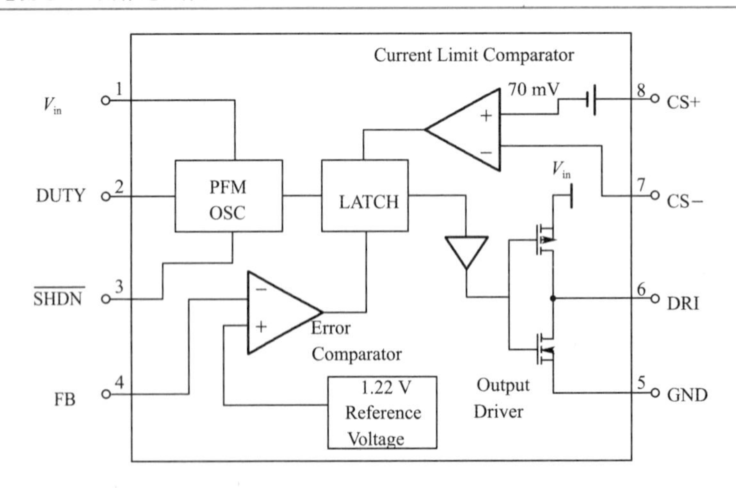

图 3-13 AIC1578 的内部框图

AIC1578 是输出+5 V 的 DC/DC 转换 IC，由于 2 脚直接与电源相连，其振荡频率为 225 kHz(该芯片通常可在 90～280 kHz 调节)，输入直流电压+12 V，输出直流电压+5 V，其变换原理图如图 3-14 所示。V_1 是增强型的 P 沟道场效应管，当 $U_{gs}=0$ 时，漏、源之间没有导电沟道；只有 $U_{gs}<0$(P 沟道)时，才可能出现导电沟道，所以当 AIC1578 的 6 脚输出 0 V 时，输入电源从 AP4435 的源极流向漏极，通过 L_1 电感 33 μH 对电容 C_3 充

电，当 6 脚 DRI 输出为＋12 V 时，MOS 截止，此时 L_1 电感作为电源对电容 C_3 继续充电，使电容 C_3 上的电压保持稳定，肖特基二极管 D_1 在这里的作用是当 MOS 管截止时，使电感上的电流能对电容 C_3 继续充电提供一个回路。

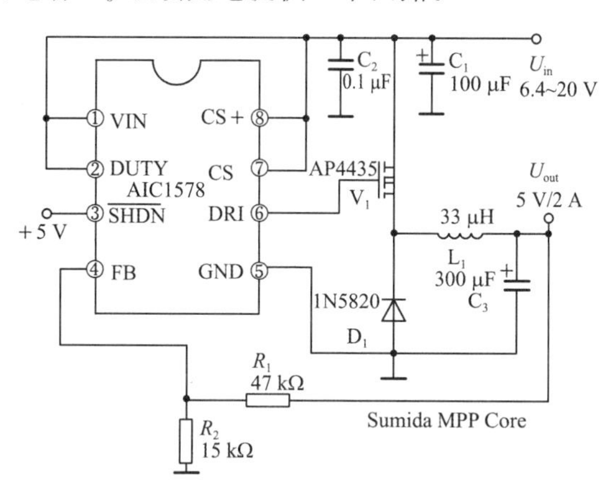

图 3-14 DC/DC 变换原理图

只要 AIC1578 与 AP4435 加有＋12 V 电压，就能输出＋5 V，给 CPU 及其相关的部分供电，即使是待机，此＋5 V 也不掉，使 CPU、遥控、键控都能有效工作。

2. 遥控开机电路

如图 3-15 所示，AP4435（主板电路中的 U_{21}）只是相当于开关，其 U_{21} 栅极 4 脚由 CPU 的 PWR_CNTL（电源控制）脚控制，当 CPU 输出＋5 V 给 AP4435 的 4 脚时，则待机，其输出为 0 V。当 CPU 输出 0 V 给 AP4435 的 4 脚时，则开机。

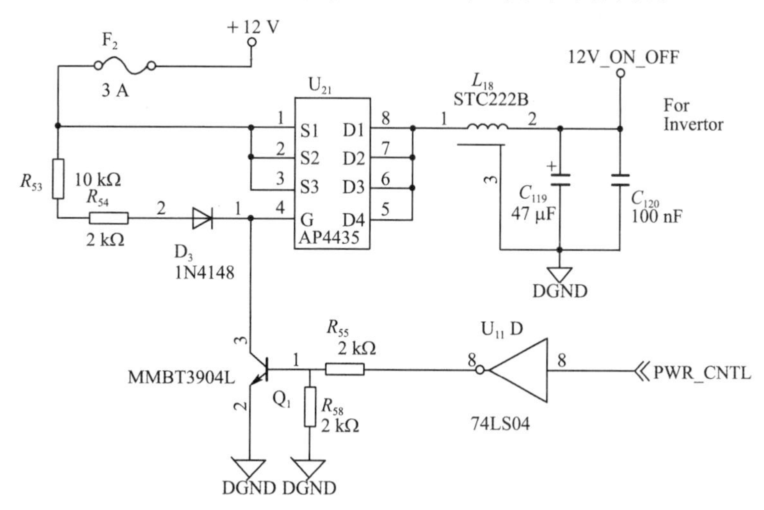

图 3-15 遥控开机电路

PWR_CNTL 还要控制另两路，一路经过一反相器（74LS04）反射后，给电源指示灯，开机时亮红灯，待机时灯灭，还有一路给背光条的＋12 V 电源供电。U_{11} 是一个非门，开机时，PWR_CNTL 为 0 V，则 U_{11} 的 8 脚输出为＋5 V，使 Q_1 导通，则 U_{21} AP4435 的栅极为 0 V，使得背光条有＋12 V 供电，当待机时，PWR_CNTL 为＋5 V，经 U_{11} 反相后为 0 V，Q_1 截止，所以 U_{21} AP4435 栅极为＋11 V 左右，这样背光条没有电源供电。

做一做

[工作任务]

(1)观察如图 3-16 所示的创维 8T 系列机芯开关电源的电压输出端口的排线。

(2)将电源的电压输出端口的排线拔起(未接负载),电源加上电,用万用表的电压挡测量排线端口各引脚的输出电压填入表 3-2 中。

(3)将电源的电压输出端口的排线插好与主板连接(接负载),电源加上电,用万用表的电压挡测量排线端口各引脚的输出电压填入表 3-2 中。

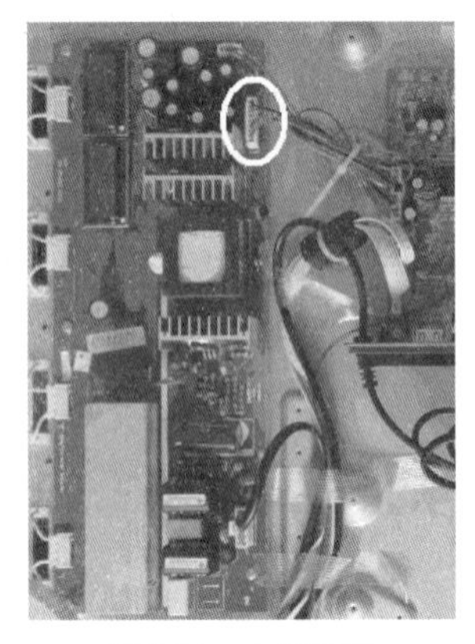

图 3-16 电源板图

注意: 在进行电源电压测量的时候,一定要区分“冷地”和“热地”。

表 3-2 液晶电视机电源的输出端口电压

输出引线号	1	2	3	4	5	6	7	8	9
标称电压/V									
未接负载实测电压/V									
接负载实测电压/V									

读一读

3.2.2 电源电路维修

由于解码板需要的供电电压都比较低,所以对电源的滤波效果要求比较高。使用时间较长的电视机刚开机一亮即灭,或者是平时开机工作时画面轻微的忽明忽暗,有时能开机有时不能开机,就极有可能是电源供电不足造成的,这些故障在单独电源盒供电时只需替换试一试就很容易解决,如果是内置供电那就需拆机检查,主要检查滤波电路,只要是靠近发热元器件的都应该是首换对象。也可用外接电源并上去试,因为+12 V 和+5 V 很容易做到。

(1)液晶电源通电后,辅助电源先工作,输出+5 V 电压给数字板上的 CPU,此时整机处于待机状态。当按“待机”键后,CPU 输出开机电平,PFC 电路先工作,将+300 V 脉动直流电压转换成正常的直流电压(+380 V)后,这时主开关电源的脉宽振荡器才开始工作,接着主开关变压器次级输出+12 V、+24 V 电压,整机进入正常工作状态。

(2)PFC 电路的作用是把桥堆整流后的+300 V 电压升高到+375~+400 V。这也是液晶电视机的电源与 CRT 电视机的电源不同之处的第一点,不同之处的第二点就是次级电压比 CRT 的低,其他的地方与普通的开关电源原理相同。测得大滤波电容 330 μF/450 V 两端电压为+375~+400 V,则表明功率因数校正电路工作正常;如果测得电容两端电压为+300 V,则说明 PFC 电路未工作,主查 PFC 振荡集成电路。

(3)检修液晶电视机电源时,首先应确认保险管状态,保险管完好,通常 PFC 校正电路中的开关管等没有失效。再测量大电解电容对地是否存在短路,有几十千欧以上的充电电阻,则表明电源没有被击穿。如果保险管损坏,第一要检查 PFC 校正电路的开关管,第二要检查辅助电源 IC。

(4)40 英寸以下的液晶电视机电源一般输出+5 V、+12 V、+24 V 三组电压；40 英寸以上的液晶电视机电源一般输出+5 V、+12 V、+18 V、+24 V 四组电压。其中+5 V 为待机电压，+12 V 供数字板，+18 V 供伴音，+24 V 供背光板。在实践维修中，只要各组电压一样、功率一样的电源板都可以代换。

(5)电源板可以从电视机上取下独立维修，维修时只需要把开关机控制电路三极管 c、e 短接(或将一只 1.5 kΩ 左右的电阻与辅助电源的+5 V 输出端相连)，整机就处于开机状态，各路电压均有输出。在部分液晶彩电的开关电源中，只有+12 V 或+24 V 输出端带有一定功率的负载，主开关电源才进行正常的工作状态。所以在+24 V 输出端上可以接一个假负载(36 V 灯泡)或在+12 V 输出端接一个假负载即可。

(6)保护电路，在液晶彩电开关电源中，除具有常见的尖峰吸收保护电路外，还设有+24 V、+12 V 和+5 V 电压的过压、过载保护电路，其保护电路多采用四运算放大器 LM324、四电压比较器 LM339N、双电压比较器 LM393 或双运算放大器 LM358。过流、过压保护电路在维修时可脱开不用，如果电压恢复正常，则说明故障是保护电路引起的，这时要分步判断故障是哪路引起的，然后再进行维修。

(7)开机前，先确认有无明显爆炸过的器件、电容鼓包现象，如有应先更换并把相关的器件全部都测量一遍。建议更换所有损坏器件后试机时，最好把原机保险丝取下，接上一个 220 V/100 W 的灯泡，这样可以有效防止再次炸件。

(8)主开关电压+24 V 或+12 V 的输出电流较大，对整流二极管要求较高，一般采用低压差的大功率肖特基二极管，不能用普通的整流二极管替换。另外接负载后，电压反而上升，多是电源滤波不好引起的。

(9)电源带负载能力差，首先要测一下 PFC 电压是否正常(380 V)，如果正常，问题就在电源厚膜上，通常是电源厚膜带载能力差引起的，这一点请大家注意。

(10)电源板上，贴有⚠三角形标记的散热片以及散热片下面的电路均为“热地”。严禁直接用手接触。注意任何检测设备，都不能直接跨接在“热地”和“冷地”之间。

液晶电视机的故障主要分四种，即电源板故障、解码板故障、升压板故障和屏故障。

液晶电视机的电源电路出现不开机故障通常采用的检修流程如图 3-17 所示。

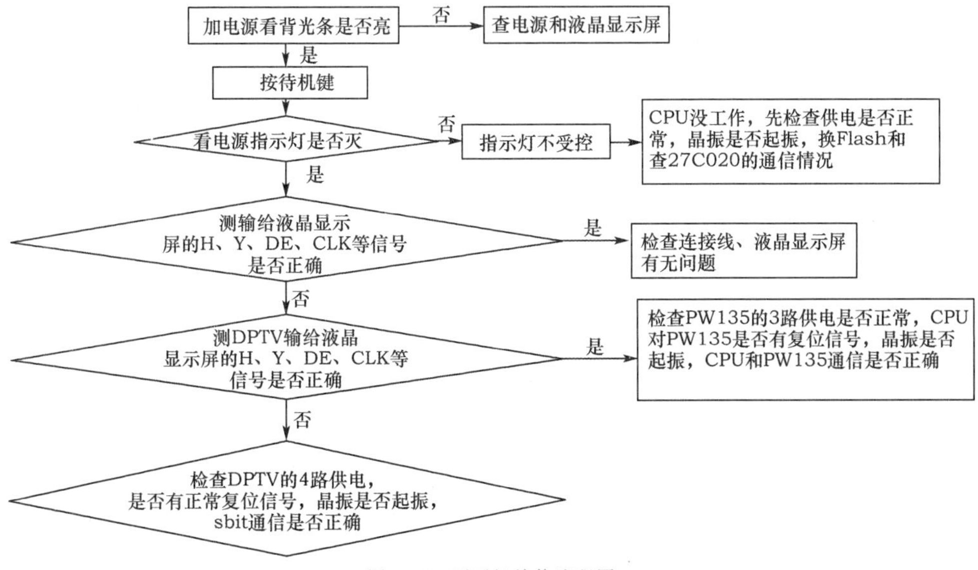

图 3-17 不开机检修流程图

[维修案例]

(1)“三无”,背光条不亮,电源指示灯不亮(15AAB/8TT1 机芯)

故障现象:开机呈“三无”(无显示、无图像和无伴音)状态,且背光条不亮。

分析与检修:由于开机后背光条不亮,显然是电源没有加电或者背光条有问题。检查电源输入端的保险丝,发现保险丝断开,换保险丝后,故障排除。

(2)“三无”,背光条亮,电源指示灯不亮(15AAB/8TT1 机芯)

故障现象:开机呈“三无”状态,电源指示灯不亮。

分析与检修:由于开机后背光条亮,但是电源指示灯不亮,所以要检查电源的输出是否正常。查 DC/DC 变换电路 AIC1578 的输出 3 脚没有电压,而输入 1 脚的电压+12 V 是正常的,说明 DC/DC 变换电路工作有问题致使 CPU 的+5 V 没有加上,不开机。查场效应管 Q_1(AP4435)的 4 脚电压为 0 V,正常,Q_1 可能损坏。更换 Q_1 后,故障排除。

(3)“三无”,背光条亮,电源指示灯亮(15AAB/8TT1 机芯)

故障现象:开机呈“三无”状态,电源指示灯亮。

分析与检修:电源指示灯亮,说明开关电源的输出是有的,测主板上有+5 V 电压输出。液晶电视机没有启动,说明 CPU 没有工作,先检查 CPU(KS88C4504)12 脚、5 脚、53 脚的电源,供电均正常,而复位端 19 脚电压为 0 V(正常应该为高电平)。复位电路是由复位芯片 Q_3(DS1813)产生的,查 Q_3 的供电正常,而复位输出端却为 0 V,可能 Q_3 损坏。CPU 不能正常复位,所以工作不正常,液晶电视机没有工作。更换 Q_3 后,故障排除。

(4)“三无”,背光条亮,电源指示灯亮(15AAB/8TT1 机芯)

故障现象:开机呈“三无”状态,电源指示灯亮。

分析与检修:由于开机后背光条亮,电源指示灯亮,先检查电源的输出是否正常。查 DC/DC 变换电路 AIC1578 的输出 3 脚电压为+5 V,而输入 1 脚的电压+12 V 也是正常的,说明 DC/DC 变换电路工作没有问题,CPU 的+5 V 也正常加上,但是不开机,可能处于待机状态。查场效应管 Q_1(AP4435)的 4 脚电压为+5 V,待机,检查 L_1 一端电压为+5 V,一端电压为 0 V,断电,用万用表电阻挡检查 L_1 开路。更换 L_1 后,故障排除。

[知识拓展]

3.2.3 液晶彩色电视机 DC/DC 变换器分析

液晶彩电开关电源一般要求输出+12 V、+14 V、+18 V、+24 V、+28 V 等电压,而液晶彩电的小信号处理电路需要的电压则较低,因此,需要进行直流变换,这项工作由液晶彩电内部的 DC/DC(直流/直流)变换器完成。液晶彩电目前所采用的 DC/DC 变换器主要分为两种类型,一种是采用线性稳压器(包括普通线性稳压器和低压差线性稳压器 LDO),另一种是开关型 DC/DC 变换器(包括电容式和电感式)。两种 DC/DC 各有优缺点,适用于不同的场合。

你知道吗？ DC/DC变换器的作用

DC/DC（直流/直流）变换器是将一个固定的直流电压变换为可变的直流电压，这种技术广泛应用于远程及数据通信、计算机、办公自动化设备、工业仪器仪表、军事、航天等领域，涉及国民经济的各行各业。按额定功率的大小来划分，DC/DC可分为750 W以上、1～750 W和1 W以下三大类。进入20世纪90年代，DC/DC变换器在低功率范围内的增长率大幅度提高，其中6～25 W的DC/DC变换器的增长率最高，这是因为它们大量用于直流测量和测试设备、计算机显示系统、计算机和军事通信系统。由于微处理器的高速化，DC/DC变换器由低功率向中功率方向发展是必然的趋势，所以251～750 W的DC/DC变换器的增长率也是较快的，这主要因为它用于服务性的医疗和实验设备、工业控制设备、远程通信设备、多路通信及发送设备，DC/DC变换器在远程和数字通信领域有着广阔的应用前景。

1. 线性稳压器

线性稳压器主要包括普通线性稳压器和LDO（Low Dropout Regulator的缩写，意为低压差线性稳压器）两种类型，它们的主要区别是：普通线性稳压器（如常见的78系列三端稳压器）工作时要求输入与输出之间的压差值较大（一般要求2 V以上），功耗较高；而LDO工作时要求输入与输出之间的压差值较小（可以为1 V甚至更低），功耗较低。

（1）线性稳压器基本工作原理

普通线性稳压器是通过输出电压反馈、误差放大器等组成的控制电路来控制调整管的管压降V_{DO}（即压差）来达到稳压的目的的，如图3-18所示。其特点是V_{in}必须大于V_{out}，调整管工作在线性区（线性稳压器由此得名）。无论是输入电压的变动还是负载电流的变化引起输出电压变动，通过反馈及控制电路改变V_{DO}的大小，输出电压V_{out}都基本不变。

LDO是在普通线性稳压器的基础上，通过降低压差而生产出来的，因此，LDO工作原理与传统线性三端稳压器原理是一致的，可以通过采用不同的结构来降低压差，如图3-19所示。图3-19(a)为普通线性稳压器78系列等老产品，V_{DO}=2.5～3 V；图3-19(b)中，V_{DO}=1.2～1.5 V；图3-19(c)中，V_{OD}=0.3～0.6 V；图3-19(d)中，采用MOSFET做调整管，$V_{OD}=R_{DS(ON)}I_o$，I_o为输出电流，$R_{DS(ON)}$为场效应管的漏源导通电阻，现在$R_{DS(ON)}$已能做到几十至几百毫欧，所以压差极小。

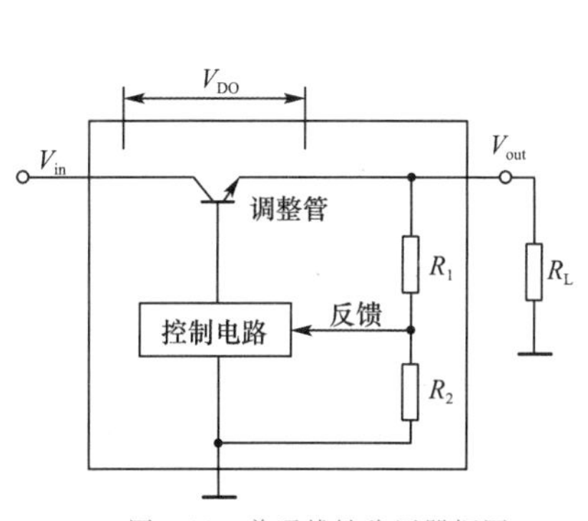

图3-18　普通线性稳压器框图

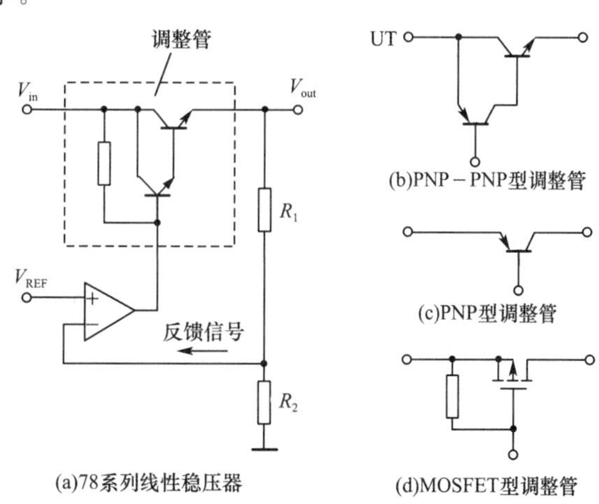

图3-19　稳压器调整管的形式

过去，LDO 可以做到每输出 100 mA 时，压差为 100 mV 左右；现在，已能做到每 100 mA 输出，其压差仅为 40～50 mV 的水平，个别可以达到 23 mV/100 mA。

有些液晶彩电中使用的线性稳压器设有输出控制端，也就是说，这种稳压器输出电压受控制端的控制。图 3-20 所示是可控稳压器的内部框图。图中，EN（有时也可用符号 SHDN 表示）为输出控制端，一般由微控制器施加低电平（或高电平）使 LDO 关闭（或工作），在电源关闭状态时，耗电约 1 μA。

有些线性稳压器还设有电源工作状态信号输出端，当电源工作正常时，输出高电平；当电源有故障或输出电压低于正常电压的 5%时，输出低电平。此信号可输入微控制器做故障或输出电压过低报警。

图 3-21 是输出电压为 3.3 V 的 LD1117S33（LDO）应用电路。电路的工作过程十分简单，图中，V_{in} 为 LD1117S33 的输入端，电压为＋5 V，＋5 V 电压经 LD1117S33 稳压后，从其输出端 V_{out} 输出＋3.3 V 电压，加到负载电路。

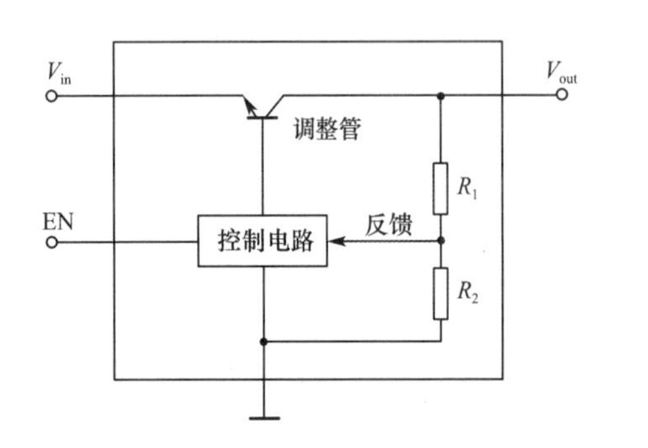

图 3-20　可控稳压器的内部框图

LD1117S33
+3.3 V REG
5 V
V_{in}
V_{out}
3.3 V
GND
C_1 22 μF 16 V
C_{12} 0.01 μF
C_3 100 μF 16 V

图 3-21　LD1117S33 应用电路

（2）线性稳压器的特点

线性稳压器具有成本低、封装小、外围器件少和噪声小的特点。线性稳压器的封装类型很多，非常适合在液晶彩电中使用。对于固定电压输出的使用场合，外围只需 2～3 个很小的电容即可构成整个方案。

超低的输出电压噪声是线性稳压器最大的优势。输出电压的纹波不到 35 μV（RMS），又有极高的信噪抑制比，非常适合用于给对噪声敏感的小信号处理电路供电。同时在线性电源中因没有开关时大的电流变化所引发的电磁干扰（EMI），所以便于设计。

线性稳压器的缺点是效率不高，且只能用于降压的场合。线性稳压器的效率取决于输出电压与输入电压之比。例如，对于普通线性稳压器，在输入电压为＋5 V 的情况下，输出电压为 2.5 V 时，效率只有 50%，看来，对于普通线性稳压器，约有 50%的电能被转化成“热量”流失了，这也是普通线性稳压器工作时易发热的主要原因。对于 LDO，由于是低压差，所以效率要高得多，例如，在输入电压为 3.3 V 的情况下，输出电压为 2.5 V 时，效率可达 76%。所以，在液晶彩电中，为了提高电能的利用率，采用普通线性稳压器较少，而采用 LDO 较多。

2. 开关型 DC/DC 变换器

开关型 DC/DC 变换器主要有电感式 DC/DC 变换器和电容式(电荷泵式)DC/DC 变换器。这两种 DC/DC 变换器的工作原理基本相同,都是先储存能量,再以受控的方式释放能量,从而得到所需的输出电压。不同的是,电感式 DC/DC 变换器采用电感储存能量,而电容式 DC/DC 变换器采用电容储存能量。由于开关型 DC/DC 变换器工作在开关状态,因此,变换效率较大,功率消耗较小,但缺点是输出电压纹波较大(电感式更大)。在开关型 DC/DC 变换器中,电容式 DC/DC 变换器的输出电流较小,带负载能力较差,因此,在液晶彩电中一般采用电感式开关型 DC/DC 变换器。

对于开关型 DC/DC 变换器,按照输入/输出电压的大小,又可分为升压式和降压式两种。当输入电压低于输出电压时,称为升压式;当输入电压高于输出电压时,称为降压式。在液晶彩电中,主要采用降压式开关型 DC/DC 变换器。

所以,液晶彩电中采用的开关型 DC/DC 变换器一般为电感降压式 DC/DC 变换器,下面也以此为例进行重点介绍。

(1)电感降压式 DC/DC 变换器工作原理

电感降压式 DC/DC 变换器电路原理框图如图 3-22 所示。图中 V_{in} 为输入电压,V_{out} 为输出电压,L 为储能电感,VD 为续流二极管,C 为滤波电容。电源开关管 VT 既可采用 N 沟道绝缘栅场效应管(MOSFET),也可采用 P 沟道场效应管,当然也可采用 NPN 或 PNP 晶体三极管,实际应用中,一般采用 P 沟道场效应管居多。

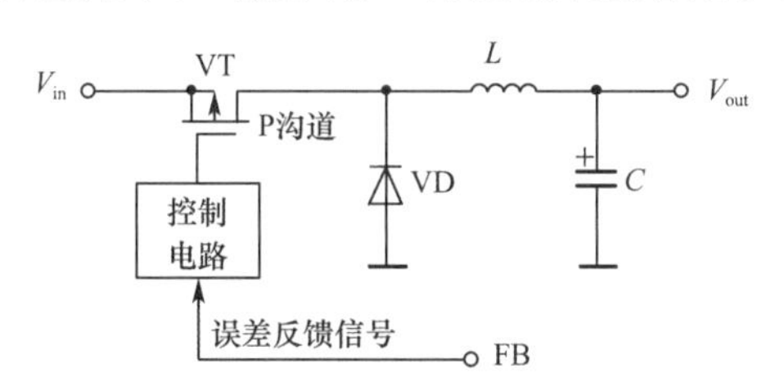

图 3-22 电感降压式 DC/DC 变换器电路原理框图

实际电路中,电感降压式 DC/DC 变换器型号很多,我们以 AP1510 为例。图 3-23 是电感降压式 DC/DC 变换器 AP1510 的引脚排列图和内部电路框图。AP1510 的 1 脚为误差反馈信号输入端,2 脚为输出使能端(高电平使能,即该脚为高电平时,1 脚才有输出),3 脚为振荡设置端(通过外接电阻来设置最大输出电流),4 脚为电压输入端,5 脚、6 脚为电压输出端,7 脚、8 脚接地。

如图 3-24 所示为 AP1510 典型应用电路。电路的工作过程是:AP1510 内部的开关管在控制电路的控制下工作在开关状态。开关管导通时,AP1510 的 4 脚输入电压 V_{in} 加到内部开关管的 S 极,开关管的 D 极接输出端 5 脚,因此,输入电压场经内部开关管 S、D 极、储能电感 L 和电容 C 构成回路,充电电流不但在 C 两端建立直流电压,而且在储能电感 L 上产生左正右负的电动势。开关管截止期间,由于储能电感 L 中的电流不能发生突变,所以 L 通过自感产生右正左负的脉冲电压。这样,L 右端正的电压、滤波电容 C、续流二极管 D_1、L 左端构成放电回路,放电电流继续在 C 两端建立直流电压,C 两端获得的直流电压 V_{out} 为负载供电。

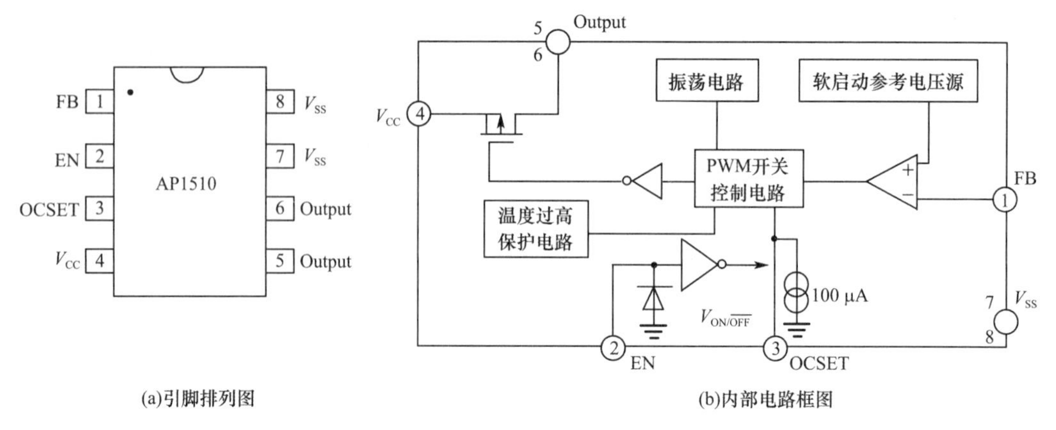

图 3-23　AP1510 的引脚排列图和内部电路框图

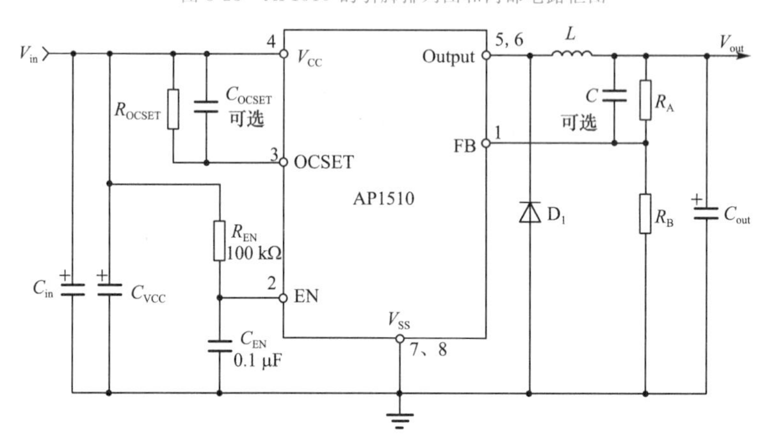

图 3-24　AP1510 典型应用电路

(2)电感式 DC/DC 变换器的特点

电感式 DC/DC 变换器的开关管工作于开关状态，所以开关管上的损耗很小，工作效率很高，一般可达 80%～93%。在相同电压降的条件下，开关型 DC/DC 变换器与普通线性稳压器件相比，“热损失”相对小得多。因此，开关型 DC/DC 变换器可大大减少散热片的体积和 PCB 的面积，甚至多数情况下不需要加装散热片。

电感式开关型 DC/DC 变换器不仅效率高，还可以组成降压式、升压式及电压反转式等各种灵活的形式。在液晶彩电电路中，可以将开关电源输出的一路＋12 V 电压(有些机型为＋18 V、＋24 V 等)变换为多种电压。另外，开关管和控制器一般集成在集成电路中，这样，集成电路外部仅需要 L、VD 和 C(采用同步整流时可省掉 VD)三个元器件就可以了，电路非常简单，所占 PCB 面积小，而且输入电压有较大变化时不影响开关管的损耗，特别适用于 V_{in} 和 V_{out} 差值较大的场合。

电感式 DC/DC 变换器的主要缺点在于电源部分所占用的整体面积较大(主要是电感和电容)；输出电压的纹波(一种噪声电压)较大，一般有几十到上百毫伏(低噪声的也有几毫伏)，而线性稳压器仅有几十到上百微伏，相差约千倍。因此，电感式 DC/DC 变换器产生的电压不适宜为小信号处理电路供电，另外，采用电感式 DC/DC 变换器进行 PCB 布板时要注意布板方法，以避免电磁干扰。

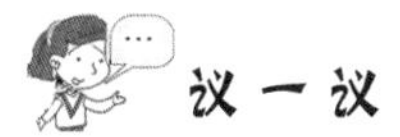

议一议

[小结]

(1)液晶电视机通常采用开关电源，在常用的开关电源基础上加上 DC/DC 变换器就能得到液晶电视机各部分需要的电压值。

(2)DC/DC 变换器主要分为采用线性稳压器(包括普通线性稳压器和低压差线性稳压器 LDO)的 DC/DC 变换器和开关型 DC/DC 变换器(包括电容式和电感式)。

(3)液晶电视机的故障多数都出现在电源部分。电源部分引起的故障常常是不开机，也就是电视机不能启动。电源的故障原因通常分为三种：开关电源部分的故障；DC/DC 变换器的故障；待机电路的故障。在进行电源故障的维修时要根据具体的故障现象，按一定的流程逐一检查电路。

想一想

【思考题】

(一)理论题：

(1)分析创维 8T 系列液晶电视机的电源电路工作原理。

(2)分析创维 8T 系列液晶电视机的遥控开机电路。

(3)在创维 8T 系列液晶电视机电源部分，AIC1578 是输出+5 V 的____________________，AP4435(主板电路中的 U_{21})相当于____________________。

(4)液晶电视机的电源与 CRT 电视机的电源的不同之处在于：____________________；____________________。

(5)液晶电视机 40 英寸以下的开关电源一般输出________、________、________三组电压；40 英寸以上的一般输出________、________、________、________四组电压。

(6)液晶电视机电源的 DC/DC 变换器有哪两种类型？各种类型又有什么样的细分？它们分别有什么特点？

____。

(二)实践题：

(1)按照正确的测量步骤测量液晶电视机开关电源在带负载和不带负载状态下的各路电源输出。

(2)液晶电视机出现“三无”、背光条不亮的故障，应怎样检查和维修？

(3)液晶电视机出现“三无”、背光条亮、电源指示灯亮的故障时应按照怎样的过程分析和排除故障？

任务 3.3 维修液晶电视机菜单时有时无故障

学习目标

✧ 理解液晶电视机系统控制电路的工作原理；

✧ 能分析和维修系统控制电路的典型故障。

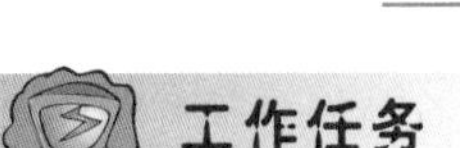

工作任务

✧ 测试液晶电视机系统控制电路；
✧ 维修系统控制电路的故障。

频谱分析仪的使用

读一读

3.3.1 系统控制电路性能调试

创维 8T 系列机芯的系统控制电路(CPU)主要是由三星公司生产的 8 bit 微处理器 KS88C4504 来完成的，其内部框图如图 3-25 所示。它由外部地址/数据线、外部接口地址单元、I/O 与中断控制器、独有看门狗功能的基本定时单元、SAM87 中央处理单元、1040 B 的存储单元、A/D 转换单元、4 KB 只读存储单元、一个带内部定时与 PWM 模式的 8 bit 定时与计数器单元、5 个可编程的 I/O 接口等组成。外带 U_{10}(QS3861)缓冲器，该缓冲器由 BE 来控制，当 BE 为低电平时，输入输出导通，电阻大约为 5 Ω，而且几乎不产生时间上的延迟；当 BE 为高电平时，输入输出断开，输出为高阻状态，实际工作中，BE 为常通状态。U_{13}(ATF16V8B)是 PLD (Programmable Logic Device)逻辑通信器件，此 IC 可重复擦写 100 次，数据能保持 20 年，具有 2000 V 静电保护功能，其输入和输出内部都有上拉电阻。U_7、U_{16} 都是双向开关。

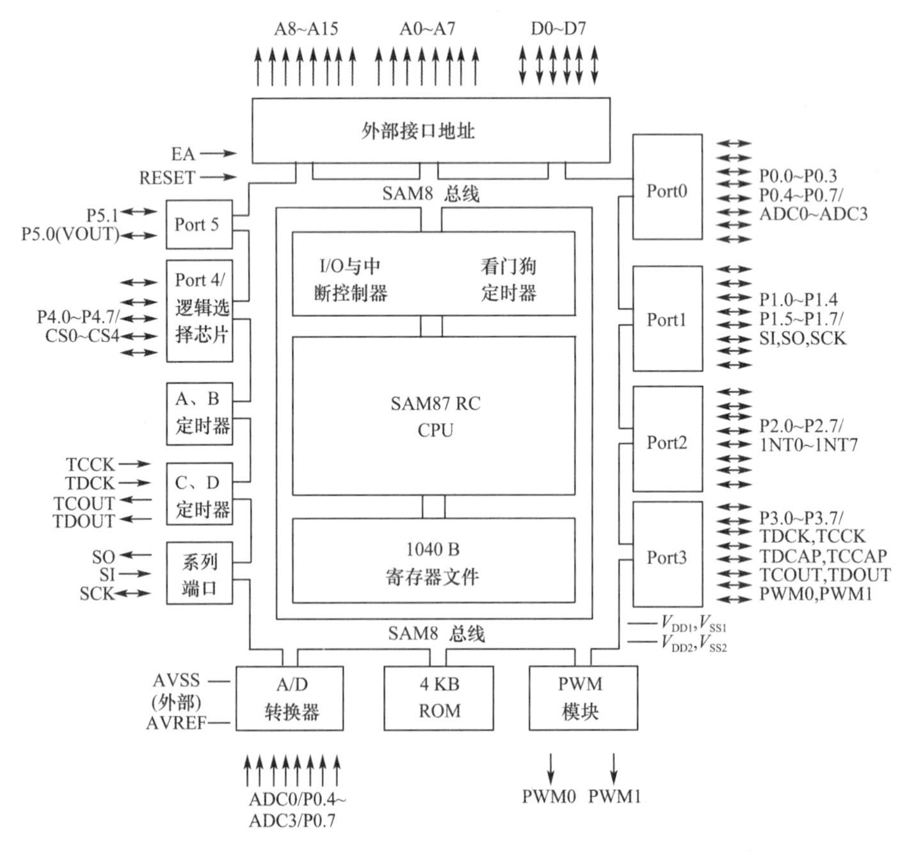

图 3-25 KS88C4504 微处理器内部框图

三星公司生产的微处理器 KS88C4504 的引脚功能表见表 3-3。

表 3-3 **KS88C4504 的引脚功能**

引脚号	功能
1、2	1 脚是 PM (Program Memory),2 脚是 DM (Date Memory),程序大小为 128 KB,64 KB 为程序空间。定义为:当指令是从内部的 ROM 提取或访问数据存储器空间时,PM 输出高电平,当外部的程序空间被访问时,PM 输出低电平。当指令被提取或外部的程序空间被访问时,DM 输出高电平,当访问外部的数据存储器空间时,则 DM 输出低电平
3	RD 读信号,RD 决定对外部存储器操作时数据传输的方向,它接在外部存储块 27C020 的 OE 输出允许端
4	Write 等信号,当外部的程序空间和数据空间进行写操作时,此信号为低电平
5	VLD(Voltage Level Detector,电平自动检测),防止电压有变化,有误操作。以 CPU 的+5 V 供电为例,当 5 脚电压低于 3.3 V 时,系统自动复位,对电压变化的灵敏度就是由 CPU+5 V 的分压电阻来决定的,此机直接接到 CPU 的供电端
6	悬空
7	Wait 等待信号,当 CPU 在 6 脚收到一个低电平,系统的 RD、WR 就会延长一个周期,对此脚的电平检测是每一个时钟周期就检测一次
8	PWR CNTL 电源控制,低电平时开电源,高电平时待机
9、10、11	是系统使用 CPU 内置的片选脚。CPU 需要并口和某一个芯片通信,必须选中该芯片,一般都是低电平选中,该低电平信号是通过对地址的逻辑操作来产生的,而此 CPU 内置逻辑处理器,所以外面的硬件、非门、或非门都不需要
12	电源
13	地
14、15	外接 10 MHz 晶振,CPU 的振荡范围为 4～25 MHz
16	EA,当用外部的 Flash 时,此脚接+5 V;当用内部的存储空间时,此脚接 0 V
17	TOGGLE
18	VGA OVL 控制 VGA 状态时,VGA 的 RGB 和 OSD 的 RGB 交替使用控制脚
19	CPU 的复位脚,原来的复位电路是"上升沿"复位,即电源 V_{CC} 通过电阻对电容充电产生复位信号。现在的电路加了一个专门的复位晶体管 1813,它的作用是在电源上电 150 ms 以后,输出一复位信号,1813 可以防止当上电电压还不稳定时,CPU 复位不正常
20	HV SEL 作用:HV 选择,就是 TV/AV/ SV/YCbCr 时输给 PW135 的 HV 由 DPTV 输出;当 VGA 时,输给 PW135 的行场由 VGA 端口输入
21	没用
22	VBRI 是一个 PWM 脉冲,用于调整背光条的亮度
23	没用
24、25、39、40	都是地址扩展用的,因为这个 CPU 最多只能外挂 64 KB 存储器,这是不够的,所以要扩展到 256 KB,需要加两条地址线。如 74HC244 就是用于地址扩展的,S0、S1 是访问数据空间的地址扩展, P15、P16 是访问程序空间的地址扩展。74HC244 是一个同相的缓冲器,共分为两路,各自独立,每一路都有一个使能控制端,且每一路都有 4 个缓冲器,当输出使能端为低电平时,输出有效,当输出使能端为高电平时,其输出是一个状态,所以 A16、A17 都是 74HC244 的两路输出连在一起,不会有影响

续表

引脚号	功能
26	POS VS VGA 的场输入
27	Write Protect 是 24C16 的写保护，当对 24C16 读写操作时，此脚置低（地）。正常时此脚为高电平。防止误操作时破坏 24C16 的数据
28	POS HS VCA 的行输入
29	SYNC SEPARATOR 同步信号输入，由 LM1881 输出，用 CPU 来判断有无同步信号
30	P RST 是 DPTV 的复位脚，在传各参数给 DPTV 之前，一定要先对 DPTV 复位
31	PW135 RST 是 CFU 对 PW135 的复位信号，上升沿复位，正常工作时为高电平
32	BL ON OFF 控制背光条开关，+5 V 开，0 V 关，待机时背光条是关的，所以此脚为 0 V
33	LCD POWER CONTROL 控制给液晶屏+5 V 供电
34	没用
35	REMOTE 遥控信号输入
36、37	36 脚是 DPTV INT，37 脚是 PW135 INT。也就是说，DPTV、PW135 都可以发出中断要求，CPU 来响应此中断，具体功能由软件管理
41～45	是 CPU 和 PW135 的 5 线串行通信
46、47	没用
48、49	是 CPU 的 A/D 口，在这里用来对键控做出相应的操作
51	VCA 的场极性输入
52	地
53	电源
54	VGA 的行极性输入
55、56	SCL、SDA，所有串行处理都挂在此两条线上，有高频头、声音处理芯片：NJW1130、24C16、M52742 等
57～64	是数据线 D0～D7
65～80	是地址线，A0～A15，存储容量为 $2^{16}=64$ KB，所以要外扩存储器

做一做

频谱分析仪

［工作任务］

测量创维 8T 系列机芯液晶电视机主板上 CPU（KS88C4504）的电源、复位和时钟信号。

（1）测量 CPU（KS88C4504）的供电：用万用表的电压挡测量 KS88C4504 的 5 脚、12 脚、53 脚电压，填入表 3-4 中，注意将万用表的地与主板的大地连接。

（2）测量 CPU（KS88C4504）的复位：用万用表的电压挡测量 KS88C4504 的 19 脚电压，填入表 3-4 中；用示波器测量 KS88C4504 的 19 脚在开机一瞬间的波形，填入表 3-5 中。

（3）测量 CPU（KS88C4504）的时钟：用万用表的电压挡测量 KS88C4504 的 14 脚、15 脚电压，填入表 3-4 中；用示波器测量 KS88C4504 的 14 脚、15 脚的波形，填入表 3-5 中。用频率计测量 KS88C4504 的 19 脚、14 脚、15 脚的频率，填入表 3-5 中。

表 3-4　　CPU 的引脚电压

CPU 引脚号	5	12	53	19	14	15
标称电压/V						
实测电压/V						

表 3-5　　CPU 的引脚波形

CPU 引脚号	19	14	15
实测频率/MHz			
实测波形			

3.3.2　系统控制电路维修

液晶电视机系统控制电路的维修通常都围绕着 CPU，但 CPU 芯片损坏的概率不大，所以一般故障点存在于其外围电路中，重点在为 CPU 提供电源、复位和时钟的电路。

[维修案例]

(1)故障现象：菜单时有时无(30AAA/8TP2 机芯)

分析与检修：测量 CPU 的两个键控脚，无按键按下时，都应是+5 V，但实测 KEY1 电压不正常，检查发现该引脚外接电阻损坏，更换后正常。

假如遥控接收一直接收到菜单键的编码，它也不会出现此现象，原因是系统对菜单键不会连续响应，如果一直按遥控器上的菜单键，系统一直认为只按一次，这和“音量+/-”键不一样，“音量+/- ”键是连续响应的。

(2)故障现象：死机(15AAB/8TT1 机芯)

分析与检修：插上电源后电源指示灯不亮，测主板已有+5 V 电压输出，查 CPU 电路，测 CPU(KS88C4504)的 12 脚、5 脚、53 脚供电均正常，测 CPU 晶振 Y2-10M 也已经起振，后测复位脚第 19 脚电压，正常应该为高电平，而此时为 0 V，查复位电路及其外围，复位电路是由一个 IC 即 Q_3(DS1813)产生的，查 Q_3(DS1813)的供电正常，而复位输出端却为 0 V，更换 Q_3(DS1813)后正常。

(3)故障现象：自动搜台不存台(15AAB/8TT1 机芯)

分析与检修：手动搜台时频率有变化，因为能看到正常的搜台画面，存台后，系统存台，但存的频率始终是 49.75 MHz，也是初始化后的频率点，说明频率点根本没有写进存储器 24C16，并不是写错，因为能正常看到搜台画面，高频头应该没问题，问题应出在 CPU 和存储器 24C16 之间。更换系统程序，故障依旧，检查总线电压只有 3 V(正常应有+5 V)，把挂在总线上的 IC 一一断开，发现断开声音芯片 NJW1130 时，电压恢复正常，检查其电源无 9 V 输入，查 7809 也无输入电压，最后查出是一个电磁珠 FB704A 开路，更换电磁珠后，机器恢复正常。

(4)故障现象：能开机，但有时开机为白屏，之后变正常，开机时“Please wait”字条变到屏幕左上角(15AAB/8TT1 机芯)

分析与检修：因字符有时会移位，分析应为 CPU 部分有问题，测 I^2C 总线电压，SCL

为3.5 V，而SDA仅为0.6 V左右，怀疑外挂的IC不良，断开U_{202}（TDA7440）21脚和22脚故障依旧，当拔下高频头边线后，总路线电压恢复正常，试换一个高频头，故障依旧，通电后测高频头供电电压，发现FB200供电电压升为+12 V，正常应该为+5 V，当拆下FB200后，电压又为+5 V，分析升为+12 V只能是由U_{804}（APX1117－+5 V）稳压IC引起的，U_{804}输入+12 V，经其稳压后输出+5 V经C827、FB200后给高频头供电，替换U_{804}后整机正常。

（5）故障现象：无规律花屏、死机

分析与检修：主要检测微处理器的基本工作条件是否正常，供电电压是否稳定，复位电路元器件、晶振性能有无不良。另外，微控制器本身损坏或存储器资料丢失，也会造成死机。如果微控制器一切正常，则需要检查SCALER电路、液晶屏等。

（6）故障现象：按键失灵

分析与检修：首先应检查按键接插件是否接触良好，有无开焊断裂，各按键有无短路，若存在，则更换损坏元器件，否则，检测微控制器基本工作条件是否满足，如果故障还不能排除，就检测SDA、SCL上连接的元器件是否损坏，最后还要检查存储器是否正常、其内部资料是否正确。

（7）故障现象：按键功能错乱

分析与检修：MCU一般设置1～2个引脚作为按键输入脚，各按键信号通过电阻分压的方式传递到按键输入脚，按下不同的键，会有不同的电压，据此，微控制器可区分出不同的按键功能。如果按键输入电路分压电阻损坏、按键漏电、按键接口接触不良等，都会引起输入到微控制器按键脚的电压变化，从而导致按键功能错乱的现象。

（8）故障现象：不开机

分析与检修：微控制器设有待机控制端，在开机过程中，其电平是否变化是判定微控制器系统是否工作的依据。若待机控制端在开机时电压能从高电平变到低电平（低电平开机）或从低电平变到高电平（高电平开机），则表明微控制器、存储器组成的微控制器系统基本工作正常，整机不开机故障在控制系统外的电路上，如开关电源电路、I^2C总线被控电路等。若待机控制端在开机时电压不变化，则说明微控制器系统未工作，应首先检查微控制器工作的条件（电源、复位和振荡信号）是否正常，若正常，则检查微控制器和外部存储器的线路是否正常，若正常，需要重写EEPROM（E^2PROM）数据存储器，重写后仍不正常，一般需要更换微控制器或数据存储器。

［知识拓展］

3.3.3 系统微控制器电路介绍

1. 微控制器电路的基本组成

微控制器简称MCU，它内部集成有中央处理器（CPU）、随机存储器（又称数据存储器，RAM）、只读存储器（又称程序存储器，ROM）、中断系统、定时器/计数器和输入/输出（I/O）接口电路等主要微型机部件，它们组成一台小型的计算机系统。以微控制器为核心构成的电路称为微控制器电路。

在液晶电视机中，微控制器具有协调与控制整个系统电路的重要作用。一旦微控制器出现故障，将会造成整机瘫痪，不能工作或工作异常。

如图3-26所示是液晶电视机中微控制器硬件组成框图，液晶电视机微控制器电路主要由微控制器及满足其工作条件的电路（供电、复位、时钟振荡电路）、按键输入电路、遥控信号输入电路、存储器（数据存储器、程序存储器）、开关量（输出高/低电平）控制电路、模拟量（输出PWM控制信号）控制电路、总线控制电路（对被控IC进行控制）等几部分组成。

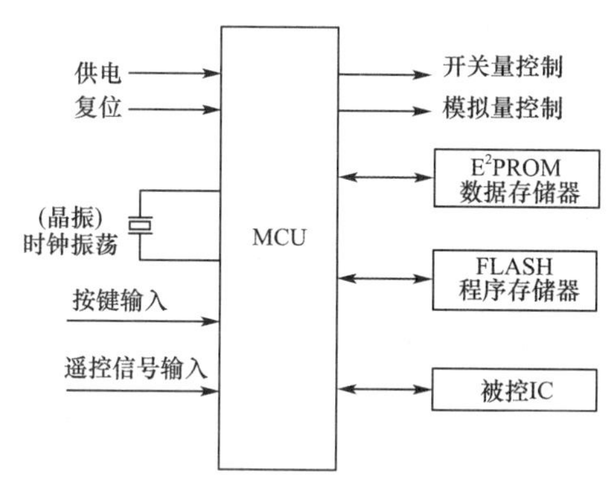

图3-26 微控制器硬件组成框图

2. 微控制器的工作条件

微控制器要正常工作，必须具备以下条件：供电、复位、时钟振荡电路正常。

(1)供电电路

液晶电视机微控制器的供电由电源电路提供，供电电压为+3～+5 V，该电压应为不受控电压，即液晶电视机进入节能状态时供电电压不能丢失；否则，微控制器将不能被待机启动。

(2)复位电路

复位电路的作用是使微控制器在获得供电的瞬间，由初始状态开始工作。若微控制器内的随机存储器、计数器等电路获得供电后不经复位就开始工作，可能会因某种干扰导致微控制器因程序错乱而不能正常工作，为此，微控制器电路需要设置复位电路。复位电路由专门的复位电路（集成电路或分立元器件）组成，有些微控制器采用高电平复位（即通电瞬间给微控制器的复位端加入一高电平信号，正常工作时再转为低电平），也有些微控制器采用低电平复位（即通电瞬间给微控制器的复位端加入一低电平信号，正常工作时再转为高电平），采用哪种复位方式由微控制器的自身结构决定。

(3)时钟振荡电路

微控制器的所有工作都是在时钟脉冲的指挥作用下完成的，如存/取数据、模拟量存储等操作。只有在时钟脉冲的作用下，微控制器的工作才能正常有序；否则，微控制器不能正常工作。

微控制器的振荡电路一般由外接的晶体、起振电容和微控制器内的时钟电路共同组成。晶体频率一般为10 MHz以上，晶体的两脚和微控制器的两个晶振脚相连，产生的时钟脉冲信号经微控制器内部分频器分频后，作为微控制器正常工作的时钟信号。

3.微控制器基本电路介绍

微控制器电路主要由微控制器、存储器（ROM 和 RAM）、按键输入电路、遥控输入电路、开关量控制电路、模拟量控制电路、总线控制电路等几部分组成。

（1）微控制器

很多液晶电视机采用以 51 单片机为内核的微控制器，它把可开发的资源（ROM、I/O 接口等）全部提供给液晶电视机生产厂家，厂家可根据应用的需要来设计接口和编制程序，因此适应性较强，应用较广泛。

图 3-27 所示是微控制器内部组成框图，一个最基本的微控制器主要由下列几部分组成。

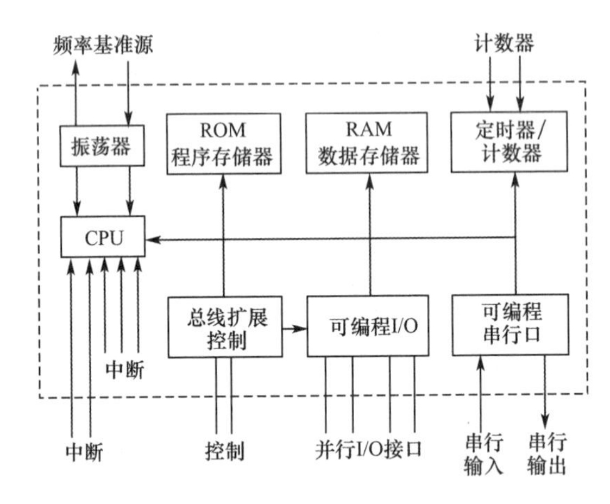

图 3-27　微控制器内部组成框图

①CPU（中央处理器）

CPU 在微控制器中起着核心作用，微控制器的所有操作指令的接收和执行、各种控制功能、辅助功能都是在 CPU 的管理下进行的。同时，CPU 还要负责各种运算工作。

②存储器

微控制器内部的存储器包括两部分。一部分是随机存储器 RAM，它用来存储程序运行时的中间数据，在微控制器工作过程中，这些数据可能被要求改写，所以 RAM 中存放的内容是随时可以改变的。需要说明的是，液晶电视机关机断电后，RAM 存储的数据会消失。另一部分是只读存储器 ROM，它用来存储程序和固定数据。所谓程序就是根据所要解决问题的要求，应用指令系统中所包含的指令，编成的一组有次序的指令集合。所谓数据就是微控制器工作过程中的信息、变量、参数、表格等。当电视机关机断电后，ROM 存储的程序和数据不会消失。

③输入/输出（I/O）接口

输入/输出接口电路是指 CPU 与外部电路、设备之间的连接通道及有关的控制电路。由于外部电路、设备的电子大小、数据格式、运行速度、工作方式等均不统一，一般情况下它们是不能与 CPU 相兼容的（即不能直接与 CPU 连接），这些外部的电路和设备只有通过输入/输出接口的桥梁作用，才能与 CPU 进行信息的传输、交流。

输入/输出接口种类繁多，不同的外部电路和设备需要相应的输入/输出接口电路。可利用编制程序的方法确定接口具体的工作方式、功能和工作状态。

输入/输出接口可分成两大类：并行输入/输出接口和串行输入/输出接口。

a. 并行输入/输出接口

并行输入/输出接口的每根引线都可灵活地作为输入引线或输出引线。有些输入/输出引线适合于直接与其他电路相连，有些接口能够提供足够大的驱动电流，与外部电路和设备接口连接后，使用起来非常方便。有些微控制器允许输入/输出接口作为系统总线来使用，以外扩存储器和输入/输出接口芯片。在液晶电视机中，开关量控制电路和模拟量控制电路都是并行输入/输出接口。

b. 串行输入/输出接口

串行输入/输出接口是最简单的电气接口，和外部电路、设备进行串行通信时只需使用较少的信号线。在液晶电视机中，I^2C 总线接口电路是串行总线接口电路。

④定时器/计数器

在微控制器的许多应用中，需要进行精确的定时来产生方波信号，这由定时器/计数器电路来完成。有的定时器还具有自动重新加载的能力，这使得定时器的使用更加灵活方便，利用这种功能很容易产生一个可编程的时钟。此外，定时器还可作为一个事件计数器，当工作在计数器方式时，可从指定的输入端输入脉冲，计数器对其进行计数运算。

⑤系统总线

微控制器的上述几个基本部件电路之间通过地址总线（AB）、数据总线（DB）和控制总线（CB）连接在一起，再通过输入/输出接口与微处理器外部的电路连接起来。

（2）存储器

在微控制器内部设有 RAM、ROM，除此之外，在微控制器的外部，还设有 E^2PROM 数据存储器和 FLASH ROM 程序存储器。

①E^2PROM 数据存储器

E^2PROM 是电可擦写只读存储器的简称，几乎所有的液晶电视机在微控制器的外部都设有一片 E^2PROM，用来存储电视机工作时所需的数据（用户数据、质量控制数据等）。这些数据断电时不会消失，但可以通过进入模式或用编程器进行更改。

在遇到电视软件故障时，经常会提到"擦除""编程""烧写"等概念，一般所针对的都是 E^2PROM 中的数据，而不是程序。"擦除""编程""烧写"的是 MCU 外部 E^2PROM 数据存储器中的数据。另外，维修液晶电视机时，经常要进入液晶电视机工厂模式（维修模式）对有关数据进行调整，所调整的数据就是 E^2PROM 中的数据。

②FLASH ROM 程序存储器

FLASH ROM 也称闪存，是一种比 E^2PROM 性能更好的电可擦写只读存储器。目前，部分液晶电视机在微控制器的外部除设有一片 E^2PROM 外，还设有一片 FLASH ROM。对于此类构成方案，数据（用户数据、质量控制数据等）存储在微控制器外部的 E^2PROM 中，辅助程序和屏显图案等存储在微控制器外部的 FLASH ROM 中，主程序存储在微控制器内部的 ROM 中。

(3)按键输入电路

当用户对液晶电视机的参数进行调整时,是通过按键来进行操作的,按键实质上是一些小的电子开关,按键的作用就是使电路通与断。当按下按键时,按键电子开关接通,手松开后,按键电子开关断开。微控制器可识别出不同的按键信号,然后去控制相关电路进行动作。

(4)遥控输入电路

红外接收放大器是放置于电视机前面板上一个金属屏蔽罩中的独立组件,内部设置了红外光敏二极管、高频放大、脉冲峰值检波和整形电路。红外光敏二极管能接收 940 mm 的红外遥控信号,并经放大、带通滤波后,取出脉冲编码调制信号,再经脉冲峰值检波、低通滤波、脉冲整形处理后,形成脉冲编码指令信号,加到微控制器的遥控输入脚,经过微控制器的解码后输出控制信号,完成遥控器对电视机的遥控操作。

(5)开关量和模拟量控制电路

①开关量控制电路

所谓微处理器的开关量,就是输入微处理器或从微处理器输出的高电平或低电平信号。微控制器的开关量控制信号主要有指示灯控制信号、待机控制信号、视频切换控制信号、音频切换控制信号、背光灯开关控制信号、静音控制信号、制式切换控制信号等。

②模拟量控制电路

微控制器模拟量控制信号是指微控制器输出的 PWM 脉冲信号,经过外围 *RC* 等滤波电路滤波后,可转换为大小不同的直流电压,该直流电压再加到负载电路上,对负载进行控制。

微控制器输出的模拟量控制信号主要有背光灯亮度控制信号、音量控制信号等。由于微控制器一般设有 I^2C 总线控制脚,很多控制信息均由微控制器通过总线进行控制,可大大减少模拟量控制信号的数量,使控制电路大为简化。

(6)总线控制电路

I^2C 总线是由飞利浦公司开发的一种总线系统。I^2C 总线系统问世后,迅速在家用电器等产品中得到了广泛的应用。电路上的 I^2C 总线由两根线组成,包括一根串行时钟线(SCL)和一根串行数据线(SDA)。微处理器利用串行时钟线发出时钟信号,利用串行数据线发送或接收数据。

微控制器电路是 I^2C 总线系统的核心。液晶电视机中很多需要由微控制器电路控制的集成电路(如高频头、去隔行处理电路、SCALER 电路、音频处理电路等)都可以连接在 I^2C 总线上,微控制器通过 I^2C 总线对这些电路进行控制。

为了通过 I^2C 总线与微控制器进行通信,在 I^2C 总线上连接的每一个被控集成电路中都须设有一个 I^2C 总线接口电路。在该接口电路中设有解码器,以便接收由微控制器发出的控制指令和数据。微控制器可以通过 I^2C 总线向被控集成电路发送数据,被控集成电路也可通过 I^2C 总线向微控制器传送数据,被控集成电路是接收还是发送数据则由微控制器决定。

议一议

[小结]

(1)液晶电视机的控制部分主要由专用的 CPU 芯片来实现,比如三星公司生产的微处理器 KS88C4504,所以对 CPU 芯片应用的认识是对整个控制电路理解的关键。

(2)KS88C4504 由外部地址/数据线、外部接口地址单元、I/O 与中断控制器、独有看门狗功能的基本定时单元、SAM87 中央处理单元、1040 bit 的存储单元、A/D 转换单元、4 kbit 的只读存储单元、一个带内部定时与 PWM 模式的 8 bit 定时与计数器单元、5 个可编程的 I/O 端口等组成。

(3)液晶电视机的控制部分的故障通常都存在于 CPU 的外围电路上,所以检查其外围电路的正确与否是维修控制部分故障的关键。

(4)液晶电视机的系统控制由微控制器来完成,它内部集成有中央处理器(CPU)、随机存储器(又称数据存储器,RAM)、只读存储器(又称程序存储器,ROM)、中断系统、定时器/计数器及输入/输出(I/O)接口电路等主要微型机部件。

想一想

[思考题]

(一)理论题:

(1)微控制器内部集成了________、________、________、________、________、________等微型机部件。

(2)KS88C4504 芯片内部由哪些部分组成? 简述其工作原理。

____。

(3)液晶电视机系统控制中用到的存储器有________、________、________、________等类型。

(4)液晶电视机的微控制器 MCU 工作的基本条件是什么?

____。

(二)实践题:

(1)测量液晶电视机主板的 CPU 各引脚和外围电路的通电情况要注意什么?

(2)如果液晶电视机出现了死机,一般故障存在于什么部位?

(3)液晶电视机出现按键功能紊乱的故障,应怎样检查和维修?

任务 3.4 维修液晶电视机白屏故障

学习目标

✧ 能理解液晶电视机图像处理电路的工作原理;

✧ 能分析和维修图像处理电路的典型故障。

工作任务

✧ 测试液晶电视机图像处理电路;

✧ 维修图像处理电路的故障。

读一读

3.4.1 图像处理电路性能调试

创维 8T 系列机芯液晶电视机的图像处理电路原理框图如图 3-28 所示。

1.图像处理电路信号流程

PAL 制式的电视信号经一体化频率合成式高频头 JS-2DSW/124A(TNUE8)处理后,从高频头输出 SCL、SDA、CVBS(复合视频信号)信号经 CH707 送入插座 J_7,再送入主芯片 DPTV-3D(U_1)的 184 脚;AV-VIDEO(AV)输入 DPTV-3D 的 183 脚;S-VIDEO 的 Y 信号(S_y)送到 DPTV-3D 的 185 脚,C 信号(S_c)送到 DPTV-3D 的 196 脚;DVD 的 Y 信号(Y)送到 DPTV-3D 的 186 脚、Cr 信号送到 DPTV-3D 的 197 脚、Cb 信号送到 DPTV-3D 的 207 脚。CPU 通过 8 位并行总线控制电视信号前端处理,电视信号再通过模拟信号开关选择电路、AGC 电路、钳位电路等处理后,进入主芯片的 A/D 转换电路,通过采样、量化进入全数字处理(DSP)电路,在 DPTV-3D 内部进行三维(3D)Y/C 分离、解码、隔行转逐行、彩色瞬态补偿、亮度瞬态补偿、黑电平延伸、γ 校正等大量数字处理,最后输出 24 bit 的 RGB 信号,送入 SCALER 芯片 PW135 中完成缩放(Scaling)驱动处理。处理后的视频信号还从 DPTV-3D 的 188 脚输出,一路经过一射随器后由 AV 板输出 AV OUT,另一路送给同步分离 U_{35}(LM1881),分离出的同步信号送给 CPU(U_6),用于识别有无电视信号。

2.TV/VGA 基色切换处理

VGA 的 RGB 信号通过 J_2 插座送入 QS3257,DPTV-3D 的 27 脚、28 脚、29 脚输出的 OSD-RGB 信号也送入 QS3257,在 QS3257 中进行切换,QS3257 的 1 脚是开关控制脚,在显示 VGA 图像时是高电平,OSD 时为低电平。切换出来的 RGB 信号进入预视放 M52742 的 2 脚、6 脚、11 脚,在 M52742 中进行亮度、对比度处理,然后送入 U_{26}(PW135),在其内部进行 A/D 转换处理,然后完成 Scaling 驱动的处理工作。

同时,VGA 的行、场信号经过磁珠、100 Ω 电阻、200 pF 对地电容,送给 74LS86,74LS86 是一个异或门电路,当两个输入信号电平不一样时,输出高电平;而输入信号一样时,输出低电平;当输入信号接地时,输出信号和输入信号相同。当 VGA 行信号输入为正极性信号时,其 3 脚输出端对地接 C_{88}(1 μF)的电容,这使得 3 脚的电平一直为逻辑低电平,再通过 U_{4A}(74LS04 非门电路)后变为高电平,也就是说,此高电平信号为正极性信号,同时经过 U_{14B} 后由 6 脚输出一正极性信号,经过 U_{4B}、U_{4C} 整形后输出到 CPU;当 VGA 行信号输入为负极性信号时,通过 U_{14A} 后,对 C_{88} 通电,使得 C_{88} 上一直为高电平,经 U_{4A} 后为低电平,送给 CPU,通知 CPU 此 VGA 的行信号为负极性信号,同时经过 U_{14B}、U_{4B}、U_{4C} 也输出正极性信号,同时,对 VGA 场信号也做同样的处理。行场同步信号一路都送到 CPU 的 26 脚、28 脚、51 脚、54 脚,一起用于 CPU 对 VGA 模式的识别;另一路通过 U_7(QS3257)处理,由其 7 脚、9 脚、12 脚输出,把行、场信号输送给 DPTV-3D 的 41 脚、42 脚、43 脚,使 OSD 和 VGA 保持同步。M52742 或 DPTV-3D 送到 PW135 的 RGB 信号在 PW135 内部进行 A/D 转换、图像缩放、图像显示格式处理等各种处理后,输出数字信号去驱动 LCD 屏产生图像。

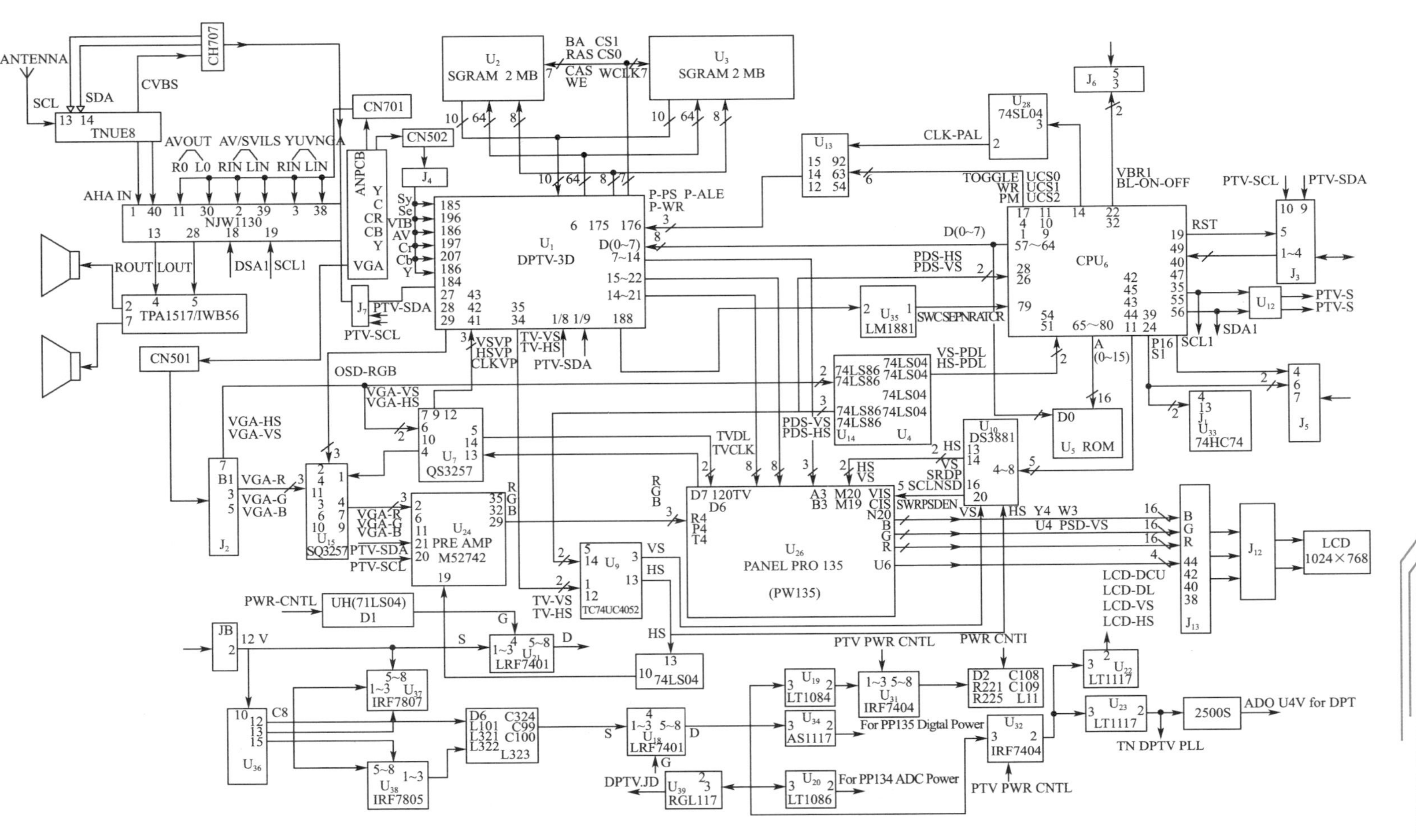

图 3-28 创维 8T 系列机芯液晶电视机的图像处理电路原理框图

提示：LCD 电视机关于 DPTV 部分和 CRT 电视机没有什么不同，主要区别是 LCD 是用数字口输出信号，而 CRT 是用模拟口输出信号。

3. 同步分离电路

尽管 DPTV 内部也有同步信号识别的能力，但并不准确。因此，液晶电视机一般都单独加有同步分离电路，其主要目的是为了搜台得到更精确的同步识别。此机芯的同步分离电路由 U_{35}(LM1881)来完成。

4. DPTV-3D 处理电路

(1)DPTV 的供电：

①U_{39}(RGL117)，输入+5 V，输出+2.5 V。它是 DPTV-3D 的核心供电，以前的 DPTV 是+3.3 V 供电，现改为+2.5 V 的目的是降低功耗。

②U_{23}(LT1117)，+3.3 V 输出，给 DPTV 的 DAC 供电。

③U_{22}(LT1117)，+3.3 V/800 mA 输出，给 DPTV 的 ADC 供电。

④U_{19}(LT1084)，输出为+3.3 V，电流比 LT1117 大，为 5 A，TO-263 封装。它除了给 DPTV 供电，还给 U_2、U_3 两个 SGRAM 供电。

(2)DPTV-3D 的引脚功能见表 3-6。

表 3-6 DPTV-3D 的引脚功能

引脚号	功能
157	7RAM 通信的 MCLK 的供电+2.5 V
158	MCLK 锁相环的低通滤波，外接电容 560 pF，有些数字板外接 4700 pF，此电容只对反应速度有点影响
159	MCLK 的地
162	视频时钟的供电+2.5 V
161	视频锁相环的低通滤波，和 MCLK 锁相环相似
160	视频 CLK 模拟地
181、190、194、205	ADC 供电
182、191、195、200、206	ADC 的地
31	AVdd-BG，给 DAC 供电，和 ADC 供电是分开的，分别由两个 LT1117 提供+3.3 V 的电压
32	IRSET 是 D/A 变换电源偏置，外接 560 Ω 电阻到地，如果此电阻开路，数字口和模拟口都无信号输出，但是通过 I^2C 总线去查看 OPII 寄存器的数据又基本正确，只是没有输出
25、30、33	模拟地
163、164	外接 14.317 MHz 晶振
172～165	8 位并口通信线，和 CPU、存储器相连
5	RESET 是硬件复位引脚，由 CPU 控制，由 I/O 直接连起来，正常工作时此脚是低电平，整机一上电，CPU 先工作，给 DPTV 上电延时 100 ms(目的是等待供电稳定)后，CPU 发出一个复位信号，其波形是一个方波，DPTV 除了一个硬件复位外，还有一个软件复位，对一寄存器做置 0、置 1 就可以了。硬件复位和软件复位是不一样的，硬件复位相对来说更精确

续表

引脚号	功能
6	DPTV 片选信号 P-Ps，CPU 并口上有时会挂好多器件，CPU 和哪一个器件通信，由片选信号来决定，当 CPU 要和 DPTV 通信，它就把 P-Ps 置高，通信完了就置低，这里说一下大多数的片选信号都是低电平选中，DPTV 和 I^2C 通信不一样，I^2C 通信是通过数据上传输的主地址来找寻是哪一个器件
175	P-ALE 地址寄存器使能端
176	DPTV 的写信号
177	DPTV 的读信号
178、179	DPTV 的 I^2C 数据线和时钟线。注：178、179 两脚外面有两个 0 Ω 电阻，实际上都没装，因为 DPTV 是用并口通信的，只有调试时才接上两个电阻
180	DPTV-INT，DPTV 的中断脚，直接连到 CPU，它可以要求 CPU 响应中断，为了以后扩展用
4	ADDREL 是地址选择，I^2C 通信时该引脚电压不同，DPTV 的主地址也是不同的，一般是接一个电阻上拉到＋3.3 V 电源
1	V5SF，参考电压＋5 V，它跟并口线有关，这个引脚要求待机时＋5 V 也要保持，如果待机时此电压消失，用示波器观察 CPU 和 DPTV 通信的 8 位并口线，有时会从本应该是＋5 V 左右的脉冲数据下降到 1 V 左右，这时再开机 CPU 就被“拉死”，这指的是并口通信，假如整机是靠 I^2C 通信的，那与它没关系
196	S 端子的色度分量输入
185	S 端子的亮度分量输入
188、189	都是视频输出端，图 3-28 中 188 脚输出，189 脚对地，这与图纸不符，实际上 189 脚才是视频输出端(也可以是视频输入、S 端子亮度输出)，188 脚是色度分量输出端(S 端子色度输出)，所以 CVBS OUT 此机接的是 189 脚。在 S 端子输出的只有亮度分量
183	视频信号通过 10 μF 钽电容耦合输入
184	高频头送来的视频信号
186、197、207	YCbCr 输入
187、198、208	三个都是模拟钳位电路，三个钳位分别是视频、S 端子、YCbCr
202、201	亮度分量电压基准
203、204	色度分量电压基准
2	TEST，工厂的测试脚，与修理无关，但是从图纸上可以看到它串联两个电阻，本应该在正常工作时接低电平，测试时接高电平，现接一个 4.7 kΩ 对地电阻，以实现低电平
3	INT2，中断 2 口，没有用到，接一上拉电阻一直保持高电平
38、39、40	没用，PIP 模式时才用到
41	DPTV 输出的 PIXEL CLK
42	此脚 TV 模式时不起作用，在 VGA 模式时是 VGA 的行输入
43	VSMP，此脚有两个作用，在 TV、AV、SV、YCbCr 模式时作用是 DE，在 VGA 模式时作为 VGA 的场输入端

续表

引脚号	功能
44～51	数字口 B(蓝色)分量输出,33 Ω 和 PW135 相连
15～22	数字口 G(绿色)分量输出,33 Ω 和 PW135 相连。这里 22 脚有一点特殊,它是复合信号,在 TV、AV、SV、YCbCr 时是绿色分量的 bit0,当是 VGA 时它是一个 FLASK BLANK 信号,在 VGA 显示菜单要用到它
7～14	数字口 R(红色)分量输出,33 Ω 和 PW135 相连
36、37	没用
26	VM 速度调制,CRT 模拟信号用,LCD 不用
27、28、29	DPTV 模拟 RGB 输出,外接 75 Ω 电阻对地,TV、AV、SV、YCbCr 时三个口也有输出,但是没用,一直用数字口。但 VGA 的菜单是从此三个模拟口输出的
34、35	DPTV 输出的行、场信号
96	Memory Clk 频率,有 83 MHz、98 MHz、110 MHz,一般都用这三种,此机是 98 MHz
97、98	是 SGRAM 的片选信号
101	写使能端低电平有效
100	行选通脉冲
99	列选通脉冲
114	Bank 选择,因为 SGRAM 分两个 Bank(组),其余都是数据线、地址线

5. PW135 电路

PW135 是 Trident 公司研发的高精度数字处理电路(SCALER),其内部框图如图 3-29 所示,各引脚功能见表 3-7。

表 3-7 PW135 各引脚功能

引脚号	功能
RESET-B	是 PW135 的复位信号,是上升沿复位,正常工作时是高电平 3.3 V
DLGI-EN/CAL	数字信号输入时它是数据使能端
X_1 X_2	外接晶振端口
VCLKI	数字信号输入时它是 CLK 信号输入端
SIOEN, DATA-S SCLK,SRDP,SWRP	串行通信
SCANMODE SCANEN	芯片测试用,正常工作接 10 kΩ 电阻到地。最下面 38 sbit 就是输给面板的 RGB 数字信号
DCLK	输出面板的 CLK,另一路 OSD-Pix 没用
HSY-O	输出 Panel 的行信号
VSY-O	输出面板的场信号。OSD-Vs , PW139-INT 都没用
DE	输出面板的数据行使能端,OSD-Hs 没用
CLK-ADCO	此时 PW135 输出 CLK 和 VGA 的 H、V 一起输给 DPTV,目的是使 VGA 和 OSD 保持同步

续表

引脚号	功能
R_{IN} G_{IN} B_{IN}	OSD 的 RGB 输入，此机没用，因为 VGA 的 OSD 由 DPTV 产生，VCA overlay 以后由 PW135 的模拟口输入
RGB	模拟口输出，包括 VGA 图像和 OSD
HSIN VSIN	模拟信号，数字信号的行、场信号输入

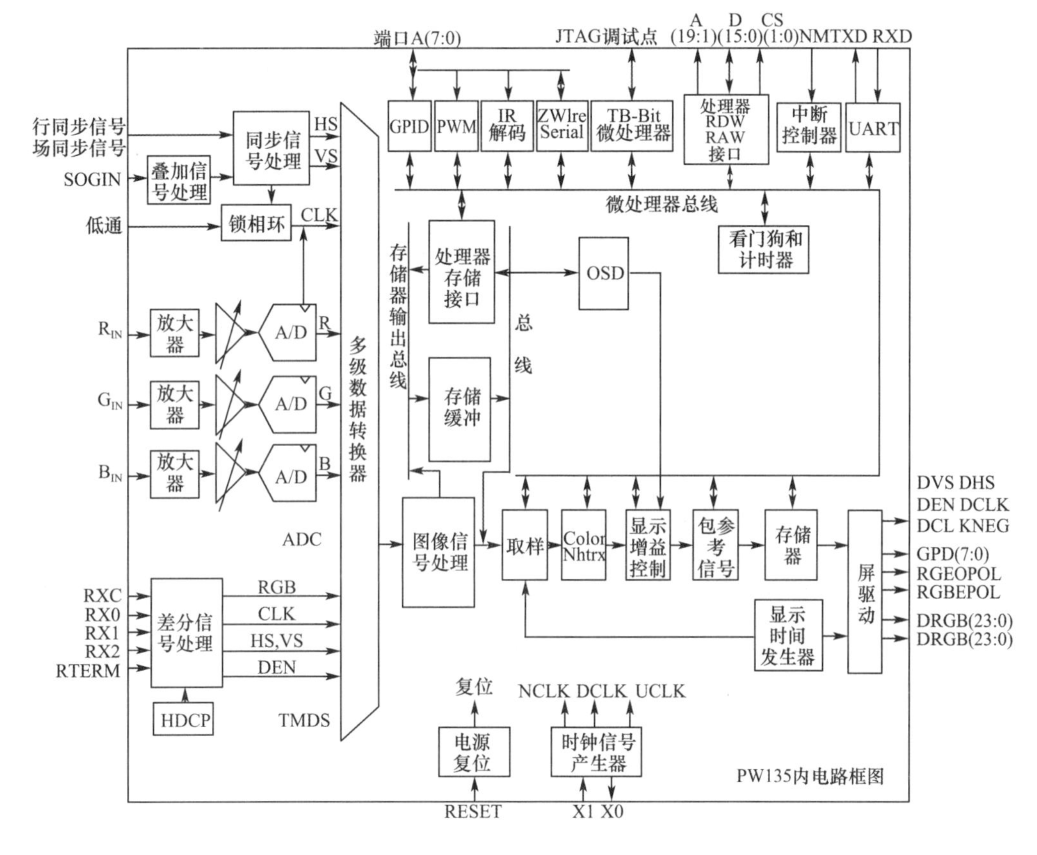

图 3-29 PW135 内部框图

PW135 的工作原理如下：

(1)供电：U_{20}(LT1086)是给 U_{26}(PW135)供电，输出＋3.3 V 电压。分三路：第一路由 L_{14} 滤波后给 PW135 中 VGA 的 ADC 供电；第二路通过 FB37 给 PW135 的数字电路部分供电；第三路通过 L_{15} 滤波后给 PW135 的两个锁相环供电。

(2)输入电路：输入电路部分如图 3-28 所示。PW135 既能接收模拟信号，也能接收数字信号。其需要单独输入行、场信号，不能自动提取同步信号，它能自动识别行、场信号的极性，系统也可以由 CPU 处理同步信号的极性，然后发出负极性信号给 PW135，当模拟 RGB 信号输入 PW135 的 ADC 进行模数转换时，外部电路需要提供参考电压，U_{TOP}、U_{BOT} 典型的应用为 U_{BOT}＝0.8 V，U_{TOP}＝U_{BOT}＋1.0 V＝1.8 V。一般 VGA 的 RGB 信号幅度为 0.7 V(有效值)，而 PW135 内部 ADC 要求的信号幅度更大，所以在 VGA 输入和 PW135 之间加了一级视频放大，也就是前面所说的 M52742。

PW135也有接收24 bit的数字信号的功能，具体选择模拟信号还是数字信号，由软件决定，它只需把地址25H的位置0或1即可。

(3)LCD接口部分：PW135的输出可以直接驱动大多数的TTL电平接口的LCD显示屏，输出有24 bit的RGB信号、Data Clock(DC)、Data Enable(DE)、VS、HS，由寄存器3B的bit0决定，PW135输出是1Pixel/Clock模式还是21Pixel/Clock模式，所谓1Pixel/Clock和21Pixel/Clock的区别，在主板上就是有48 bit的RGB输出，H、V、CLK、DE还是各一路，CLK的频率大概要降一半，主要目的是减少EMI(Elector Magnetic Interference)电磁干扰，假如P面板共n Pixel行，n为偶数，则偶数场的Pixel意味着第1、第3……第$n-1$个Pixel，奇数场的Pixel则意味着第2、第4……第n个Pixel，所以PW135的输出端口(Routo，Gouto，Bouto)不同的面板有不同的Pixel/Clock。

(4)PLL锁相电路：为了支持不同的输入和输出信号，PW135的输入和输出不同步，这样PW135需要两个PLL，使各自的CLK保持同步，一个是对输入信号的采样脉冲，另一个是输出给LCD的扫描CLK，这两个CLK都能到PW135。

(5)串行通信口：时钟线DATA-S是双向通信的数据线，SIOEN是串行通信使能端，SRDP是读信号，PW135应用一个简单而有效的5线串行通信来访问CPU，SCLK是串行输入时钟，SWRP是写操作信号，由于PW135不需要快速寄存器访问，所以硬件上可以用一个通用的简单8 bit的CPU。

PW135本身有4个PWM发生器，占空比都可以通过软件来调整，如果CPU无PWM口或不够用，可用PW135来代替，如LCD的亮度调整等。

(6)亮度控制：J_6是给背光条的控制信号。图3-28中的+12 V-ON-OFF是背光条的+12 V供电，它也可以受开关控制，3脚BL-ON-OFF是受CPU的I/O口控制，当为+5 V时，背光条亮；当为0 V时，关背光条。5脚是用来调节背光条亮度的，由CPU输出一PWM脉冲，经过R_{52}和C_{93}平滑后去控制背光灯的电流，从而调节其亮度，一般来说是0 V最亮，+5 V最暗，而实际应用中是直接接0 V的。

做一做

逻辑分析仪

[工作任务]

DPTV-3D(U_1)是创维8T系列机芯液晶电视机图像处理电路的主芯片，我们主要对其进行测量。

(1)测量DPTV-3D的供电：用万用表的电压挡分别测量U_{19}、U_{22}、U_{23}、U_{39}的输入和输出电压值，填入表3-8中。

(2)测量DPTV-3D的复位：用万用表的电压挡测量DPTV-3D的5脚电压，填入表3-9中；用示波器测量DPTV-3D的5脚在开机一瞬间的波形，填入表3-9中。

(3)测量DPTV-3D的时钟：用万用表的电压挡测量DPTV-3D的163脚、164脚电压，填入表3-9中；用示波器测量DPTV-3D的163脚、164脚的波形，填入表3-9中；用频率计测量DPTV-3D的5脚、163脚、164脚的频率，填入表3-9中。

(4)测量DPTV-3D的输入信号：使液晶电视机开机工作在有图像的状态，用示波器测量和观察DPTV-3D的184脚、186脚、197脚、207脚的输入信号波形，填入表3-10中。

表3-8　DPTV-3D的供电电压

被测芯片	U_{19}		U_{22}		U_{23}		U_{39}	
	输入	输出	输入	输出	输入	输出	输入	输出
标称电压/V	+5	+3.3	+5	+3.3	+5	+3.3	+5	+2.5
实测电压/V								

表 3-9　　DPTV-3D 的引脚波形

DPTV-3D 引脚号	5	163	164
实测电压/V			
实测频率/MHz			
实测波形			

表 3-10　　DPTV-3D 的输入信号波形

DPTV-3D 引脚号	184	186	197	207
实测电压/V				
实测波形				

（5）测量 DPTV-3D 的输出信号：使液晶电视机开机工作在有图像的状态，用 D1660E68 型逻辑分析仪测量 DPTV-3D 的 7 脚～14 脚的数字 R 分量输出、15 脚～22 脚的数字 G 分量输出、44 脚～51 脚的数字 B 分量输出信号，直接将逻辑分析仪的探头接入相应的被测信号，连接好地线。

①将分析仪插槽 1 的时钟探头连接到 DPTV-3D 的 41 脚 CLK，其他 8 个数据探头连接到高频头的 7 脚～14 脚(R 分量 D7～D0)。

②设置液晶电视机接收到图像。

③逻辑分析仪设置为状态模式"State"，设定状态时钟，更改标记为 DATA，分配通道给数据 D7～D0。

④设定状态触发的项和触发条件(Trigger 菜单中)，以确定开始记录数据和停止的时间以及存储什么数据。

⑤使液晶电视机处于正常播放节目状态，按分析仪的 Run 键，屏幕显示所选项的状态列表，如图 3-30 所示，记录状态数据填入表 3-11 中。滚动面板上的旋钮或按 Page down 键可以翻阅后面页的数据。

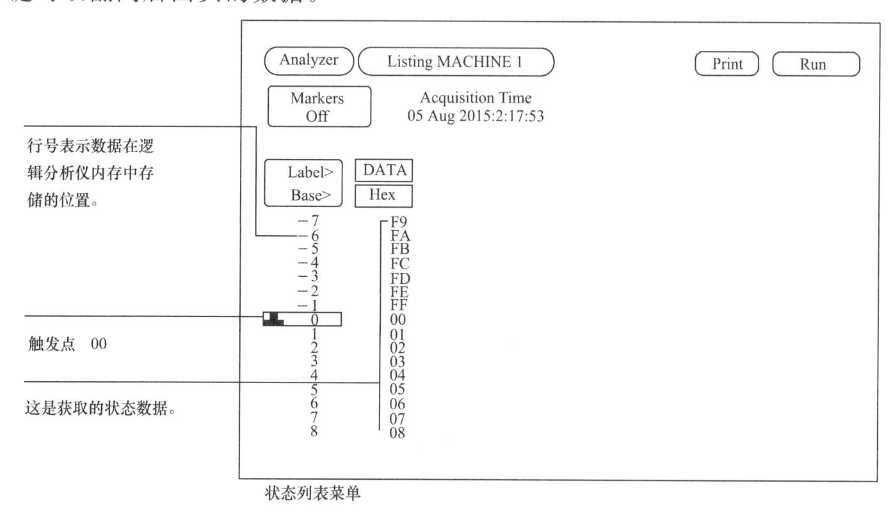

图 3-30　逻辑分析仪状态分析数据列表显示

用同样方法测量DPTV-3D的15脚～22脚的数字G分量输出信号、44脚～51脚的数字B分量输出信号，填入表3-11中。

表3-11　　DPTV-3D的输出信号状态

CLK								
R分量								
CLK								
R分量								
CLK								
G分量								
CLK								
G分量								
CLK								
B分量								
CLK								
B分量								

你知道吗？ 逻辑分析仪的功能

绝大多数逻辑分析仪是两种仪器的合成，第一部分是定时分析仪，第二部分是状态分析仪。

①定时分析仪

定时分析仪是逻辑分析仪中类似示波器的部分，它与示波器显示信息的方式相同，水平轴代表时间，垂直轴代表电压幅度。定时分析仪首先对输入波形采样，然后使用用户定义的电压阈值，确定信号的高低电平。定时分析仪只能确定电平是高还是低，不存在中间电平。所以定时分析仪就像一台只有一位垂直分辨率的数字示波器。但是，定时分析仪并不能用于测试参量，如果用定时分析仪测量信号的上升时间，那就用错了仪器。如果要检验几条线上的信号的定时关系，定时分析仪就是合理的选择。如果定时分析仪前一次采样的信号是一种状态，这一次采样的信号是另一种状态，那么它就知道在两次采样之间的某个时刻输入信号发生了跳变，但是却不知道精确的时刻。最坏的情况下，不确定度是一个采样周期。

②跳变定时

如果我们要对一个长时间没有变化的信号进行采样并保存数据，跳变定时就能有效地利用存储器。使用跳变定时时，定时分析仪只保存信号跳变后采集的样本以及与上次跳变的时间间隔。

③毛刺捕获

数字系统中毛刺是令人头疼的问题，某些定时分析仪具有毛刺捕获和触发的能力，可以很容易地跟踪难以预料的毛刺。定时分析仪可以对输入数据进行有效的采样，跟踪采样间产生的任何跳变，从而容易识别毛刺。在定时分析仪中，毛刺的定义是：采样间穿越逻辑阈值多次的任何跳变。显示毛刺是一种很有用的功能，有助于毛刺触发和显示毛刺产生前的数据，从而帮助我们确定毛刺产生的原因。

④状态分析

逻辑电路的状态分析是：数据有效时，对总线或信号线采样的样本。定时分析与状态分析的主要区别是：定时分析由内部时钟控制采样，采样与被测系统是异步的；状态分析由被测系统时钟控制采样，采样与被测系统是同步的。用定时分析仪查看事件“什么时候”发生，用状态分析仪检查发生了“什么”事件。定时分析仪通常用波形显示数据，状态分析仪通常用列表显示数据。

3.4.2 图像处理电路维修

数字机顶盒测试

［维修案例］

(1)故障现象：开机屏幕为白屏，但有伴音(15AAB/8TT1 机芯)

分析与检修：分析此故障为液晶屏没有工作造成的。查显示屏的+5 V供电及行、场信号，发现没有+5 V供电，进一步检查主板+5 V供电电感 L_{21} 发现其开路。将其更换后，故障排除。

(2)故障现象：图像有约 3 cm 宽黑白相交的竖条(15AAB/8TT1 机芯)

分析与检修：此情况一般为液晶屏行、场同步信号异常造成的。测主板 R_{82}、R_{83}，果然无 VS、HS 信号输出给 Panel，查 U_9(TC47UC4052)的 3 脚、13 脚有 VS、HS 输出，一直到 U_{10}(PS3881)的输入端都有信号，但 U_{10} 无输出信号，即 PW135 无输入 VS、HS 信号，检测 PS3881 的供电情况，无电压，而其供电是+5 V 通过一个二极管后的电压，更换二极管 1N4148 后，显示正常。

(3)故障现象：白光栅(15AAB/8TT1 机芯)

分析与检修：液晶屏 Panel 需要的外部输入有两部分，一部分是背光源驱动部分，用于点亮阴极荧光灯，另一部分是信号部分；RGB、H、V、DE、CLK，还有给 Panel 的供电，这两部分的关系是，背光驱动部分为信号部分提供光源，两者只在光学特性上有关联，在电性能上是无关联的，两者是相互独立的部分，此时，一上电液晶屏就会闪一个白点，然后正常，检查出是由于背光条先打开，然后才给 Panel 供电，时序上不对，应该是先给 Panel 供电，再打开背光条，所以要先检查给 Panel 的供电，发现+5 V 没有，经检查为 L_{21} 虚焊。

(4)故障现象：能开机，但有时开机为白屏，之后变正常，开机时"Please wait"字条变到屏幕左上角(15AAB/8TT1 机芯)

分析与检修：因字符有时会移位，分析应为 CPU 部分有问题，测 I^2C 总线电压，SCL 为+3.5 V，而 SDA 仅为 0.6 V 左右，怀疑外挂的 IC 不良，断开 U_{202}(TD A7440)第 21 脚和第 22 脚故障依旧，当拔下高频头边线后，总线电压恢复正常，试换一个高频头，故障依旧，通电后测高频头供电，发现 FB200 供电升为+12 V，正常应该为+5 V，当拆下 FB200 后，电压又为+5 V，分析升为+12 V 只能是由 U_{804}(APX1117，+5 V)稳压 IC 引起，U_{804} 输入+12 V，经其稳压后输出+5 V 经 C_{827}、FB200 后给高频头供电，代换 U_{804} 后整机正常。

(5)故障现象：黑屏(30AAA/8TP2 机芯)

分析与检修：开机后观察背光灯已经点亮，但开机却无创维标志也无 OSD，由此判断应为主板未给显示屏信号引起的。测主板 J_{27} 接口处供电正常，但无 LVDS 信号，判断为主板未给屏驱动信号，测主板 U_{15}(PW113)第 108 脚 VS 和第 109 脚 HS、第 106 脚 DCLK 均有输出，RPH、RPI、RPF P. G、RPD、RPE 47 Ω 排阻有 R、G、B 数据输出，由此可以判定故障是 LVDS 芯片 U_{20}(DS90C385)未工作造成的，测 U_{20} 第 1 脚、9 脚、26 脚+3.3 V 供电正常，第 32 脚 ON/OFF 控制脚也为高电平，更换 U_{20} 后正常。

注意：如何确定是 PW135 还是 DPTV 有故障的方法是，把 DPTV 输出的模拟 RGB 和行、场信号，直接通过 VGA 的接口连到 CRT 的监视器上，如果监视器显示的现象和 LCD 液晶屏显示的一样，说明是 DPTV 工作不正常，否则就是 PW135 工作不正常。

(6)故障现象：VGA 图像有水平线干扰(15AAB/8TT1 机芯)

分析与检修：先查看 TV 通道是否有干扰，经检查发现没有干扰，说明公共部分没有问题，检查 VGA 的专用通道，查 U_{16}(QS3257)和 U_{24}(M52742)的供电正常，因此该现象是电源造成的，仔细检查供电电路，发现给 M52742 的供电电感有裂痕，更换后一切正常。

[知识拓展]

创维 8T 系列机芯常见故障见表 3-12。

表 3-12　　　　创维 8T 系列机芯常见故障表

机芯	故障现象	损坏元器件
8TT1	白屏	CPU（U_{10}）
	自动关机	4435(U_{23})
	USB 无识别	USB 小板
	黑屏	U_{25} 坏或重写 U_{25} 程序
	伴音不良	高频头坏
	花屏，TV 像不良	U_{913} 坏
	TV 或 AV 色彩失真	U_{20} 坏
	白屏	U_{31} 坏
	TV 无伴音	U_{9703} 坏
	花屏，有竖线	U_{927} 坏
	键控不良	U_{10} 坏
	关机异响	电源板坏
	BBE 伴音不良	U_{701} 坏
	切换魔画白屏	U_{918} 坏
	VGA 像不良	U_6 坏
	黑屏	U_{13} 坏
	菜单不良	重写 U_{25} 的程序
	TV 色彩失真	U_6 坏
	死机	电源板坏
	HDTV 缺色	U_6 坏
8TP1	AV 像不良	重写 U_{913}
	AV 干扰	U_{13} 坏
	白屏，红屏	U_{20} 坏
8TG3	AV 色彩失真	U_{9702} 坏
	HDTV 像闪	U_{13} 坏
	P 卡重影	高频头坏
	不开机	U_{14} 坏
	TV 亮点干扰	U_4 坏
	TV 白条干扰	U_4 不良
	屏暗，花屏，像不良	一般屏坏的多
	TV 无信号	U_2 坏
	死机	U_{14} 坏
	白屏	U_{13} 坏
8TT3/8TT9	自动关机	芯片 V_{12} 虚焊
	不开机	U_7(74HC573A)损坏
	各类信号输入均花屏	FLASH 损坏
	在 VGA、YPbPr 状态无图像	U_{12}(P15C330Q)损坏
	黑屏	V_{12} 损坏或 V_{904}(40 MHz)坏
	高清状态画面正常，其他状态下有干扰	V_{12} 外挂 SDROM 坏
	不存台	24C64 坏
	绿屏	24C64 坏
	不开机，指示灯闪烁	U_{21}、V_{12} 坏
	刚开机黑屏，一会儿正常	Y_1(14.318 MHz)坏
	菜单上有红色竖条干扰，VGA 图像正常	U_4、U_5 坏
	图像上有黑点干扰，在 VGA、HDTV 状态下无	U_8、U_{11} 坏
	冷机黑屏，一会变花屏，老化一段时间变正常（VGA 图像正常）	TSU66A 坏
	AV 状态有时正常，有时黑屏，有时有干扰，但在 VGA 状态下一切正常	Y_1(14.318 MHz)外接 C_{39} 坏

续表

机芯	故障现象	损坏元器件	机芯	故障现象	损坏元器件
8TP2	AV 或 TV 色彩失真	U_{20} 坏	8TT3/8TT9	指示灯呈“黄色”，不开机	CPU 外接 40 MHz 晶体管坏
	HDTV 色彩失真	U_{28} 坏		不开机	复位三极管 Q_5 坏
	DVI、VGA 像扭曲	U_{10} 坏		收台少	高频头坏
	DVD 色彩失真	U_{10} 坏		黑屏	高频头坏
	不开机	U_1 坏		无伴音	U_{704}(7805)坏
	黑屏	重写 U_{16} 程序			
	TV 伴音不良	U_5 坏			
	3 台伴音不良	高频头坏			

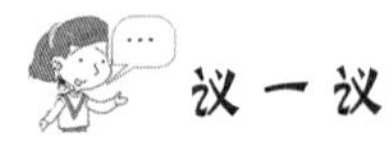

议一议

[小结]

(1)图像处理电路是液晶电视机的信号处理电路，是系统电路中的重要组成部分。

(2)创维 8T 系列机芯液晶电视机的图像处理电路主要由 DPTV-3D 和 PW135 两芯片配合其他一些芯片来完成，了解和认识 DPTV-3D 和 PW135 的功能和应用方法是理解图像处理电路的关键。

(3)图像处理电路的故障直接反映在我们观看的图像上，对于这部分电路的维修要在理解电路信号流程的基础上结合电压和信号波形的测量加以判断。

想一想

[思考题]

(一)理论题：

(1)液晶电视机的图像处理电路包含哪些具体电路？每一部分的功能是什么？

(2)简述创维 8T 系列机芯液晶电视机中 PW135 电路的功能和工作原理。

(3)讨论液晶电视机解码故障的特点和检修方法。

(4)叙述白屏的故障维修流程。

(二)实践题：

(1)用逻辑分析仪测量创维 8T 系列机芯液晶电视机的图像处理电路 DPTV-3D(U_1)的 R、G、B 分量输出信号。

(2)液晶电视机出现竖条干扰，分析其检修方法，并进行故障维修。

(3)液晶电视机开机白屏但有伴音，分析其检修方法，并进行故障维修。

任务 3.5　维修液晶电视机背光源不亮故障

学习目标

✧ 能理解液晶电视机背光源故障原理；

✧ 能正确分析液晶电视机背光源的故障原因；

✧ 能维修液晶电视机背光源的故障。

工作任务

✧ 测试液晶电视机的逆变电路；

✧ 分析液晶电视机背光源不亮的故障；

✧ 维修液晶电视机背光源不亮的故障。

读一读

3.5.1　液晶电视机的背光源

液晶屏是被动显示器件，它本身不会发光，与主动发光器件 CRT 不同，必须为液晶屏提供光源才能实现显像。一般液晶显示的采光技术分为自然采光和光源设置两类。光源设置分为背光源、前光源和投影光源三种，其中背光源采用的最为普遍。常用的背光源有 CCFL、LED、EL 等，在液晶彩电中，应用最多的是 CCFL 背光源(灯管)。

CCFL 工作时需要较高的交流工作电压，因此，在电路中设计了逆变电路(逆变器)，逆变器可将开关电源产生的直流低压电(小屏幕一般为＋12 V，大屏幕一般为＋24 V)转换为 CCFL 所需要的几百伏的交流高压电，以驱动 CCFL 背光灯管工作。

1. 常用背光源种类

液晶显示用的背光源要求：亮度均匀一致，能形成均匀的面光源；亮度高，并可调亮度范围；体积小、重量轻、成本低；功耗小、效率高、寿命长。

常用的背光源有 LED 高亮度发光管、电致发光面及 CCFL 冷阴极荧光灯三种光源。

(1)小型设备上多用发光二极管或白炽灯泡，它们属于点状光源。其优点是体积小、简单且可调亮度，但亮度不均匀。其中 LED 为单色光，调光难是它们的缺点。

(2)便携式及面积稍大的设备多选用电致发光(EL)面光源，它是一种冷光源，是利用荧光粉在交变电场的激发下发光的特征而发亮的。其特点是分光特性好，可实现多种颜色(含白色)，无亮斑，薄而轻且耐冲击性好。其缺点是寿命较短(5000 h)，需要较高的电压供电。

(3)面积较大或需彩色显示的设备，多选用冷阴极荧光灯(CCFL)，它属于线状光源。其优点是亮度高、寿命长，适于做彩色 LCD 的背光源。其缺点是需要较高的驱动电压。冷阴极荧光灯是目前各种大显示屏采用的最为普遍的背光源。

2. 冷阴极荧光灯背光源

冷阴极荧光灯是目前 LCD 中使用最广泛的线状光源，之所以称其为"冷阴极"，是因其没有灯丝，是依靠气体放电激发荧光粉而发光的一种光源。

(1)结构及基本原理

冷阴极荧光灯学名为 CCFL，一边一个电极，工作电压为 800～1000 V。其技术经多年发展已经非常成熟，具有细管径(目前最细的只有 1.8 mm，而常用的一般都不会超过 3 mm)、寿命长(20000 h 以上)、工作电流低(3～10 mA)、结构简单、灯管表面温度低、亮度高、显色性好、发光均匀等优点，所以是当前 TFT-LCD(液晶屏)的理想光源。它由硬质玻璃和高光效三基色荧光粉、采用先进封接工艺制作而成，灯管内含有适量的水银和惰性气体，灯管内壁涂有荧光粉，两端各有一个电极。当高压加在灯管两端后，灯管内少数电子高速撞击电极后产生二次电子发射，开始放电，管内的水银受电子撞击后，激发辐射出 253.7 nm 的紫外光，产生的紫外光激发涂在管内壁上的荧光粉而产生可见光，可见光的颜色将依据所选用的荧光粉的不同而不同，这项指标就涉及更换灯管后屏幕显示颜色的问题。

气体电离和二次电子发射必须有足够的空间，才能有足够的效率，因此，冷阴极荧光灯大都做成管形，即长径比很大的形状。根据管形的不同，CCFL 可分为 I 形、L 形、U 形和 W 形等，如图 3-31(a)所示。气体放电现象如图 3-31(b)所示，实际外形如图 3-31(c)所示。

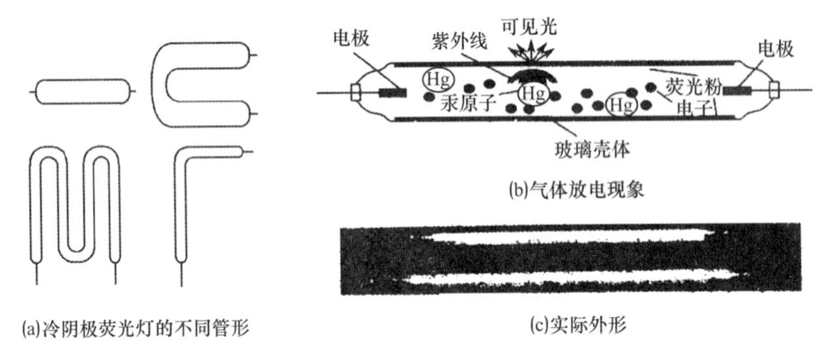

图 3-31　冷阴极荧光灯

(2)CCFL 的主要参数

工作电压：500～1500 V(20 kHz)。

管压降：200～500 V。

工作电流：3～10 mA。

亮度：3000～35000 cd/m^2。

功耗：1～4 W。

寿命：大于 20000 h。

环境参数：工作温度为＋10 ℃～＋50 ℃。

作为气体放电管，在管子两端施加一个足够的电压，管内气体会电离、导通，电流瞬间增大，管压降下降至稳定值，此为正常辉光放电区。若再增压则会导致异常放电而烧毁管子。为了保证 CCFL 能迅速起辉,有足够的电流维持放电又不致过流引起烧管,在使用时必须在管子回路中串入限流电阻。

3.背光灯管的更换

液晶电视机显示器的使用寿命和年限在数万小时以上,理论上按每天点亮 5～6 h 计算可以用上十几年。但是,不利的使用环境或者保养不当都会缩短液晶显示器的使用寿命。采用单灯管的液晶显示器在使用 3 年以后,亮度、对比度明显不足,屏幕发暗偏黄。这是因为液晶显示器背光板内部的 CCFL 冷阴极灯管老化了,并不是液晶显示器寿命已到,只要更换成新的背光灯管就可以了。

(1)更换背光灯管的注意事项

①环境要清洁,切忌在灰尘多的环境下操作。尤其有一部分液晶屏在更换灯管时需要拆解背光板,如果不慎落入灰尘,会导致屏幕有暗点。

②因为灯管极其纤细脆弱,整个更换过程中用力一定要轻柔,否则很容易导致灯管折断。在首次更换灯管时,折断几根灯管是常有的事情。建议尽量购买带架的灯管,这样既可避免这种现象的发生,又可消除焊接过程中可能导致的损坏。

③拾取灯管时,要戴橡胶薄膜手套,以免手上汗渍沾染到灯管上,使用时间长以后,灯管局部会发黄。

④焊接灯管电极连线时,焊接速度要快,焊点要圆润光滑。如果焊点有毛刺现象,很容易打火放电,引起高压驱动电路损坏,或者显示器出现无规律黑屏。

⑤如果更换的是裸管,在将旧灯管从灯架上取出时,要防止把灯架弄变形,否则在更换完灯管后,屏幕周边很容易出现漏光现象。一旦出现漏光现象,处理起来将相当困难。

⑥给一款自己不熟悉的液晶屏更换灯管时,最好能够上网搜寻这个型号液晶屏的相关参数,掌握其内部结构,然后再更换灯管,切忌盲目拆卸螺钉。

⑦部分液晶屏在更换灯管时,需要将液晶屏上的分辨模块 FPCB(Flexible Printed Circuit Board,即柔性印制电路板,是用柔性的绝缘基材制成的印制电路,它可以自由弯曲、卷绕,从而实现元器件装配和导线连接的一体化。利用它可大大缩小电子产品的体积,适应电子产品向高密度、小型化、高可靠性方向发展的需要)板移开,这块 FPCB 板不能用力牵拉,否则会导致屏幕出现亮线甚至完全报废。排线一旦折断,修复的成功率不高。

⑧在用手接触电路板上的元器件时,要防止静电损坏元器件。要戴防静电腕带或使用离子风机等方式来防止静电。

(2)液晶显示屏灯管的拆换方法

一般 15 英寸以下电视机使用一根或两根灯管,一般 15 英寸和 17 英寸的液晶显示屏中每组灯管是两根固定在一起的(屏的上下各一组,共 4 根)。20 英寸液晶显示屏是每 3 根固定在一起的(屏的上下各一组,共 6 根)。23 英寸以上的液晶显示屏是数十根灯管按水平摆放(如康佳大屏幕电视 TM3008 机型配奇美屏的灯管有 16 根,LC、TM3719 机型配奇美屏的灯管有 20 根)。另外,早期生产的 15 英寸液晶电脑显示器,其显示屏内的灯管只有两根(上下各一根),因此光的亮度会略暗于现在的液晶电视机的显示屏。

①15～20 英寸液晶显示屏拆换灯管的方法(以奇美屏为例,可直接拆换):小屏幕液晶显示屏灯管的拆换极其简单,更换灯管时不需要把液晶显示屏拆开,可直接在屏的侧面分别将上下两组灯管拆除。首先把液晶显示屏朝逆变器方向固定灯管架的两颗小螺钉(上下各一颗)拧下,然后慢慢地往外拉灯管架,这样就很容易把灯管抽出来。由于灯管细小而脆弱,在拆取时要特别小心,要做到轻取轻装、轻拿轻放。在更换灯管时,一般要将上下两组灯管同时更换,若是只更换某一组,会出现屏幕显示的图像上下亮度不一致,造成上部分的图像亮而下部分的图像偏暗,或下部分的图像亮而上部分的图像偏暗的不良现象。另外,值得注意的是,液晶显示屏冷阴极灯管,用万用表测量其引脚是不通的,因此不能用测量普通灯泡的判断方法来判断灯管的好坏,可用"外接电源"的方法来通电判断(注:20 英寸中华屏的灯管是不可以直接拆换的,只有大屏幕液晶显示屏灯管才能直接拆换)。

②23 英寸以上液晶显示屏拆换灯管的方法(以奇美屏为例不可直接拆换):首先将液晶显示屏从电视机的机壳中拆出,逐一将液晶显示屏的驱动板及逻辑控制板的固定螺钉拆下,将屏的前挡架拆离,随后逐步小心翼翼地移开"液晶板""组合透镜""散光板"。拆到此即可见到一排白色的"灯管"(共 16 根)在"白色反光片"上。不同厂家或同一厂家不同规格的显示屏,其采用的反光片都是不同的,有的只用 1 张,有的用两张叠放在一起,有的正反都是白色,有的正面是白色,反面是黑色。

做一做

[工作任务]

大多数新型液晶屏只需要将屏背部灯管位置的屏蔽铁罩拆开,灯管(连同灯架)就可以从屏幕的一侧顺利抽出,更换很简单。

有的需要完全拆开液晶屏幕才能更换灯管,以三星 141XAL01 单灯管结构液晶屏为例,我们来按以下步骤更换灯管:

(1)将液晶屏与机内所有的连线插头拔掉,然后在操作台上面铺放一张柔软的垫子,最好是防静电的橡胶垫,如果没有也可以采用纯棉布垫,不要采用化学合成材料的纺织品,那样会产生静电,检查垫子上面没有异物以后,将液晶屏面向下放置在垫子上。

(2)将液晶屏左右两侧固定金属支架的螺钉旋下(此时会看到两个金属支架与屏幕之间用黑胶布粘连,黑胶布不用揭开,对更换灯管没有妨碍)。

(3)将两个金属支架压片左右两侧的螺钉旋下,取下金属压片。

(4)将灯管部位金属压片左右两侧的螺钉旋下,取下金属压片。

(5)金属压片取下后放置一边,然后将液晶屏左右两侧的螺钉旋下。

(6)取下的金属片内外部还有两个固定螺钉,是用来固定灯架的,都旋下来。再用薄而硬的塑料片(如电话卡等)或借助指甲从显示屏边框的内框与外框(屏本体四周边缘部分)之间插入,并沿内外框之间的缝隙移动,边移动边用巧力把内外框分离(内外框之间有许多小卡槽)，等内框完全脱离外框时，屏本体就能够从塑料边框中取出，此时塑料框架就可以与屏本体分离了，将液晶屏竖立，屏本体与框架分开，此时就可以看见灯管高、低端引线通过沟槽放置在屏的塑料边框内，低压端引线嵌入比较长，几乎横跨整个边框。

(7)将高、低压引线从沟槽内轻轻取出，就可以把灯管支架拿下来，如果灯架与塑料框之间涂有胶黏剂，就用小号手术刀把胶黏剂割断，等灯架与塑料框彻底分离后再取出，否则因为胶黏剂的存在，用力取出很容易导致灯架变形甚至折断灯管。注意：在这个过程中液晶屏的玻璃体、背光板、偏光片等都可以分离出来，尽量避免其分开的角度过大，以免不慎落入灰尘或拉断 FPCB 排线。取灯管支架动作要轻柔，因为灯管就在内部，极易折断。

(8)取下灯架。

(9)把灯架两端靠近电极橡胶护套处同时稍微扩张，即可将灯管取出，这个过程不需要辅助工具。如果灯管镶嵌得比较紧，也可以先从一端开始外移橡胶护套，外移幅度不要太大，因为灯管本身也有一定的可弯曲度，少量单端外移并不会折断。需要注意的是，灯管一般等距离套着几个细小的白色橡胶环，为支撑灯架之用，也需要通过稍微分开灯架口才能够将灯管取出来，忽略此处也容易造成灯管的折断(本步骤主要是提醒初学者在安装新灯管时需要注意的事项，如果确认灯管已经损坏，则此步骤可以省略。在不顾忌灯管是否折断的前提下，分离灯架就容易多了)。电极的橡胶护套和灯管上面的橡胶环不要弄丢，这些东西不易购买，安装新灯管时要把橡胶环均匀套好，否则必定漏光无疑。

(10)将电极橡胶护套向引线方向退出 2～3 cm，露出电极焊接点，厂家的焊接点非常圆润光滑，在给新灯管焊接引线时工艺也要求这样。

(11)将引线从旧灯管上拆下来(拆焊)，然后从一端把套在灯管上的白色橡胶环取下，逐一套在新灯管上面；将电极引线与新灯管焊好；将电极橡胶护套再套在新灯管上面，然后就可以把新灯管安装在灯架内，最后安装到液晶屏上，组装液晶屏了。这个过程是拆卸的反过程，不再赘述。至此，液晶屏灯管更换完毕，接上高压板，驱动板连线，给整机通电试机，并继续老化半小时，确认无故障后，装壳交付使用。

注意：更换灯管的整个过程似乎很简单，但是很多时候都要拆装几次才能完成，安装和拆卸屏幕时一定要小心，不要着急或用力过大，首次拆屏一定要确认已经弄清了屏的结构后再下手，以免损坏液晶屏。配件灯管要多准备一些，较易不要折断灯管。总之，更换灯管是一项耐心、细致、技巧性强的工作，多尝试才能达到好效果。

你知道吗？ 什么是 LED 电视

LED 电视其实是指电视液晶显示屏的背光源，因为 LED 发光管的光谱结合液晶显示屏的显示特性可以使画面的色彩还原得很艳丽，再加之 LED 的耗电量小、发热量低、无故障工作时间长、绿色环保等特点，所以现在很多的液晶电视机都采用 LED 作为光源，并以此为卖点。而电视机的显示屏还是 LCD 液晶的。

3.5.2 逆变电路调试

1. 逆变电路的基本组成

逆变电路也称逆变器(Inverter)、背光灯驱动电路或背光灯电源，它的作用是将开关电源输出的低压直流电转换为CCFL所需要的1500～1800 V的交流电。在液晶彩电中，逆变电路一般独立做成一个条状电路板，且输出的交流电压很高，故逆变电路也俗称为高压条或高压板。

一般的高压条的输入电压为8～24 V，输出电流为8 mA左右，输出频率为45～75 kHz，输出工作电压为几百伏至上千伏，多数为600 V左右。高压条的输入端大体上有四个信号：电源，小屏幕一般为＋12 V，大屏幕一般为＋24 V；接地端；背光灯启动/停止控制端(ON/OFF)；亮度调整端(ADJ)。

不同液晶彩电的液晶屏灯管数不同，需要的高压条也应该适当配对，也就是说，这些灯管要分别由高压条的输出口进行驱动，小屏幕液晶彩电一般为10个以下，随着屏幕尺寸的增大，所采用的灯管数也会相应增加。高压条的输出口接CCFL背光灯管，每个输出口由两根线组成，一根为高电平，一根为低电平。由于输出端口有高压，所以要注意在通电时不要用手去碰，以免触电，对身体造成伤害。高压条的输出接口有窄口和宽口之分。

液晶彩电的逆变电路形式很多，图3-32所示是一种比较常见的结构形式(其驱动电路为Royer形式)。从图3-32中可以看出，该逆变电路主要由驱动控制IC(振荡器、调制器)、直流变换电路、驱动电路(功率输出管及高压变压器)、保护检测电路、谐振电容、输出电流取样电路、CCFL背光灯等组成。

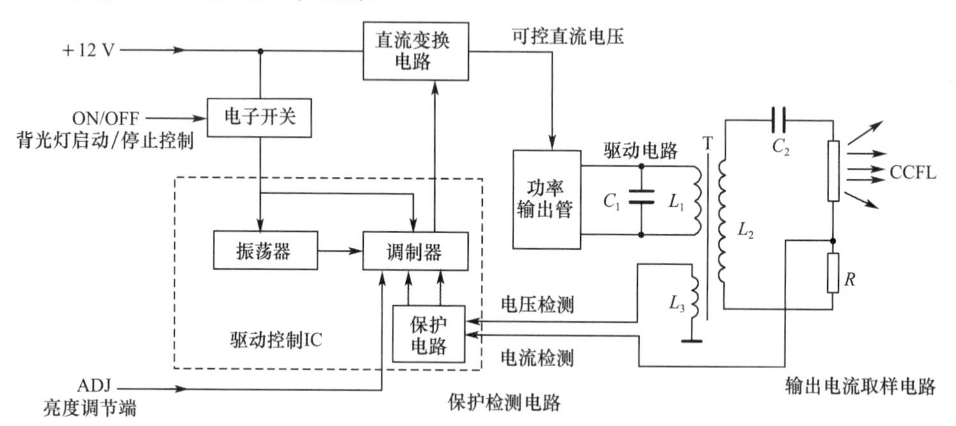

图3-32 逆变电路组成框图

在实际的背光灯逆变电路中，常将振荡器、调制器、保护电路集成在一起，组成一块小型集成电路，一般称之为驱动控制IC。图3-32中的ON/OFF为背光灯启动/停止控制信号输入端，该控制信号一般来自微控制器(MCU)部分。当液晶彩电由待机状态转为正常工作状态后，MCU向振荡器送出启动工作信号(高/低电平变化信号)，振荡器接收到信号后开始工作，产生频率40～80 kHz的振荡信号送入调制器，在调制器内部与MCU部分送来的PWM亮度调整信号进行调制后，输出PWM激励脉冲信号，送往直流变换电路，使直流变换电路产生可控的直流电压，为功率输出管供电。功率输出管及外围电容 C_1 和变压器绕组 L_1（相当于电感）组成自激振荡电路，产生的振荡信号经功率放大和高压变压器升压耦合后，输出高频交流高压，点亮背光灯管。

为了保护灯管，需要设置过流和过压保护电路。过流保护检测信号从串联在背光灯管上的取样电阻 R 上取得，输送到驱动控制 IC。过压保护检测信号从 L_3 上取得，也输送到驱动控制 IC。当输出电压及背光灯管工作电流出现异常时，驱动控制 IC 控制调制器停止输出，从而起到保护的作用。当调节亮度时，亮度控制信号加到驱动控制 IC，通过改变驱动控制 IC 输出的 PWM 脉冲的占空比，进而改变直流变换电路输出的直流电压大小，也就改变了加在驱动输出管上的电压大小，即改变了自激振荡的振荡幅度，从而使高压变压器输出的信号幅度、CCFL 两端的高压幅度发生变化，达到调节亮度的目的。该电路只能驱动一只背光灯管，由于背光灯管不能并联和串联应用，所以，若需要驱动多只背光灯管，必须由相应的多个高压变压器输出电路及相适配的激励电路来完成。

2. 采用全桥驱动电路的逆变电路

全桥结构最适合于直流电源电压范围非常宽的应用，这就是几乎所有笔记本电脑都采用全桥方式的原因。在笔记本电脑中，逆变器的直流电源直接来自系统的主直流电源，其变化范围通常在＋7 V（低电池电压）至＋21 V（交流适配器），全桥结构在液晶彩电、液晶显示器中也有较多的应用。

全桥结构驱动电路一般由 4 只场效应管或 4 只三极管构成，根据场效应管或三极管的类型不同，全桥驱动电路有多种形式，图 3-33 所示是采用 4 只 N 沟道场效应管的全桥驱动电路形式。

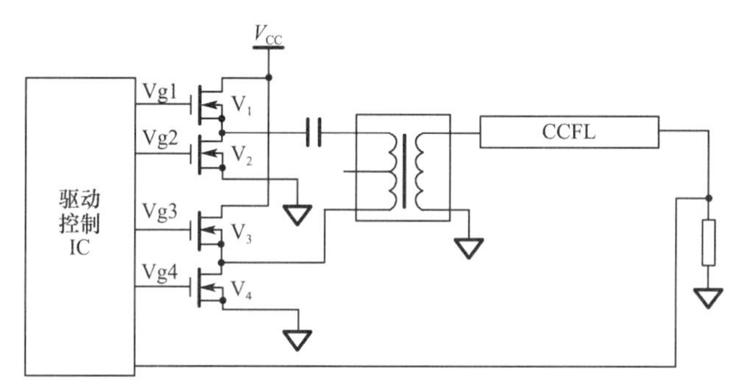

图 3-33 采用 4 只 N 沟道场效应管的全桥驱动电路

电路工作时，在驱动控制 IC 的控制下，V_1、V_4 同时导通，V_2、V_3 同时导通，且 V_1、V_4 导通时，V_2、V_3 截止，也就是说，V_1、V_4 与 V_2、V_3 是交替导通的，使变压器初级形成交流电压，改变开关脉冲的占空比，就可以改变 V_1、V_4 和 V_2、V_3 的导通与截止时间，从而改变了变压器的储能，也就改变了输出的电压值。

需要注意的是，如果 V_1、V_4 与 V_2、V_3 的导通时间不对称，则变压器初级的交流电压中将含有直流分量，会在变压器次级产生很大的直流分量，造成磁路饱和，因此全桥电路应注意避免电压直流分量的产生。也可以在初级回路串联一个电容，以阻断直流电流。

图 3-34 是采用两只 N 沟道和两只 P 沟道场效应管的全桥驱动电路形式。电路工作时，在驱动控制 IC 的控制下，V_4、V_1 同时导通，V_2、V_3 同时导通，且 V_4、V_1 导通时，V_2、

V_3 截止，也就是说，V_4、V_1 与 V_2、V_3 是交替导通的，使变压器初级形成交流电压。

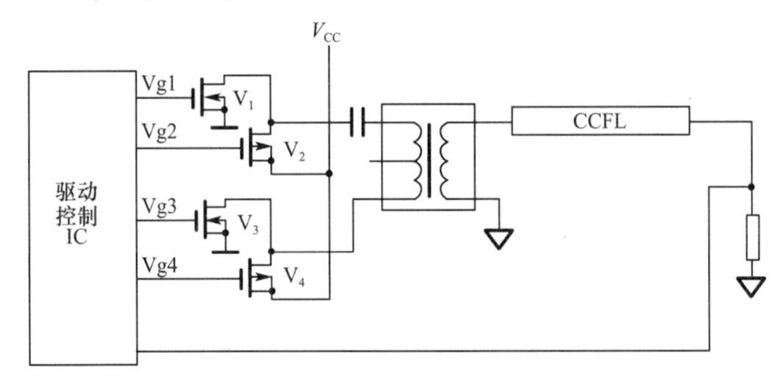

图 3-34　采用两只 N 沟道和两只 P 沟道场效应管的全桥驱动电路

3. 由 OZ960 组成的全桥逆变电路分析

OZ960 是凸凹微电子公司生产的液晶彩色显示器背光灯高压逆变控制电路，由 OZ960 组成的背光灯高压逆变电源电路可将输入的未稳定直流电压变换成近似正弦波的高电压以推动背光灯管。OZ960 具有如下特点：高效率，零电压切换，支持较宽的输入电压范围，恒定的工作频率，较宽的调光范围，具有软启动功能，内置开灯启动保护和过压保护等。OZ960 内部电路框图如图 3-35 所示，其引脚功能见表 3-13。

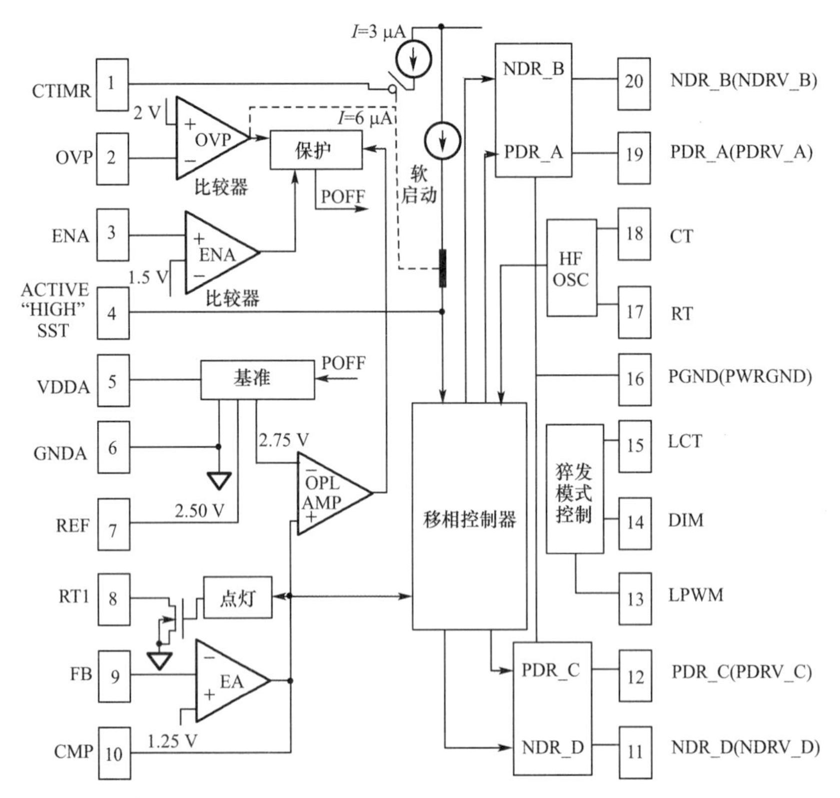

图 3-35　OZ960 内部电路框图

表 3-13　OZ960 引脚功能

引脚号	引脚名	功能
1	CTIMR	CCFL 点灯时间
2	OVP	过压保护输入(阈值电压为 2.0 V)
3	ENA	启动输入
4	SST	软启动端
5	VDDA	供电端
6	GNDA	信号地
7	REF	参考电压输出(2.5 V)
8	RT1	点灯高频电阻
9	FB	CCFL 电流反馈输入
10	CMP	电流误差放大器补偿
11	NDR_D(NDRV_D)	N 沟道场效应管驱动输出
12	PDR_C(PDRV_C)	P 沟道场效应管驱动输出
13	LPWM	低频 PWM 信号输出,供调光控制
14	DIM	低频 PWM 信号输入
15	LCT	调光三角波频率
16	PGND(PWRGND)	电源地
17	RT	外接定时电阻
18	CT	外接定时电容
19	PDR_A(PDRV_A)	P 沟道场效应管驱动输出
20	NDR_B(NDRV_B)	N 沟道场效应管驱动输出

图 3-36 是 OZ960 的实际应用电路,这种电路在液晶彩电高压板中得到了一定的应用。

(1)驱动控制电路

驱动控制电路由 U_{901}(OZ960)及其外围元器件组成。由开关电源产生的 V_{dd} 电压(一般为+5 V)经 R_{904} 限流,加到 OZ960 的供电端 5 脚,为 OZ960 提供工作时所需电压。当需要点亮液晶彩电时,微控制器输出的 ON/OFF 信号为高电平,经 R_{903},使加到 OZ960 的 3 脚电压为高电平(大于 1.5 V 的电压为高电平)。

OZ960 在 5 脚得到供电，同时 3 脚得到高电平信号后，内部振荡电路开始工作，其振荡频率由 17 脚、18 脚外接的定时电阻 R_{908} 和定时电容 C_{912} 的大小来决定。振荡电路工作后，产生振荡脉冲，加到内部零电压切换移相控制电路和驱动电路，经过变换整形后从 19 脚、20 脚、12 脚、11 脚输出 PWM 脉冲，去全桥驱动电路。

(2)全桥驱动电路

全桥驱动电路用于产生符合要求的交流高压，驱动 CCFL 工作。驱动电路由 Q_{904}、Q_{905}、Q_{906}、Q_{907}、T_{901} 等组成。这是一个具有零电压切换的全桥电路结构，V_{CC}(一般为+12 V)电压加到 Q_{904}、Q_{906} 的源极，Q_{905}、Q_{907} 的源极接地，在 OZ960 输出的驱动脉冲控制下，Q_{904}、Q_{907} 同时导通，Q_{905}、Q_{906} 也同时导通，且 Q_{904}、Q_{907} 导通时，Q_{905}、Q_{906} 截止，也就是说，Q_{904}、Q_{907} 与 Q_{905}、Q_{906} 是交替导通的，输出对称的开关管驱动脉冲，经由 C_{915}、C_{916}、C_{917}、C_{918}、升压变压器 T_{901} 以及背光灯管组成的谐振电路，产生近似正弦波的电压和电流，点亮背光灯管。

(3)亮度调节电路

OZ960 的 14 脚是亮度控制端，当需要调整亮度时，由微控制器产生的亮度控制电压 ADJ 经 R_{906}、R_{907} 分压，加到 OZ960 的 14 脚，经内部电路处理后，通过控制 OZ960 输出的驱动脉冲占空比，从而达到亮度控制的目的。

(4)保护电路

①软启动保护电路

OZ960 的 4 脚软启动端外接软启动电容 C_{904}，起到软启动定时的作用。OZ960 工作后，4 脚内电路向 4 脚外接软启动定时电容 C_{904} 进行充电，随着 C_{904} 两端电压的升高，OZ960 输出的驱动脉冲控制驱动管向高压变压器提供的能量也逐渐增大。软启动电路的使用，可以防止背光灯初始工作时产生过大的冲击电流。

②过压保护电路

OZ960 内的过压保护电路可以防止灯管高压变压器次级在非正常情况下产生过高的电压而损坏高压变压器和灯管。由 T_{901} 次级产生的高压经 R_{930}、R_{932} 和 R_{931}、R_{933} 分压后，作为取样电压，经 D_{909}、D_{910} 加到 OZ960 的 2 脚。在启动阶段，OZ960 的 2 脚检测高压变压器的次级电压，当 2 脚电压达到 2 V 时，OZ960 将不再升高输出电压，而进入稳定输出电压阶段。

③过流保护电路

过流保护电路用来保护 CCFL 不致因电流过大而老化或损坏。电路中，R_{936}、R_{937} 为过流检测电阻，R_{936}、R_{937} 两端的电压随工作电流变化而变化，电流越大，R_{936}、R_{937} 两端电压越高，此电压经 D_{912}、D_{914} 加到 OZ960 的 9 脚，作为电流检测端，通过内部控制电路稳定灯管电流。若 CCFL 的工作电流过大，会使 OZ960 的 9 脚电压升高，当达到一定值时，经 OZ960 内部处理，OZ960 停止输出驱动脉冲，达到保护的目的。

做一做

[工作任务]

逆变电路 OZ960 的工作状态直接影响着整个电路的情况,若产生故障会造成背光灯点不亮。为了熟悉其工作状态,我们来测量逆变电路 OZ960 各引脚的状态。

(1)液晶电视机不加电,用万用表的电阻挡测量 OZ960 各引脚的阻值,记入表 3-14 中。注意 OZ960 各引脚的顺序。

(2)液晶电视机加电工作,用万用表的电压挡测量 OZ960 各引脚的工作电压值,记入表 3-14 中。

表 3-14　OZ960 各引脚功能

引脚号	引脚名	电阻/Ω	电压/V
1	CTIMR		
2	OVP		
3	ENA		
4	SST		
5	VDDA		
6	GNDA		
7	REF		
8	RT1		
9	FB		
10	CMP		
11	NDR_D(NDRV_D)		
12	PDR_C(PDRV_C)		
13	LPWM		
14	DIM		
15	LCT		
16	PGND(PWRGND)		
17	RT		
18	CT		
19	PDR_A(PDRV_A)		
20	NDR_B(NDRV_B)		

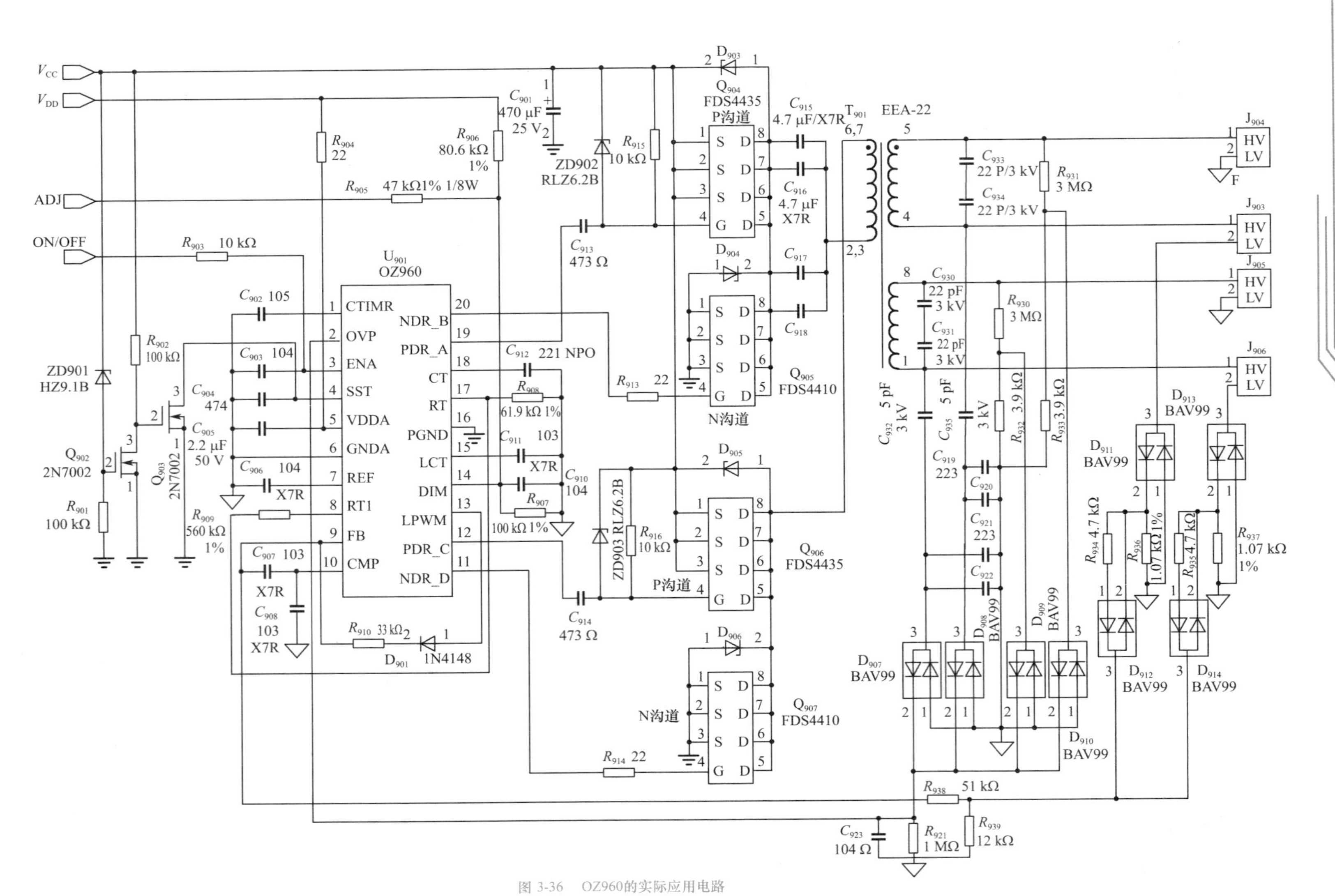

图 3-36 OZ960的实际应用电路

3.5.3 逆变电路维修

［维修案例］

(1)故障现象:电源指示灯亮,但黑屏

分析与检修:这种故障表现为电源指示灯可以由红色转变为绿色,但黑屏,说明背光灯不亮。检修此种故障时先检查 BACKNIGHT-ON(背光灯启动信号)电平是否变化,高压板供电是否正常,若正常,再用金属工具尖端碰触高压变压器输出端,看是否有蓝色放电火花,如果有火花,检查代换 CCFL、高压输出电容。反之,则检查高压逆变电路。

(2)故障现象:开机瞬间液晶彩电可以点亮,然后黑屏

分析与检修:引起这种故障的原因主要是某只灯管损坏、接触不良,造成输出电流平衡保护电路启动。如果是高压输出元器件损坏(包括接触不良),需断电后查找。维修时,一般需要代换 CCFL 进行判断。

(3)故障现象:屏幕图像发黄或发红,亮度降低

分析与检修:这种故障多为 CCFL 老化所致,换为同规格新品即可解决问题。

(4)故障现象:使用一段时间后黑屏,关机后再开可重新点亮

分析与检修:这种故障主要是高压逆变电路末级或者供电级元器件发热量大,长期工作造成虚焊所致。通过轻轻拍打机壳观察屏幕是否恢复点亮可以辅助判断,找到故障点后补焊即可。

(5)故障现象:屏幕闪烁

分析与检修:这种故障主要是由背光灯管老化所引起的,极少数是高压电路不正常所致。

(6)故障现象:开机后屏幕亮度不够或随后黑屏,高压板部位有"吱吱"响声

分析与检修:这种故障主要是高压变压器绕组存在匝间短路所致,理论上更换高压变压器即可解决,但实际上,从市场上很难购买到此类同型号配件,不同型号的配件性能不匹配,所以不能代用,一般需要更换整个高压板来解决。

看一看

［知识拓展］

3.5.4 LED 液晶彩色电视机

目前市场上有很多 LED 液晶彩色电视机,但都不是真正意义上的 LED 液晶彩电,它与常规 LCD 液晶彩电的区别在于采用的是 LED 背光源。

1. LED 背光源

LED(Light Emitting Diode,发光二极管)的基本结构是一块电致发光的半导体材料,其核心部分是由 P 型半导体和 N 型半导体组成的晶片,在 P 型半导体和 N 型半导体之间有一个过渡层,称为 PN 结。发光二极管的伏安特性与普通二极管相似,只是死区电压比普通二极管要大,为 2~4 V(不同颜色的发光二极管结电压不同)。它除了具有普通

二极管的单向导电性外，还具有发光能力。当给 LED 加上一定的电压后，就会有电流流过管子，同时向外释放光子。根据 LED 采用半导体材料的不同，LED 可发出从紫外到红外不同波段、不同颜色的光线。比如：磷化镓 LED 发出绿光、黄光，砷化镓 LED 发出红光等。真正发射白光的 LED 是不存在的，这样的器件难以制造，因为 LED 的特点是只发射一个波长的光线，白光并不出现在色彩的光谱上，一种替代的方法是，利用不同波长的光线合成白光。随着技术的发展，现在已经研制出不同种类能产生白光并适合作为彩色液晶屏背光源使用的大功率 LED，如图 3-37 所示。

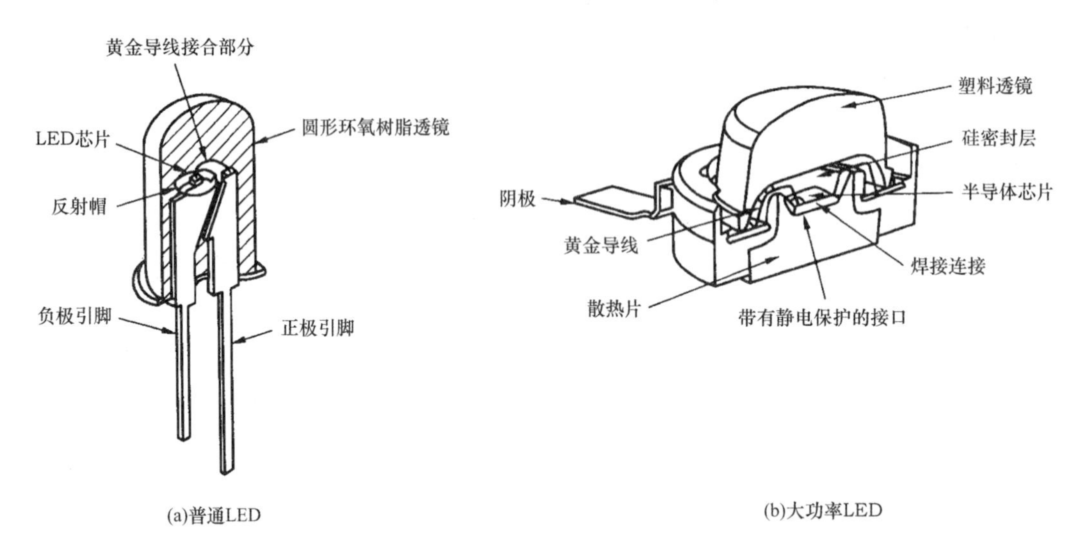

图 3-37 LED 的结构

液晶彩电中采用的 LED 背光源，实现白光 LED 的方式分为两种：一种是 LED 表面涂覆荧光粉，另一种是使用 RGB 三种发光颜色的 LED 合成白光。用 RGB 合成白光可以使用独立封装 R、G、B 三基色 LED，混合后产生白光；也可以使用一体封装的 R、G、B 三基色 LED，混合后产生白光。独立 R、G、B 发光二极管产生的白光具有更广的色域，作为液晶彩电的背光源使用时产生的图像颜色最好，而且白光色温可调(白平衡可方便调整)，但这种方式所用的背光控制电路较为复杂，功耗也大，因此成本最高。

LED 背光模块依光源入射位置不同可分为直下式与侧光式两大类，大致可细分为直下式 RGB-LED、直下式白光 LED、侧光式白光 LED、侧光式 RGB-LED 等。直下式 LED 背光是将作为背光源的 LED 直接安放在液晶屏的背面，它的优点是背光在整个荧光屏上的均匀性比较好，可以实现动态区域调光，其缺点是结构及背光控制与驱动电路都比较复杂，成本较高，液晶彩电机体较厚，不容易做成超薄机。侧光式 LED 背光也称边光式或边缘式 LED 背光，它是将背光 LED 组合成条状，安放在液晶屏的四周，即上下或左右两侧，也有的 LED 液晶彩电只在液晶屏的下部安装 LED 背光照明条，安装在液晶屏边上的 LED 条所发出的背光通过导光板将背光扩散到整个液晶屏。侧光式 LED 背光的主要优点是结构简单，可以制作超薄机型，其主要缺点是背光在整个荧光屏上的均匀性不好，屏幕中心区域的亮度要稍微低于四周，容易因出现漏光现象（在环境较暗或屏幕显示暗场景图像时在液晶屏配置有LED背光条的部位由于背光泄漏而出现泛白的现象）而不容易实现动态区域调光。

2.白光LED的驱动电路

LED液晶彩电与LCD液晶彩电在电路方面最大的不同之处就在于背光驱动电路。在LED液晶彩电中很多背光LED驱动电路都与液晶屏作为一个整体组件存在。

LED是一种类似于普通二极管的半导体器件，在一定范围内，LED亮度与电流基本成正比，但当电流超过额定值后，随着电流的增加，亮度几乎不再加强，超过极限电流后，就有可能把发光管烧坏。LED可以用直流驱动，也可以用交流驱动，在液晶彩电中大多采用PWM（脉宽调制）驱动的方式。

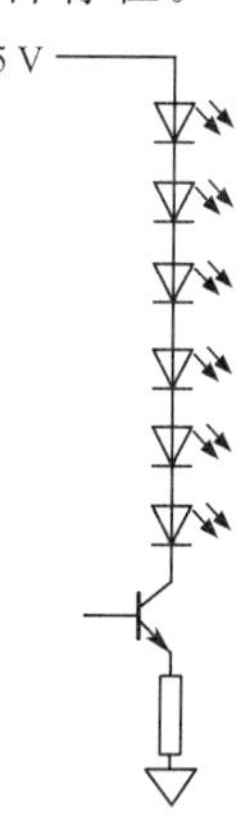

图3-38 串联方式LED驱动

作为背光源使用时，一般需要多只LED，根据液晶屏大小、背光配置方式、LED的功率的不同，使用的背光LED从几个到上千个不等，常用LED驱动方式有以下几种。

(1)串联驱动：如图3-38所示，串联方式LED驱动的优点是LED串上的每个LED电流匹配较好，缺点是由于多个LED串联，需要较高的驱动电压（大于LED的个数乘以LED的正向电压），所以驱动电路中常需要设置DC/DC升压电路。

(2)并联驱动：如图3-39所示，并联方式LED驱动的优点是可使用低电压驱动，但需要较多的驱动通道。

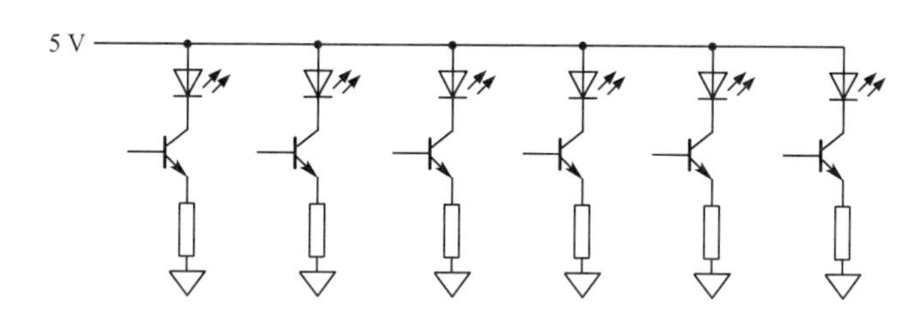

图3-39 并联方式LED驱动

(3)串/并联驱动：如图3-40所示，当使用的背光LED较多时，常采用串/并联组合式的驱动电路，这种电路结构同时具有串联和并联LED驱动电路的优点。

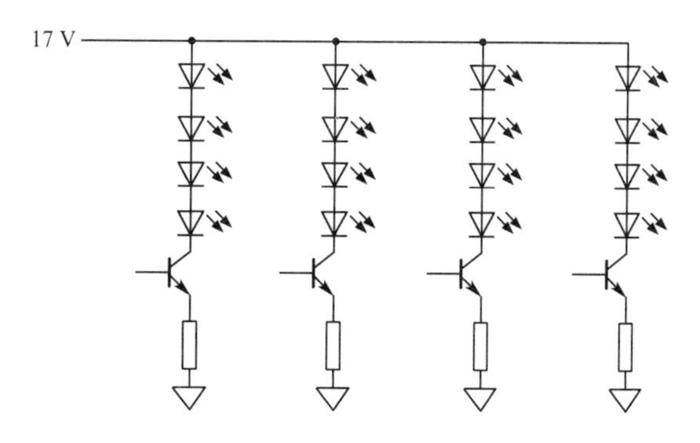

图3-40 串/并联方式LED驱动

图 3-41 所示为直下式背光单个 LED 通道(一个 LED 单元)的驱动电路框图。LED 驱动电路的电源电压或输出电压与一个 LED 单元或一个 LED 背光条中 LED 的数量成正比,一般范围在 24～100 V。

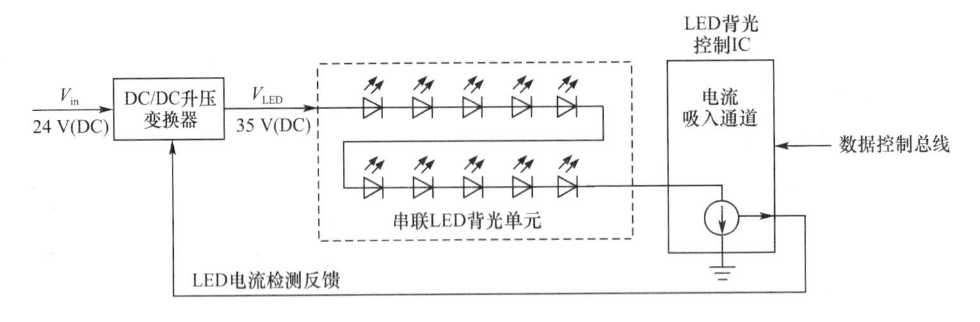

图 3-41　直下式背光单个 LED 通道的驱动电路框图

3. LED 液晶彩电与 LCD 液晶彩电的比较

采用 LED 背光源的 LED 液晶彩电较之采用 CCFL 背光源的 LCD 液晶彩电具有一定优势。

(1)重现图像的色彩(色域)更广

LED 液晶彩电相对 LCD 液晶彩电来说,重现图像的色彩更加鲜艳,即 LED 液晶彩电具有更广的色域。LCD 液晶彩电 CCFL 背光源是靠激发荧光粉发光的,其发光光谱所覆盖的色域只有 NTSC 色域的 70%左右,尤其是对红色的显示比较不好;但广色域 CCFL 背光 WCG 的色域范围较常规 CCFL 有了不小的提高,可以达到 NTSC 色域的 90%。

采用蓝光 LED 芯片加红绿荧光粉的白光 LED 作为背光的 LED 液晶彩电能达到 NTSC 色域的 80%～85%,其重现图像色彩比采用普通 CCFL 的 LCD 液晶彩电有了一些提高。

采用 RGB-LED 作为背光源的 LED 液晶彩电:单体 RGB 白光 LED 的色彩表现最为出色,它的色域大于 NTSC 色域,可以达到 NTSC 色域的 105%～120%,比传统 CCFL 背光源的色域扩展了大约 50%。因此,简单地说,LED 液晶彩电比 LCD 液晶彩电的色彩好,这种表述不太准确,应该是采用白光 LED 的 LED 液晶彩电比 LCD 液晶彩电色彩稍好,采用 RGB-LED 背光的 LED 液晶彩电比 LCD 液晶彩电重现图像的色彩要好很多。

(2)背光寿命更长

在背光寿命方面,普通 LCD 液晶彩电 CCFL 背光的寿命已经很不错了,可达到 1 万～4 万小时,一些顶级的 CCFL 背光源(WCG-CCFL)寿命大约为 6 万小时。而 LED 背光的寿命就更长了,现阶段白色 LED 背光寿命已经达到 10 万小时。

(3)更节能

LED 背光非常节电,其功耗要比 CCFL 冷阴极背光灯更低一些。另外,LED 的驱动电压远低于 CCFL(CCFL 的驱动电压可达到 1500～1600 V,工作电压为 700～800 V),而单个白光 LED 的工作电压在+3 V 左右,视一个背光 LED 单元(一个背光 LED 条)LED 数量的多少,其驱动电压只在十几伏至一百多伏。使用区域背光控制技术的 LED 液晶彩电在节电方面的效果最为明显。

(4)超薄机型

超薄机型也是LED液晶彩电的一个卖点。液晶彩电若要做到超薄,其主要决定因素是背光类型、背光配置方式、背光模块与电源基板厚度,LED液晶彩电在这几方面都比CCFL背光液晶彩电有优势,如图3-42所示为采用背光配置方式的LED液晶彩电与LCD液晶彩电结构对照图,很明显在机身厚度方面,LED液晶彩电比LCD液晶彩电要薄很多。

从LED背光配置结构可以很容易地看出,能做到超薄机型的LED液晶彩电,都是采用边光式背光,而边光式背光LED液晶彩电的图像效果肯定没有直下式背光LED液晶彩电好,因此,大多数的超薄LED液晶彩电属于普及机型或中档机型。

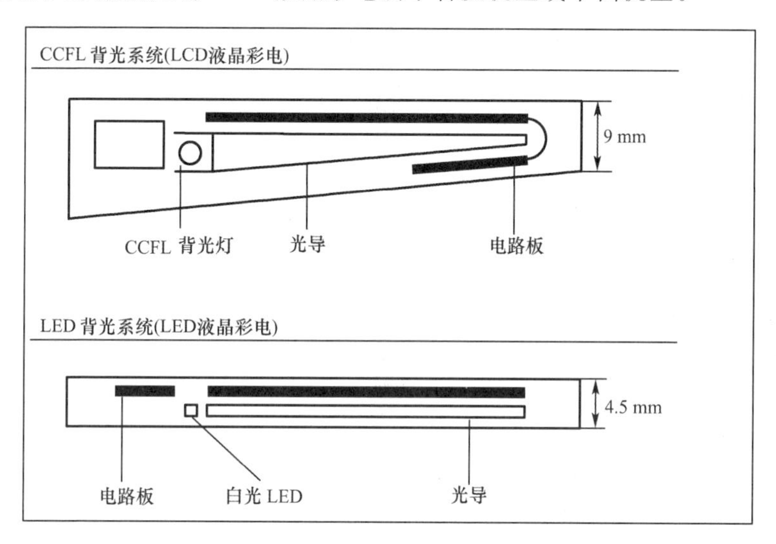

图3-42 采用背光配置方式的LED液晶彩电与LCD液晶彩电结构对照图

(5)更环保

LED液晶彩电比LCD液晶彩电更加环保,因为LCD液晶彩电中使用的CCFL背光灯含有汞(水银),而这种元素无疑是对人体有害的。虽然目前厂商方面已经尽力在降低背光灯中的汞含量,但是完全无汞的背光灯会带来一些新的技术问题,实现起来比较困难。而LED背光其优势在于完全不含汞,符合绿色环保的要求。

(6)其他方面

最能体现LED液晶彩电优点的大屏幕直下式RGB-LED背光液晶彩电的控制电路复杂,价格较高,另外还需要更多地考虑背光散热问题。

议一议

[小结]

液晶电视机的液晶显示屏不是主动发光的器件,需要有背光源才能发光,常用的背光源有CCFL、LED、EL等。冷阴极荧光灯CCFL是LCD中运用最广泛的背光源。现在称为LED液晶彩电的液晶电视机其实只是采用LED作为背光源而已,其他部分与LCD液晶彩电基本相同。但LED液晶彩电比采用CCFL背光源的LCD液晶彩电具有色域广、寿命长、节能、超薄、环保等优点。

逆变电路也称逆变器,是背光灯驱动电路或背光灯电源,它的作用是将开关电源输出的低压直流电转换为CCFL所需要的1500～1800 V的交流电。逆变电路主要由驱动控制电路(振荡器、调制器)、直流变换电路、驱动电路(功率输出管及高压变压器)、保护检测电路、谐振电容、输出电流取样电路、CCFL背光灯等组成。为了保护灯管,过流和过压保护电路在逆变电路中非常重要。逆变电路的种类多样,全桥结构最适合于直流电源电压范围非常宽的应用,所以其应用较为广泛。

想一想

[思考题]

(一)理论题:

(1)液晶屏是被动显示器件,必须为其提供光源才能实现显像。光源分为________、________和________三种。常用的背光源又有________、________和________等。

(2)更换背光灯管的注意事项有哪些?

(3)逆变电路也称________、________或________,它的作用是为背光源提供电源。

(4)逆变电路中,常将________、________、________集成在一起,组成一块小型集成电路,一般称之为驱动控制IC。

(5)为了保护灯管,逆变电路中必须设置________、________电路。

(6)简述采用全桥驱动电路的逆变电路的工作原理。

(7)简述OZ960电路的特点。

(8)LED背光源的驱动方式有________、________和________。

(二)实践题:

(1)液晶电视机的背光灯管坏了,更换灯管。

(2)测量OZ960电路各引脚在电路工作时的电压值。

(3)液晶电视机电源指示灯亮,但黑屏,背光灯不亮,分析故障原因并维修故障。

任务3.6　液晶电视机故障维修训练

产品维修现场(3)

学习目标

✧ 能明确进行液晶电视机故障维修的完整过程;
✧ 能理解进行液晶电视机故障维修的各个步骤。

工作任务

✧ 接待客户送来的有故障的液晶电视机并认真记录;
✧ 分析液晶电视机的故障;
✧ 维修液晶电视机的故障。

[工作任务]

一台创维8T系列机芯液晶电视机26L16SW送来维修,客户描述其故障为不开机。根据维修接待和检测结果,确认是一个综合故障。为了诊断与维修液晶电视机故障,对创维8T系列机芯液晶电视机进行分析与维修,直到故障排除。

3.6.1 维修接待

通过询问客户了解电子产品发生故障的详细情况，准确填写电子产品维修客户接待单，见表 3-15。

表 3-15 电子产品维修客户接待单

电子产品维修客户接待单

产品名__________ 型号__________ 登记号__________

送修人__________ 电话__________ 送修日期__________

送修人自述：该机使用了一年，突然无法开机。

提示：1. 问清机器使用了多久，便于判断是早期、中期或晚期故障。

2. 问清故障产生的原因，便于了解故障是在何种状态下产生的。

3. 问清何种现象，便于准确把握故障现象。

4. 问清故障出现的频率、时间和环境等要素。

外观登记：外壳有裂缝。

接修员建议：开机综合维修。

确认上述内容。

送修时送修人（签字）__________

修理员记录：

1. 故障现象：

2. 故障原因：

3. 修好时间：

4. 保用期限：

修理人（签字）________

年　月　日

材料名称	数量	单价	金额	修理项目	工时	单价	金额
材料费合计				工时费合计			

修理单位（盖章）

备注：

注：1. 产品维修后，维修者应出具维修保用凭证，写明维修产品的故障现象、原因、修好时间、更换的零配件的名称、维修费用、保用期限等事项。

2. 本单一式两联，顾客一联，单位留存一联。

取机时送修人（签字）________

年　月　日

3.6.2 信息收集与处理

1. 故障机的信息收集

对客户送来的故障液晶电视机的详细情况，尤其是与故障相关的信息资料进行收集，填入表 3-16 中。

表 3-16 故障机的相关信息表

26L16SW 型液晶电视机外形图

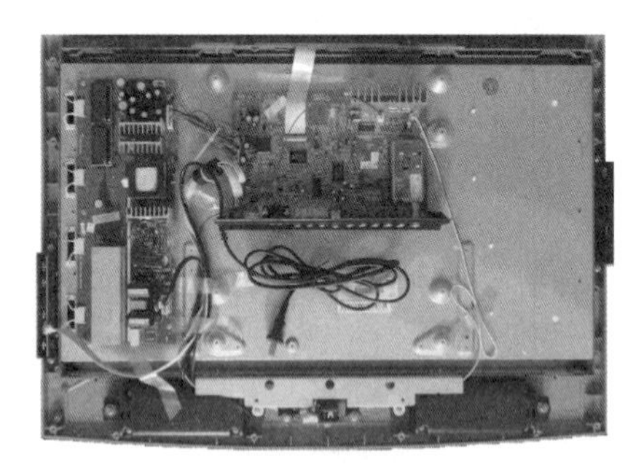

26L16SW 型液晶电视机内部结构图

序号	收集资料名称	作用
1	使用说明	便于操作，查找性能指标
2	电路图	分析工作原理
3	印制板图	查找元器件
4	关键点电压	便于判断电路工作是否正常
5	芯片资料	分析工作状态与判断芯片工作情况

1. 液晶电视机由哪几部分组成？______________________；
2. 常用开关电源包含哪几部分？______________________；
3. 液晶电视机待机的控制方法是：______________________；
4. 不开机的故障检修流程是：______________________；
5. 维修液晶电视机的注意事项：______________________。

2. 故障维修的准备

（1）必要的技术资料。包括待修电视机的使用说明书、电路工作原理图、检修用的印制板图、较复杂元器件的引脚功能图、正常工作时元器件各引脚的电气技术参数资料。

（2）备件。检修电视机时，首先是故障的分析和判断，对于一些比较简单的机械性元器件（如接插件、簧片等）还有修复的可能。但对于一些电子类元器件如晶体管、集成电路、显像管等，则要更换。而且对于一些低值易损元器件应有足够数量的备份，这也是快速检修电视机故障应具备的物质条件之一。

（3）必需的检修工具。如恒温电烙铁、吸锡器、手指钳、各种规格类型的公制或英制螺丝刀，特殊情况下应使用专配的专用工具，如无感螺丝刀、基板工具、防爆镜等。

（4）必要的检测仪器。只凭人的视听感受往往要花费较多的时间和精力最终还不一定能很好地解决故障。万用表是一种最常用的测量仪表，另外还需备有较高精确度和低纹波的稳压直流电源、隔离变压器。条件允许时，配备一台示波器和扫频仪，熟练使用仪器会大大提高维修的效率。

3.6.3 分析故障

待维修的创维 8T 系列机芯 26L16SW 液晶电视机，根据客户的描述其故障为不开机，根据维修接待和检测结果，确认是一个综合故障。为了确定故障原因，要根据电路工作原理进行分析，将分析过程填入表 3-17 的故障分析单中。

表 3-17　　故障分析单

故障分析单

产品名＿＿＿＿　型号＿＿＿＿　登记号＿＿＿＿

送修人＿＿＿＿　电话＿＿＿＿　送修日期＿＿＿＿

1. 客户自述故障：该机使用一年，没发生过故障，昨天开机准备观看时突然出现不能开机的现象，而且多次开关机都无效。

2. 修理员分析：可能是器件在开机瞬间损坏。

原因	故障部位	理由	检查方法
不开机，背光条不亮	开关电源	没有工作电压	用万用表直接检测电源输出排线的各脚电压
电源输出排线无电压输出	开关电源振荡电路	振荡电路的器件较易损坏	测开关变压器的输出端电压
电源输出排线无电压输出	电源输出电路	输出整流电路的器件也较易损坏	测开关整流电路的输出端电压
器件损坏	遥控开机电路	电视机在开机瞬间大电压烧坏器件	用万用表直接检查待机电路器件

综合结论：开盖分别进行不加电和加电检查。

3.6.4 维修故障

1. 开关电源的故障检测方法

液晶电视机的电源模块故障检测方法有以下几种：

(1)外观检查法

①检查电源模块上是否有元器件或集成电路烧焦、炸裂。

②检查电源模块上的贴片元器件是否掉落、电容是否鼓包等。

③检查电源模块上的相关插座、开关变压器引脚是否有虚焊。

(2)电路检测法

检查电源模块上的保险电阻是否开路。

检查电源模块上相关集成电路的电源脚和地间是否击穿。

检查电源模块上变压器的次级阻值是否异常。

检查电源模块上的三极管是否漏电或不良。

电路检测法基本上是电阻检测，是在电源模块不通电的情况下进行的检测。

(3)开路法

一般情况下，电源振荡集成电路中有一引脚是反馈控制脚，我们可断开或短接该引脚观察故障现象有无消除(因振荡集成电路的差异)。但要注意：使用开路法时，通电试机时间要短，最好同时监测电压、电流波形，不要连接负载。如：断开 OVP 电路开机时，可能烧坏负载，开机时间长可能会损坏电源模块。

(4)振动法

将电源模块做随机振动(频率无规律变化)检查。这种方法用于检测时好时坏故障产品，如对于焊盘虚焊、断裂，SMT 元器件、电感机械损坏的检测非常有效。

(5)对照法

在无法用较快的常规方法找到故障件，又对电路与 PCB 图不太熟悉的情况下，我们可拿一块好的电源模块与坏电源模块进行对比测试，用此方法可获得第一手维修资料，迅速排除故障。

(6)上电测试法

上电测试法适合不知道电源模块是否有故障的检测。由于电源模块装在整机上，工作状态受主板控制，如果主板存在异常，则会影响电源模块的正常工作，因此在上电检测中，有时还必须断开主板对电源模块的控制。

在液晶电视机的实际维修中，可将电源模块和主板的连接线断开，将电源板通上交流电源，用万用表测试输出插座是否有＋5 VSB 电压输出，若有，说明电源板辅助电源工作正常；此时再将电源板＋5 VSB 电压输出端串接一个电阻加到电源模块的开/待机(PS-ON)控制端(模拟主板发送二次开机信号)；电源板二次开机后，可用万用表测试输出插座有无＋24 V 电压输出(注：不带负载时，电压会比正常值稍低；个别电源板需带假负载)，若输出电压正常，说明电源板是好的，反之则是坏的。

对于电源板组件(电源＋逆变器二合一)，进行电源部分的故障判定与电源模块完全相同。如果电源部分工作正常，将电源板的＋5 V 输出端串接一个电阻加到背光 ON/OFF 控制端，如果该板是好的，此时液晶屏的背光灯就应点亮。

在对液晶电视机的开关电源进行检修时一定要遵从开关电源的安全操作原则。

2. 维修注意事项

在维修液晶电视机之前，认真阅读如下注意事项：

(1)不得在不明情况下随意加电，以免造成更多故障，或危及人身安全；

(2)注意用电安全，特别要区分开关电源的“热地”和“冷地”；

(3)测量静态电压用模拟万用表，测量动态电压用数字万用表；测量数字电路和振荡电路用数字万用表；测量半导体器件好坏用数字万用表的“二极管挡”；

(4)加电测量电压时，注意表笔不能使其他引脚或其他金属外壳短路。

3. 维修步骤

在有了维修准备并将故障机的情况做了分析之后，按照表3-18故障维修步骤表中的步骤对故障机进行维修。

表 3-18　　故障维修步骤表

<table>
<tr><td colspan="5">检查维修步骤
1.了解液晶电视机检查与维修安全事项。
2.会正确对液晶电视机进行故障分析和维修。</td></tr>
<tr><td colspan="2">1.待修机信息描述</td><td colspan="3">创维 26L16SW 液晶电视机(8T 系列机芯)</td></tr>
<tr><td colspan="2">2.故障描述</td><td colspan="3">不开机，但电源指示灯亮</td></tr>
<tr><td rowspan="10">3.
检
查
步
骤</td><td>检查内容</td><td>检查原因</td><td>记录数据</td><td>判断结论</td></tr>
<tr><td>外观检查</td><td>查看机身外观、液晶屏、电源线、输入/输出端口、操作键、遥控器等</td><td></td><td></td></tr>
<tr><td>开盖目测</td><td>是否有烧坏、脱焊、电容鼓包等异常</td><td></td><td></td></tr>
<tr><td>查电源器件</td><td>是否烧坏</td><td></td><td></td></tr>
<tr><td>加电检查</td><td>是否有明显异常器件</td><td></td><td></td></tr>
<tr><td>查电源排线输出电压</td><td>判断电源是否正常输出电压</td><td></td><td></td></tr>
<tr><td>查开关电源整流输出</td><td>判断开关电源是否正常</td><td></td><td></td></tr>
<tr><td>查 AIC1578 的 1 脚和 3 脚电压</td><td>判断 DC/DC 变换电路是否工作正常</td><td></td><td></td></tr>
<tr><td>查 CPU 的供电电压</td><td>通过 CPU 能否工作判断是否待机</td><td></td><td></td></tr>
<tr><td>查 Q_1(AP4435)的 4 脚电压</td><td>判断是否处于待机状态</td><td></td><td></td></tr>
<tr><td></td><td>查 L_1 两端电压</td><td>判断 L_1 是否将 CPU 的待机控制信号传递给 DC/DC 变换电路</td><td></td><td></td></tr>
<tr><td colspan="2">检查与维修结论</td><td colspan="3"></td></tr>
</table>

(1)目测检查

通电前检查。查看液晶电视机的机身外观、液晶屏是否有损坏,检查电源线是否完好,液晶电视机后面的输入/输出端口是否正常,检查机身上的操作键、开关以及遥控器等是否正常。外观检查之后,按照正确的拆卸方法将液晶电视机的底座和后盖打开。检查电视机内部各板之间的电缆、电线插头连接是否有松动、断开等现象,印制板铜箔有无断裂、短路、霉烂、断路、虚焊、打火痕迹,元器件有无变形、脱焊、互碰、烧焦、漏液、胀裂等现象,保险丝是否熔断或松动,电机、变压器、导线等有无焦味、断线、打火痕迹,继电器线圈是否良好、触点是否烧蚀等。

(2)检查电源器件

检查开关电源的主要器件,用万用表的欧姆挡测量阻值,将结果填入表3-19中。

表 3-19　　电源器件状况表

元器件名称	元器件标号	阻　值	元器件名称	元器件标号	阻　值

(3)加电检查

在经过目测和不加电测量器件无故障后,可以进行通电检查。通电检查时,在开机的瞬间应特别注意指示设备(如电表、指示灯、液晶屏等)是否正常,如果机内有冒烟、打火等现象要马上断电,断电后摸电源的变压器、集成电路等易热器件是否发烫。若均正常,即可进行通电测量检查,按照表3-20的步骤进行测量和分析判断。

表 3-20　　加电测量状况表

关键点电压测量	目　的	标准电压	实测电压	结　论	注意事项
电源排线输出电压	判断故障是否在电源部分				
开关电源整流输出电压	判断开关电源工作是否正常				
AIC1578的1脚和3脚电压	判断DC/DC变换电路是否工作正常				
CPU的供电电压	判断CPU是否工作正常				

续表

关键点电压测量	目　的	标准电压	实测电压	结　论	注意事项
Q_1（AP4435）的 4 脚电压	判断是否处于待机状态				
L_1 两端电压	判断 L_1 是否将 CPU 的待机控制信号传递给 DC/DC 变换电路				

(4)故障处理

根据故障的不同情况，采用不同的处理方法。

①更换器件

a. 器件选用。对需要更换的器件，最好选用原规格的器件，如果实在没有原规格器件，也要选用性能相同或规格更好的器件。

b. 对于标注符号⚠的器件，要特别注意其参数，更换时尽可能选用原规格的器件。

c. 对于印制板的断线、鼓包，要清洁后，可靠地连接。

②器件焊接

对印制板上的电子元器件进行焊接时，一般选择 20～35 W 的电烙铁；每个焊点一次焊接的时间应不大于 3 秒钟。对焊点要进行清洗、检查等处理，保证焊点电气接触良好、机械强度可靠、外形美观。

③调整电路参数

有些故障并不是器件损坏导致的，只是某些器件的参数发生了变化，只需对参数进行调整就可以解决了。

a. 在带电调整时要注意安全，对于 36 V 以下的安全电压，尽管可以接触调整工具，但也可能影响参数，还是尽量不要直接接触工具的金属部分。

b. 调整时动作要轻、平稳。

c. 调整时要边观察数据边调整，切不可大范围调整。

d. 调整不能解决问题时，要恢复到原有状态。

e. 一定要注意，有些器件是不允许调整的，如显像管的校准磁片，所以要调整一定要弄清哪些可调、哪些不可调。

④对于进水、受潮的电子产品，要清洁后风干处理才能通电试机，否则会损坏更多器件。

⑤对于灰尘多的电子产品维修后要清洁处理。

⑥更改电路。对于某些集成电路，如果实在找不到，也没有代换件，可以更改电路，但更改的电路要满足整机的性能指标，另外要特别注意电路的匹配。

本次待维修的创维 26L16SW 液晶电视机（8T 系列机芯）经过前面的仔细分析和检查，发现是 L_1 电感烧坏，使电视机处于待机状态，用一只同型号的电感替换之后故障排除，液晶电视机工作正常。

(5)修复检验

修复故障机后，对机器应该依据要求进行检查。

①检查已修复的故障是否真正修复了；

②要检查是否还有没有修复的故障；

③修复后的电子产品，技术指标是否达到了所规定的标准。

只有进行全面检查后，才可以装机。将液晶电视机的各板、连接线安装好，将后盖和底座安装后，全部安装好的机器还要再进行一次工作检查，之后进行一定时间的拷机实验，确保修复成功。

维修结束后填写表 3-21 的故障检修记录单。

表 3-21　　故障检修记录单

故障检修记录单：

项目编号：________

《　　　　　　　　》记录单

故障检修人(签名)：________

故障审定人(签名)：________

项目名称：________

项目编号：________

故障现象：________

第　　页

故障原因分析：

第　　页

故障检修步骤：

故障检修心得：

第　　页

3.6.5 检验评估

液晶电视机维修好之后要进行评估，将评估结果填入表 3-22 的故障维修评估单。这样整个维修过程才算全部结束。

表 3-22　　故障维修评估单

评价指标	检验说明	检验记录
维护检查项目	➢ 开机工作情况 ➢ 开关电源 ➢ CPU 工作情况 ➢ 待机电路 ➢ 其他	
开关电源运行情况		

评价内容	检验指标	权重	自评	互评	总评
检查任务完成情况	1. 完成任务过程情况				
	2. 任务完成质量				
	3. 在小组完成任务过程中所起作用				
专业知识	1. 能描述开关电源的组成、工作原理				
	2. 根据故障现象分析故障原因情况				
	3. 检查维修情况				
	4. 器件代换情况				
	5. 会描述安全事项				
职业素养	1. 学习态度：积极主动参与学习				
	2. 团队合作：与小组成员一起分工合作，不影响学习进度				
	3. 现场管理：服从工位安排、执行实训室“5S”管理规定				
综合评议与建议					

[知识拓展]

3.6.6 液晶彩色电视机故障的维修方法与技巧

液晶彩电使用时间长、使用不当或意外受损，出现故障是难免的。维修人员要想快速准确地排除故障，除了掌握必要的基本理论之外，还需具备一定的检修方法和故障处理技巧。

1. 液晶彩电的故障分类

液晶彩电故障按出现的时间来分，可分为早期故障、中期故障和晚期故障三种。

(1)早期故障

早期故障指发生在从库房存放直至用户使用保修期前后的一段时间内发生的故障,包括库房存放期发生的故障,市场开箱时发现的故障,在保修期以及靠近保修期的一段时间内出现的故障等。这类故障多由于设计不合理、装配工艺较差、运输受震或元器件质量不良所造成,也有一些故障是由于用户使用不当人为造成的。其特征是除了元器件质量故障以外,工艺性故障所占比重较大,而随着出厂时间的延长,其故障率呈缓慢下降的趋势。

(2)中期故障

中期故障一般是指用户使用了三年时间左右所发生的故障,这类故障大多比较离散,一般没有明显的倾向。这类故障多由于某一个或某几个元器件或部件的质量不良所引起,一般更换相关元器件或部件后就可排除。实践中发现,中期故障以电源和逆变电路故障居多,因为这部分电路电压高、电流大、发热多,使用久后很容易出现故障,所表现出的现象为无电源、黑屏等。

(3)晚期故障

晚期故障多出现于使用数年之后的机器中,如液晶彩电的电阻、电容、半导体及集成电路等由于使用久后发生化学及物理变化导致老化、失效等,根据一般统计,阻容元器件的寿命低于常用半导体器件,而分立元器件的寿命又低于集成电路。因此,一般情况下,集成电路虽较为贵重,但其寿命却是较长的。对失效的元器件,在更换新的元器件后即可使机器恢复正常。但是,在晚期故障中,除使用中突发的故障以外,还有相当部分属于老化故障,其特点为半导体等元器件连接导线焊接端的氧化、工作点的漂移,使用性能的下降;电阻元器件变值;电容器容量减少、消失及漏电等。这类故障造成的现象往往不明显,但却很常见。

2.液晶彩电的故障原因

(1)内部原因

指机内元器件性能不良,元器件虚焊、腐蚀,接插件、开关及触点氧化,印制板漏电、铜断、锡连等由于生产方内部原因造成的故障,元器件的寿命短也属于这类故障。

(2)外部原因

这部分故障是指由于使用方的外部条件造成的故障,如由于电网电压不正常造成对电源部分及电路元器件的损害,长期工作造成对机内大功率元器件的损害,尘埃及油烟造成元器件的老化、性能下降等。

(3)人为原因

人为原因包括运输过程中的剧烈震动和过分颠簸,以及用户自己乱拆、乱调及乱改造成的故障。值得一提的是一些并不具备一定基础知识的维修者维修时,不注意元器件的参数,随意更换元器件,对机器所造成的损害是“致命”的,如把开关电路的快速恢复二极管换成用于 50 Hz 整流的普通二极管,把小容量电解电容器换成特大容量的电解电容等。

维修人员在检修机器之前,应首先弄清故障属于哪一种原因造成的,然后根据不同原因和表现的症状进行检查、分析和修理。检修时,一般从外部原因着手,因为这种方法较为简单。在检修前还应尽量向用户询问,并在检修时做好记录,以便于对故障进行分析与判断,然后再着手查找内部原因。

3.液晶彩电的故障检修程序

液晶彩电电路之间的关系相当复杂,这给维修工作带来了一定的难度,要把液晶彩电修好,除掌握其基本原理和正确的维修手段之外,还应注意维修的步骤是否合理,使维修工作有条不紊地进行。检修时,可按以下步骤进行。

(1)询问用户

接手一台待修的液晶彩电时,应仔细询问用户机器发生故障的时间及故障现象,用户是否自己或找人检修过,机器购买的时间,机器工作的环境,有无使用说明书和维修图纸,机器平时的工作情况,是否碰撞或摔伤过等,并做好记录。这些看似细小的问题,对下一步的维修却十分重要。如果机器工作的环境较潮湿或灰尘较大,在检修时应首先对机器加以清洁,并对电路板用电吹风适当加温。如果用户说故障发生时,机器有异味或冒过烟,就不能随便开机通电。因此,通过询问用户,获得第一手的维修资料,将会给分析、判断故障提供依据。

(2)观察故障现象

打开机盖之后,应首先做外观检查。检查机内有无异物,排线有无松脱和断裂,元器件有无虚焊和断线,线路板元器件是否缺损等,检查无误后方可进行通电观察,并对故障现象做好记录。

(3)确定故障范围

根据故障现象判断出可能引起故障的各种原因,并根据测量结果大致确定故障的范围。

①在正常工作状态下,液晶彩电突然出现满屏花斑或部分花斑的故障一般是由于液晶屏输入接口电路不良引起的。

②液晶彩电正常工作时,突然无显示,屏幕变黑,此时应立即断电。其故障现象可分为以下三种情况进行判断:

a.若液晶彩电的电源指示灯仍为绿色,一般为逆变器或背光源不良。

b.若液晶彩电的电源指示灯由绿色变为了红色,说明开关电源进入待机工作状态,引起故障的原因比较多,如开关电源或负载不良、微控制器有故障等。

c.若液晶彩电电源指示灯不亮,一般为开关电源不通电,应重点检查开关电源电路。

③对于难以判断的软故障,要根据具体液晶彩电的电路结构及其特点,结合具体的故障现象,尤其是故障现象的细节,以及与其相关的其他情况进行综合、系统地分析。通过比较与研究,做出较为准确的判断,确定故障范围及其性质。

(4)测试关键点

判断出大致的故障范围之后,可以通过测试关键点的电压、波形,结合工作原理来进一步缩小故障范围,这一点至关重要,也是维修的难点,要求维修者平时多积累资料,多积累经验,多记录一些关键点的正常电压和波形,为分析、判断提供可靠的依据。

(5)排除故障

找出故障原因后,就可以针对不同的故障元器件加以更换和调整。更换元器件时,应注意所更换的元器件应和原来的元器件的型号和规格保持一致;若无相同的元器件,应查找资料,找出可以替换的元器件,切不可对故障元器件随便加以替换。

（6）整机测试

故障排除后，还应对机器的各项功能进行测试，使之完全符合要求。对于一些软故障，应做较长时间的通电试机，看故障是不是还会出现，等故障彻底排除了，再交与用户，以维护自己的维修声誉。

4. 液晶彩电的常用维修方法

为了提高液晶彩电维修的速度，维修时有一些常用的方法。

（1）观察法

①常规观察

所谓常规观察就是打开机器后盖，直接观察机内元器件有无缺损、断线、脱焊、变色、变形及烧坏等情况。再通电观察有无打火、异味、异常声音等现象。

a. 断线故障。常见的有电源线断裂，保险丝熔断，印制板断裂，电阻、电容、晶体管引线断开或脱焊等。这种故障一般凭眼睛观察即可发现，必要时可借助外力来确定故障点。

b. 短路故障。这种故障通常发生在密布的印制线路和芯片引线间，电路板上的油垢等使短路较为多见。此外，元器件相碰和元器件与屏蔽罩、金属底板、散热板之间相互接触而造成的短路现象也时有所见。短路故障一般也只需仔细观察即可查出，但有些短路故障较为隐蔽，需借助测量工具才能确定。

c. 漏电故障。可凭感官直接察觉的漏电故障一般有：电解电容发热及外壳炸裂或电解液流出；印制线路和高压元器件的漏电，主要是印制线路间或元器件引线间有污垢、尘埃或水汽物，发生放电打火现象。

d. 过热故障。指元器件出现过热现象，常常伴随异味出现，可用手轻轻触摸来做出判断。高压电容、大功率开关管、电源变压器和高压变压器等元器件比较容易发生过热故障。检查时应注意与正常工作时的温升比较，并留意开机时间的长短，以便做出正确的判断。

e. 接触不良故障。一般是接插件触点氧化或松动、元器件焊接不良所致。检查这种故障主要靠手旋或拨动、拉动元器件，但眼睛观察也是需要的。

f. 其他故障。这里指的其他故障有：电阻过载烧焦变色（可嗅到烧焦表面油漆的气味），印制板被过热元器件烤焦或被高压打火碳化（可闻到树脂板烤焦之味），电源变压器过热（温升迅速，并可嗅到烧焦绝缘清漆和树脂等味），元器件或线路打火（可看到放电闪烁或点线状火花）；电感线圈中的磁芯脱落或碎裂（一般明显可见）等。

②故障现象观察法

故障现象是故障的直接表现，在熟悉电路结构和特点的情况下，只要能熟练地运用故障现象观察法对主要电路故障进行检查，就可以很快确定故障部位，甚至可以直接找到故障点。

（2）电流法

电流法一般用来检查电源电路负载电流。测量电源负载电流的目的是为了检查、判断负载中是否存在短路、漏电及开路故障，同时也可判断故障在负载还是在电源。测量电流的常规做法是要切断电流回路串入电流表。

(3)电压法

电压法是检查、判断液晶彩电故障时应用最多的方法之一,它通过测量电路主要端点的电压和元器件的工作电压,并与正常值对比分析,即可得出故障判断的结论。测量所用的万用表内阻越高,测得的数据就越准确。按所测电压的性质不同,电压一般可分为静态直流电压和动态电压两种,判断故障时,应结合静态和动态两种电压进行综合分析。

①静态直流电压

静态是指液晶彩电不接收信号条件下的电路工作状态,这时的工作电压即静态电压。测量静态直流电压一般用来检查电源电路的整流和稳压输出电压,各级电路的供电电压等,将正常值与测量值相比较,并做一定的推理分析之后,便可判断故障所在。例如,开关电源输入的交流电压 220 V 经整流滤波后的直流电压值为 300 V 左右(带 PFC 电路的开关电源,滤波电容两端电压一般为 400 V 左右)。若实测电压值为零或很低,便可判断整流滤波电路(包括输入滤波器)有问题。又如,处于放大状态的晶体管,静态时发射结电压应在 0.6~0.7 V(硅管),若实测电压与此相差太多,则可判断该管有故障。

②动态电压测量

动态电压是指液晶彩电在接收信号情况下的工作电压,此时的电路处于动态工作状态。液晶彩电电路中有许多端点的工作电压会随外来信号的进入而明显变化,变化后的工作电压便是动态电压了。显然,如果某些电路本应有这种动、静态工作电压变化,而实测值却没有变化或变化很小,就可立即判断该电路有故障。该测量法主要用来检查、判断仅用静态电压测量法不能或难以判别的故障。

在测量各引脚工作电压,尤其是晶体管和集成电路各引脚的静、动态工作电压时,由于液晶彩电集成电路引脚多且密集,故而操作时一定要极其小心,稍有不慎就可能引起集成电路的局部损坏,此类情况在实际修理中屡见不鲜。为了尽可能地避免因测量不慎而引起短路,最好是将测量用万用表的表笔稍微做一下加工。其方法是:先将表笔的金属探头用小锉刀锉小一些,然后再选一段直径与探头相当的空心塑料管套上,只在探头前端露出约 1 mm 的金属头即可。这样的表笔其探头的接触点较小,且探头的其余部分均是绝缘的,测量时便不易碰到其他引脚而导致短路。

(4)电阻法

电阻法是维修液晶彩电的又一个重要的方法。利用万用表的电阻挡,测量电路中可疑点、可疑元器件以及芯片各引脚对地的电阻值。然后将测得的数据与正常值做比较,可以迅速判断元器件是否损坏、变质,是否存在开路、短路,是否有晶体管被击穿短路等情况。

电阻法分为"在线"电阻测量法和"脱焊"电阻测量法两种。前者是指直接测量液晶彩电电路中的元器件或某部分电路的电阻值;后者是把元器件从电路上整个拆下来或仅脱焊相关的引脚,使测量数值不受电路的影响。很明显,用"在线"法测量时,由于被测元器件大部分要受到与其并联的元器件或电路的影响,万用表显示出的数值并不是被测元器件的实际阻值,使测量的正确性受到影响。与被测元器件并联的等效阻值越小于被测元器件的自身阻值,测量误差就越大。因此,采用"在线"电阻测量法时必须充分考虑这种并联阻值对测量结果的影响,然后做出分析和判断。然而要做到这点并不容易,需非常熟悉有关电路及掌握大量经验数据才行，而且即使这样，并联阻值远小于被测阻值时，仍不能测出准确的阻值，所以"在线"电阻测量法局限性较大，通常仅对短路性故障和某些开路性故障的检查较为有效。但对于有丰富维修经验的人来说，"在线"电阻测量法仍是一种较好的方法。"脱焊"电阻测量法应用更为广泛。

因为液晶彩电中大部分元器件如晶体管、电阻、电容、电感及二极管等，均可用测量电阻的方法予以定性检查，所以最终确定某个元器件是否失效往往都用电阻测量法。

(5)示波器法

在液晶彩电维修中，我们最关注的是信号，而信号是以波形的形式来体现的，波形是用示波器来测量的。在测波形时，除测量其幅度外，还要测量波形的周期，必要时，可以参考维修手册上的正确波形加以对照，以便准确地判断出故障的范围。

(6)拆除法

液晶彩电的元器件有些是起辅助性作用的，如起减少干扰、实现电路调节等作用的元器件。当这些元器件损坏后，它们不但不起辅助性功能的作用，而且会严重影响电路的正常工作，甚至导致整个电路不能工作。如果将这些元器件应急拆除，暂留空位，液晶彩电马上可恢复工作。在缺少代换元器件的情况下，这种"应急拆除法"也是常用的一种维修方法。

采用"应急拆除法"可能使液晶彩电某一辅助性功能失去作用，但不影响大局。当然不是所有的元器件损坏后都能使用这种方法处理。这种方法仅适用于某些滤波电容器、旁路电容器、保护二极管、补偿电阻等元器件击穿短路后的应急维修。例如，液晶彩电电源输入端常接一个高频滤波电容(又称低通滤波电容)，电容器击穿后导致电流增大，保险丝烧断。如果将它拆掉，电源的高频成分还可以被其他电容旁路，故拆除后基本上不影响液晶彩电正常的工作。

(7)修改电路法

某些电路设计不合理或因欠缺某个元器件，可适当改动一些电路，在原机的电路中增加某些元器件，使液晶彩电的性能更加完善，能够更好地正常工作。应用这种方法时，必须熟悉电路工作原理，同时改动不应太大。另外一些液晶彩电因电路设计不合理，经常出现一些故障，适当添加某个或某些元器件，可克服上述不足。使用修改电路法时必须熟悉电路原理才可动手，一般初学者不要使用此法。

(8)人工干预法

人工干预法主要是指当液晶彩电出现软故障时，采取加热、冷却、震动等干扰的方法使故障尽快暴露出来。

①加热法

加热法适用于检查故障在加电后较长时间(如 1～2 h)才产生或故障随季节变化的液晶彩电，其优点主要是可明显缩短维修时间，迅速排除故障。常用电吹风和电烙铁对所怀疑的元器件进行加热，迫使其迅速升温，若故障随之出现，便可判断其热稳定性不良。由于电吹风吹出的热风面积较大，通常只用于对大范围内的电路进行加热，对具体元器件加热则用电烙铁。

②冷却法

通常用酒精棉球敷贴于被怀疑的元器件外壳上，迫使其散热降温，若看到故障随之消除或趋于减轻，便可断定该元器件热失效。

③震动法

这种方法是检查虚焊、开焊等接触不良所引起的软故障的最有效的方法之一。通过直观检测后，若怀疑某电路有接触不良的故障时，即可采用震动或拍打的方法来检查。利用螺丝刀的手柄敲击电路，或者用手按压电路板、搬动被怀疑的元器件，便可发现虚焊、脱焊以及印制电路板断裂、接插件接触不良等故障的位置。

(9)代换法

代换法就是指用好的元器件替换被怀疑的元器件，若故障因此消除，说明怀疑正确，否则便是失误(除同时存在其他故障元器件)，应进一步检查、判断。用代换法可以检查液晶彩电中所有元器件的好坏，而且结果一般都是准确无误的，很少出现难以判断的情况，除非存在多个故障点而替换又在一处进行。

对于要替换的元器件，首先要保证替换件良好。若替换件本身不良，替换就完全没有意义了。对许多维修人员来讲，往往不能肯定供替换用的芯片是好的。因此建议读者平时可多备几份同型号的芯片，因为芯片出厂前均进行过测试检查，除了保管不当等特殊情况可能导致一批产品同时被损坏外，一般不会遇到两块以上芯片都坏的情况。其次，替换件的型号应该相同，若找不到原型号的替换件，应查元器件代换手册，找到合适的替换件进行替换。第三，有些替换件还要考虑软件问题。例如，对于液晶彩电中的 E^2PROM，替换时，要替换写入资料正常的同型存储器；否则，若用空白的存储器进行替换，即使型号相同，液晶彩电也不能正常工作。

上面介绍的属元器件级代换，对于液晶彩电的维修，还可以采用模块级代换，因为液晶彩电主要由开关电源(电源模块)、高压板(高压模块)、主板电路(主板模块)、液晶面板(屏模块)等组成，若怀疑哪一部分有问题，直接用正常的替换部件进行代换即可。这种模块级代换法的好处是：维修迅速，排除故障彻底。但也存在着一些缺点：主要是维修费用较高。

随着液晶彩电的普及，液晶彩电各模块电路和液晶屏的整体价格也在不断下降，品种不断增多，因此，模块级替换法应用会越来越广泛。

5. 液晶彩电维修注意事项

(1)加电时要小心，不应错接电源。打开液晶彩电后盖后，注意不要碰触高压板的高压电路等，以免发生触电事故。

(2)不可随意用大容量保险丝或其他导线代替保险管及保险电阻。保险管烧断，应查明原因，再加电试验，以防止损坏其他元器件，扩大故障范围。

(3)维修时应按原布线焊接，线扎的位置不可移动，尤其是高压电路、信号线，应该注意恢复原样。

(4)当更换机件时，特别是更换电路图或印制板上有标注的一些重要机件时，必须采用相同规格的机件，绝不可随意使用代用品。当电路发生短路时，对所有发热过甚而引起变色、变质的机件应全部换掉。换件时应断开电源。当更换电源上的器件时，必须对滤波电容进行放电，以免被电击。

(5)更换的元器件必须是同类型、同规格。不应随意加大规格,更不允许减小规格。如大功率晶体管不能用中功率晶体管代替,高频快恢复二极管不能用普通二极管代替。但也不能随意用大功率管代替中功率管,因为这样代替的结果,该级的矛盾表面上暂时解决了,但实际上并没有解决。例如晶体管击穿,可能是该管质量不好,也可能是工作点发生了变化。若由于电解电容漏电太严重而引起工作点变化,如果仅仅更换了晶体管(用大功率管代替中功率管,而没有更换电容),那么不但矛盾没有解决,甚至可能扩大故障面,引起前后级工作不正常。

(6)维修时应根据故障现象冷静思考,尽量逐渐缩小故障范围,切不可盲目地乱焊、乱卸。

(7)更换元器件、焊接电路,都必须在断电的情况下进行,以确保人机安全。

(8)拆卸液晶屏时要特别小心,不能用力过猛,以免对液晶屏造成永久的损害。

(9)在维修过程中,若怀疑某个晶体管、电解电容或集成电路损坏,需要将其从印制板上拆下并测量其性能好坏。在重新安装或更换新件时,要特别注意二极管、电解电容的极性,三极管的三个极不能焊错。集成电路要注意所标位置及每个引脚是否安装正确,不要装反,否则维修人员因自己不慎而造成的新故障就更难排除了,而且还容易损坏其他元器件。

(10)机器由于使用太久,会使灰尘积累过多,维修时应首先用毛刷将灰尘扫松动,然后用除尘器吹跑。灰尘吹不掉但又必须清除的部位,宜用酒精擦除,严禁用水、汽油或其他烈性溶液擦洗。

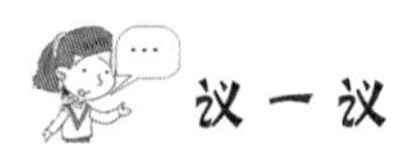

[小结]

液晶电视机故障维修的过程包括维修接待、信息收集与处理、分析故障和维修故障几大步骤。首先维修接待时询问用户故障情况,接着收集与故障机相关的信息资料以备维修时使用,然后对故障机进行认真的故障原因分析,最后根据分析的情况按步骤进行维修,排除故障。其中对各部分测量和处理的数据、方法要及时填入相应表格以备分析和参考。对修理好的机器要进行复查、测试、考机实验以及评估等。

为了准确、及时地维修好液晶彩电,除了掌握其维修的基本原理之外,还要有正确的维修方法以及合理的维修步骤。液晶彩电的维修方法包括观察法、电流法、电压法、电阻法、示波器法、拆除法、修改电路法、人工干预法和代换法等。同时要根据液晶彩电的特点,注意一系列维修注意事项。

[思考题]

(一)理论题:

(1)液晶电视机故障维修的过程包括________、________、________和________几大步骤。

(2)用户送来液晶电视机进行故障维修,需要询问一些什么情况?

(3)为什么修理好的液晶彩电要进行评估检验和拷机实验?

(4)液晶彩电故障按出现的时间可分为________、________和________三种。

(5)液晶彩电故障原因可归纳为________、________和________。

(6)液晶彩电维修时有哪些注意事项?

(二)实践题:

假如你是液晶电视机维修人员,用户送来一台液晶彩电要求维修,根据描述其故障是开机白屏,但有伴音,请你按照正确的维修顺序进行维修,记录下每一步骤的经过。

引入案例求解

[案例故障回顾]:一台创维15AAB/8TT1机芯液晶彩色电视机,出现白屏但有声音的故障,询问用户得知,在使用时一开机就出现此现象,没有不正确的操作。

案例维修处理:

分析与检修:通电开机,发现屏幕为白屏,但有伴音,分析此故障为液晶屏没有工作所造成的,查显示屏的+5 V供电及行、场信号,发现没有+5 V供电,查线路后发现主板上的L_{21}电感开路,更换后正常。

你学会了吗?

液晶彩色电视机系统主要是由这些部分组成:解码部分、微控制电路模块、供电模块和高压模块。解码部分又由普通模拟电视信号处理模块、模拟信号/数字信号转换模块、隔行/逐行转换模块、数字DVI串行/并行转换模块、模拟VGA/数字VGA信号转换模块、LCD图像处理模块、LVDS发送器、LCD显示模块组成。

液晶电视机整机的结构主要由液晶屏(包括液晶面板、驱动板、逆变器)、主信号处理板、电源板、遥控接收板、按键板等几块电路板组件组成。

液晶电视机的电源由开关电源和DC/DC变换器组成。DC/DC变换器主要分为采用线性稳压器的DC/DC变换器和开关型DC/DC变换器。

电源部分的故障通常是液晶电视机的主要故障。电源故障常会引起不开机。电源的故障通常分为三大部分:开关电源部分的故障;DC/DC变换器的故障;待机电路的故障。在进行电源故障的维修时要根据具体的故障现象,按一定的流程逐一检查电路。

液晶电视机的系统控制由微控制器来完成,它内部集成了中央处理器(CPU)、随机存储器(又称数据存储器,RAM)、只读存储器(又称程序存储器,ROM)、中断系统、定时器/计数器及输入/输出(I/O)接口电路等主要微型机部件。微控制器通常用专用的CPU芯片来实现,比如三星的KS88C4504。

液晶电视机控制部分的故障主要出现在CPU的外围电路上,所以检查其外围电路的正确与否是维修控制部分故障的关键。

图像处理电路是液晶电视机的信号处理电路,它的故障直接反映在用户所观看的图像上,维修这部分电路时要在理解电路信号流程的基础上结合电压和信号波形的测量加以判断。

液晶显示屏不能主动发光，是在CCFL、LED、EL等背光源作用下才发光的，其中CCFL用得较为广泛。现在称为LED液晶彩电的液晶电视机其实只是采用LED作为背光源而已，其他部分与LCD液晶彩电基本相同。

逆变电路也称逆变器，是背光灯驱动电路或背光灯电源，它的作用是将开关电源输出的低压直流电转换为CCFL所需要的1500～1800 V的交流电。逆变电路主要由驱动控制电路(振荡器、调制器)、直流变换电路、驱动电路(功率输出管及高压变压器)、保护检测电路、谐振电容、输出电流取样电路、CCFL背光灯等组成。

液晶电视机的故障维修流程：维修接待、信息收集与处理、分析故障和维修故障。整个过程中注意采用恰当的方法。

思考与练习

3.1　画出液晶电视机的组成原理框图，并说明各部分的作用。

3.2　液晶电视机整机主要由哪几块电路板组成，每部分电路板的作用是什么？

3.3　从电源和逆变器方面看，液晶电视机有哪几种结构？

3.4　什么是液晶？液晶显示屏是怎么显示图像的？

3.5　叙述液晶显示屏的工作过程。

3.6　分析创维8T系列液晶电视机的电源电路和遥控开机的工作原理。

3.7　液晶电视机电源的故障通常存在于哪几部分？

3.8　叙述液晶电视机不开机的故障维修流程。

3.9　液晶电视机出现“三无”、背光条亮或不亮的故障时检查和维修的方法有什么不同？简述检修过程。

3.10　简述液晶电视机控制电路的工作原理。

3.11　简述液晶电视机的微处理器故障特点，举例说明其检修步骤。

3.12　液晶电视机出现菜单时有时无的故障，怎样检查和维修？

3.13　怎样拆换液晶显示屏灯管？

3.14　简述冷阴极荧光灯CCFL的工作原理和主要参数。

3.15　比较LED液晶彩电与LCD液晶彩电的优缺点。

3.16　液晶电视机开机屏幕闪烁，分析故障原因并维修故障。

3.17　简述进行液晶电视机维修各步骤的过程。

3.18　进行液晶彩电维修时常常采用哪些方法？各种方法的特点是什么？

参考文献

[1]《家用电器维修精华丛书》编委会. 功率放大器及音箱维修精华[M]. 北京:机械工业出版社,2001.

[2] 科林. AV功放机实用单元电路原理与维修图说[M]. 北京:电子工业出版社,2004.

[3] 王忠诚. 收录机、AV功放机及影碟机维修入门与提高[M]. 北京:电子工业出版社,2006.

[4] 金明. 电子产品维修[M]. 北京:电子工业出版社,2007.

[5] 主机PC电源维修教程. http://wenku.baidu.com/view/82fe0b33f111f18583d05a4e.html

[6] 电脑维修经验. http://www.doc88.com/p-94751553877.html

[7] 电脑主机电源开关的维修详细方法(图解). http://www.jb51.net/diannaojichu/55541.html

[8] 电脑电源简单维修方法. http://nc.mofcom.gov.cn/news/10005610.html

[9] 液晶电视原理与维修. http://zhidao.baidu.com/question/289346334.html

[10] 跟我学液晶电视的初级原理与维修. http://www.jdwx.info/thread-96107-1-1.html

[11] 维修液晶电视的三个方法. http://bbs.jdwx.cn/thread-918710-1-1.html

[12] 高林. 创维8TT1机芯液晶彩电故障快修6例[J]. 家电检修技术,2008(7).

[13] 张博虎. 液晶电视原理与维修[M]. 北京:国防工业出版社,2011.

[14] 张振文. 液晶显示器与液晶电视机原理及维修[M]. 北京:国防工业出版社,2008.

[15] 韩雪涛. 机顶盒装调与维修技能1对1培训速成[M]. 北京:机械工业出版社,2011.

[16] 韩雪涛,吴瑛,韩广兴. 数字电视和机顶盒原理与维修[M]. 北京:高等教育出版社,2010.